PowerMILL 2012 数控加工实用教程

李万全　等编著

机械工业出版社

本书从实用角度出发,通过基础技术与应用实例结合的形式,全面系统地介绍了PowerMILL 2012数控加工功能、操作技巧及典型应用。本书包括12章,其中第1、2章介绍了PowerMILL 2012用户界面、系统设置以及基础操作,引导读者入门;第3~11章介绍了PowerMILL 2012数控高速加工及仿真技术,包括切入切出和连接、边界和参考线、2.5维区域清除、加工策略、刀具路径的编辑与检查、加工仿真和模拟、NC程序和模型转换PS-Exchange。第12章通过两个工程实例,对前面知识进行了综合性应用,帮助读者巩固所学知识。

本书语言简洁、结构清晰、内容系统、技术全面,讲练结合,实例全部取自一线工程实例,实践性和指导性强,利于读者举一反三,直线提升PowerMILL加工操作和编程能力。

本书含光盘一张,包括书中所有范例的素材源文件以及实例操作视频,方便读者学习时使用。

本书适合作为高职高专数控技术应用专业学生和相关技术人员使用。

图书在版编目(CIP)数据

PowerMILL2012数控加工实用教程/李万全等编著.
—北京:机械工业出版社,2014.2(2017.7重印)
ISBN 978-7-111-45886-9

Ⅰ.①P… Ⅱ.①李… Ⅲ.①数控机床—加工—计算机辅助设计—应用软件—高等职业教育—教材 Ⅳ.①TG659-39

中国版本图书馆CIP数据核字(2014)第030253号

机械工业出版社(北京市百万庄大街22号 邮政编码100037)
策划编辑:周国萍 责任编辑:周国萍 高依楠
版式设计:常天培 责任校对:薛 娜
封面设计:陈 沛 责任印制:常天培
唐山三艺印务有限公司印刷

2017年7月第1版第3次印刷
184mm×260mm·20.25印张·496千字
4001—5500 册
标准书号:ISBN 978-7-111-45886-9
          ISBN 978-7-89405-326-8(光盘)
定价:49.80元(含DVD)

前　言

PowerMILL 是英国 Delcam 公司出品的功能强大的数控加工软件，其加工策略非常丰富，特别适用于加工结构复杂的零件，有利于用户提高加工效率，在我国使用越来越广。掌握 PowerMILL 逐渐成为高校高职高专数控专业学生的必备技能。PowerMILL 2012 是现在最新的版本，本书重点通过基础技术与应用实例结合的形式，系统介绍 PowerMILL 2012 的数控加工功能、操作技巧及典型应用。

本书包括 12 章，具体内容如下。

第 1 章为 PowerMILL 2012 概述，简要介绍了 PowerMILL 2012 的功能特点、用户界面、系统设置以及基础操作，引导读者入门。

第 2 章介绍了 PowerMILL 2012 参数设置和操作，包括加载和导入模型、加工坐标系、加工毛坯、加工刀具、进给率的设置、快进高度、开始点和结束点参数等。读者通过学习，将对 PowerMILL 的常用参数设置操作有所熟悉。

第 3 章介绍了 PowerMILL 2012 切入切出和连接，主要内容有 Z 高度、初次切入和最后切出、切入和切出、延伸和连接等。读者学习的时候，可以比较切入和切出的操作区别。

第 4 章介绍了 PowerMILL 2012 边界和参考线，包括创建和编辑边界、创建和编辑参考线。其中创建边界是学习的难点。

第 5 章讲解了 PowerMILL 2012 2.5 维区域清除加工技术，主要内容有：二维曲线策略、面铣加工、特征设置区域策略、特征设置残留区域策略。读者通过学习，可以掌握 2.5 维区域清除的各种方法。

第 6～8 章介绍了 PowerMILL 2012 加工策略，具体包括三维粗加工策略、三维精加工策略、孔加工策略。为了便于读者掌握，每章都安排了相应的训练实例。

第 9 章介绍了 PowerMILL 2012 刀具路径的编辑与检查。通过对刀具路径的编辑，用户可以更加准确地实现加工效果。

第 10、11 章分别介绍了加工仿真、加工模拟、NC 程序和模型转换 PS-Exchange。读者通过学习，可以实现数控加工过程的模拟与仿真。

第 12 章为 PowerMILL 2012 数控加工综合应用，通过两个工程实例，对前面的知识进行了综合性应用，帮助读者巩固所学知识，快速上手和提高。

本书语言简洁、结构清晰、内容系统、技术全面，讲练结合，实例全部取自一线工程实例，实践性和指导性强，利于读者举一反三，直线提升 PowerMILL 加工操作和编程能力。

本书含光盘一张，包括书中所有范例的素材源文件以及实例操作视频，方便读者学习时使用。本书适合作为高职高专数控技术应用专业和相关技术人员使用。

参加本书编写的有李万全、高长银、党旭丹、黎胜容、黎双玉、邱大伟、马龙梅、涂志涛、刘红霞、刘铁军、何文斌、邓力、王乐、杨学围、张秋冬、闫延超、董延、郭志强、毕晓勤、贺红霞、史丽萍、袁丽娟、刘汝芳、夏劲松、赵汶。

由于时间有限，书中难免会有一些错误和不足之处，欢迎广大读者及业内人士予以批评指正。

目　录

第1章 PowerMILL 2012 概述和操作

PowerMILL 是加工策略丰富的数控加工编程软件，它采用全新的中文 Windows 用户界面，能快速产生粗、精加工路径。作为本书第 1 章，将介绍 PowerMILL 2012 的基本知识，包括 PowerMILL 2012 软件的特点、功能、操作界面、操作流程和文件、图层和鼠标操作等。

本章重点：

- PowerMILL 2012 软件的基本功能
- PowerMILL 2012 软件的用户界面
- PowerMILL 2012 软件的文件操作
- PowerMILL 2012 软件的图层操作
- PowerMILL 2012 软件的鼠标操作

1.1 PowerMILL 2012 加工概述

PowerMILL 2012 是英国 Delcam 公司开发的一款独立运行的专业的数控高速加工编程软件，具有包括高效粗加工、高速精加工和 5 轴加工在内的众多加工策略。PowerMILL 软件的研发起源于英国剑桥大学，1991 年 Delcam 公司产品进入中国市场。

1.1.1 PowerMILL 2012 数控加工特点和主要功能

1. PowerMILL 2012 数控加工特点

PowerMILL 2012 软件无论在界面的友好性还是功能上都有了重大的改进，具有以下特点：

（1）实现 CAM 与 CAD 技术分离

PowerMILL 2012 是独立运行的、智能化程度非常高的三维复杂形体加工的 CAM 系统。在产品的制造过程中，产品设计 CAD 和 CAM 的地点不同，侧重点也不同。CAD 系统与 CAM 分离，在网络下实现一体化集成，更符合产品生产过程。

PowerMILL 2012 的 PS-Exchange 模块专门用于数据转换，该模块可转换各类主流 CAD 系统支持和输出的数据格式，包括 IGES、VDA-FS、STEP、ACIS、Parasolid、Pro/E、CATIA、UG、IDEAS、SolidWorks、Cimatron、AutoCAD 等，具有良好的容错能力，即使在转换模型过程中产生间隙，也可以计算安全的刀具路径。

（2）极其丰富的加工策略

PowerMILL 2012 系统中包括完备的粗、精加工策略，高达 30 多种。操作者可根据经验选择所需要的加工方案，轻松完成加工操作。

（3）选项集中，易于应用

PowerMILL 2012 系统操作过程完全符合数控加工的工程概念，从输入模型到输出 NC 程序，操作步骤一气呵成，便于初学者快速掌握。此外，PowerMILL 2012 软件界面风格非常简单，创建一个工序的刀具路径时，其各选项基本上都集中在一个窗口中，修改起来方便快捷。

2. PowerMILL 2012 数控加工功能

（1）高效的区域清除策略

PowerMILL 2012 中粗加工称为区域清除，区域清除功能要求尽可能快速地去除余量，同时保持刀具负荷的稳定，尽量减少切削方向的突然变化。为了实现上述目标，PowerMILL 2012 在区域清除加工中用偏置加工取代了传统的平行加工策略。

（2）赛车线加工

PowerMILL 2012 中包括多个全新的高效粗加工策略，最独特的技术是 Delcam 公司拥有专利权的赛车线加工技术，应用该技术，远离零件轮廓的粗加工刀具路径（简称刀路）变得越来越平滑，这样可避免刀路突然转向，从而降低机床负荷，减少刀具磨损，实现高速切削。

（3）摆线粗加工

摆线粗加工是 PowerMILL 2012 推出的另一种全新的粗加工方式，这种加工方式以圆形移动方式沿指定路径运动，逐渐切除毛坯上的材料，从而可避免刀具的全刀宽切削。这种方法可自动调整刀具路径，以保证加工安全有效。

（4）自动摆线加工

自动摆线加工是一种组合了偏置粗加工和摆线加工策略的加工方式，它可以自动在需切除大量材料的地方使用摆线粗加工策略，而在其他位置使用偏置粗加工策略，从而避免了使用传统偏置粗加工策略时可能出现的高切削载荷。由于在材料大量聚积的位置使用了摆线加工方式切除材料，因此降低了刀具切削负荷，提高了载荷的稳定性，可以对这些区域进行高速加工。

（5）残留粗加工

在 PowerMILL 2012 中称二次粗加工（即半精加工）为残留加工。残留刀具路径将切除前一大刀具未能加工而留下的区域，小刀具将仅加工剩余区域，这样可减少切削时间。使用新的残留模型方法进行残留粗加工可极大地加快计算速度，提高加工精度，确保每把刀具能进行最高效率的切削。这种方法尤其适用于需使用多把尺寸逐渐减小的刀具进行切削加工。

（6）高速精加工

PowerMILL 2012 提供了多种高速精加工策略，如三维偏置、等高精加工、最佳等高精加工和螺旋等高精加工等策略。这些策略可保证切削过程光顺、稳定，确保能快速切除工件上的材料，得到高精度、光滑的切削表面。

● 三维偏置精加工：无论是对平坦区域还是陡峭侧壁区域均使用恒定行距，因此使用这种类型的精加工策略可得到完美的加工表面。使用螺旋选项的螺旋偏置精加工策略，由于刀具始终和工件表面接触并以螺旋方式运动，因此可防止刀具在切削表面留下刀痕。

● 等高精加工：刀具在恒定高度层上的加工策略。可设置每层高度之间刀具的切入和切出，以消除刀痕。也可选取此策略中的螺旋选项，产生无切入切出的螺旋等高精加工刀具路径。

● 最佳等高精加工：高速精加工要求刀具负荷稳定，方向尽量不要出现突然改变。为此，PowerMILL 2012 引入了一种组合策略，即能对平坦区域实施三维偏置精加工策略，而对陡峭区域实施等高精加工策略的最佳高精加工策略。

● 螺旋等高精加工：PowerMILL 2012 另一独特的精加工策略是螺旋等高精加工策略。这种加工技术综合了螺旋加工和等高加工策略的优点，刀具负荷更加稳定，提刀次数更少，可缩短加工时间，减小刀具损坏几率。它还可以改善加工表面质量，最大限度地减小精加工后手工打磨的需要。这种方法可应用到标准等高精加工策略中，也可应用到综合了等高加工和三维偏置加工策略的混合策略——最佳等高精加工策略中。使用此策略，模型的陡峭区域将使用等高精加工方法加工，平坦区域则使用三维偏置精加工方法加工。

（7）变余量加工

PowerMILL 2012 可进行变余量加工，分别为加工工件设置轴向余量和径向余量，此功能对所有的刀具类型均有效，可用在 3 轴加工和 5 轴加工中。PowerMILL 2012 除可支持轴向余量和径向余量外，还可对单独曲面或一组曲面应用不同的余量。此功能在加工模具镶嵌块过程中会经常使用，通常型芯和型腔需加工到精确尺寸，而许多用户为了帮助随后的合模修整，也为了避免出现注塑材料喷溅的危险，愿意在分型面上留下一小层材料。

（8）5 轴加工

PowerMILL 2012 提供了很多可广泛应用于航空航天工业、汽车工业以及精密加工领域的 5 轴加工策略。5 轴加工包括固定 5 轴和连续 5 轴加工。固定 5 轴加工是指倾斜主轴后，PowerMILL 的全部策略均可应用于 3+2 轴加工，这样既可加工倒勾型面，又可使用短刀具加工深型腔。连续 5 轴加工允许用户在复杂曲面、实体和三角形模型上产生刀具路径。PowerMILL 2012 丰富的加工策略、全部切入切出和连接都可用在 5 轴加工上，可使用全系列的切削刀具进行 5 轴加工编程，且全部刀具路径都经过了过切检查。

（9）刀具路径编辑、刀具路径连接功能

PowerMILL 2012 提供了丰富的刀具路径编辑工具，可以对计算出的刀具路径进行编辑和优化。PowerMILL 2012 在计算刀路时，会尽可能地避免刀具的空行程移动，通过设置合适的切入切出和连接方式，可以大大提高切削效率。

（10）刀具路径安全检查及加工仿真功能

PowerMILL 2012 提供的安全检查包括刀具夹持碰撞检查和过切检查。碰撞检查功能可检查碰撞出现的深度、避免达到碰撞所需的最小刀具长度以及出现碰撞的刀具路径区域。系统提供的加工仿真功能包括刀路切削仿真、集成机床的完整加工仿真。切削仿真功能可以检查过切、碰撞、顺铣/逆铣和加工质量等切削情况，机床加工仿真功能确保最大限度地应用机床的功能。例如用户可以知道将工件放置在机床工作台的不同位置或使用不同的夹具所产生的不同结果，可以查看零件的哪种放置方向能得到最佳的切削效果等。

1.1.2　PowerMILL 2012 应用领域

PowerMILL 2012 提供了多种粗精加工策略，广泛应用于航空航天工业、汽车工业以及精密加工领域，可实现 3 轴、4 轴、5 轴等数控加工。

PowerMILL 2012 3 轴加工提供了 7 种粗加工策略、27 种精加工策略，可实现注塑模具、铸造模具和冲压模具的粗、精加工，各种机械零件制造加工，如图 1-1 所示。

图 1-1　3 轴加工案例

PowerMILL 2012 除了提供强大的 3 轴加工外，还提供了比较成熟的多轴加工模块。4 轴加工中刀具同时做 X、Y、Z 三个方向的移动，同时一般工件能够绕 X 轴或 Y 轴转动，因此被广泛应用于航空、造船、医学、汽车工业、模具制造等领域。典型的 4 轴产品有凸轮、涡轮、蜗杆、螺旋桨、鞋模、人体模型、汽车配件以及其他精密零件，如图 1-2 所示。

图 1-2　4 轴加工案例

在 5 轴加工中，刀具总是垂直于加工曲面，相对于 3 轴加工而言，5 轴加工具有很大的优越性，可扩大加工范围、减少装夹次数、提高加工效率和加工精度，可加工各种复杂曲面，主要用于飞机、模具、汽车等行业的特殊加工，如图 1-3 所示。

图 1-3　5 轴加工案例

1.2　PowerMILL 2012 数控加工界面和一般流程

要利用 PowerMILL 2012 进行数控加工，首先要了解它的用户操作界面，本节将介绍相关内容。

1.2.1　PowerMILL 2012 数控加工界面

双击桌面上的 PowerMILL 2012 软件图标，或选择"开始"→"程序"→"Delcam"→"PowerMILL 2012"→"PowerMILL 2012"命令，弹出 PowerMILL 2012 用户界面，如图 1-4 所示。

PowerMILL 2012 数控加工用户界面主要包括菜单栏、工具栏、PowerMILL 浏览器、标题栏、状态栏等，下面介绍部分界面。

1. 菜单栏

菜单栏主要有"文件""查看""插入""显示""工具"和"帮助"等菜单选项，用于对 PowerMILL 的文件、运行环境、加工元素等功能进行设置和控制。

2. 工具栏

PowerMILL 工具栏是以按钮形式分类控制各功能的按钮列，包括 12 种工具栏。这些工具栏的打开和关闭主要是通过下拉菜单"查看"→"工具栏"中的选项进行设置的。下面介绍几种常用的工具栏。

（1）"主工具栏"工具栏

"主工具栏"工具栏控制着项目打开、项目保存、当前图形域打印、毛坯、进给参数、快进高度、切入切出和连接、刀轴、点分布、自动检查、部件余量、刀具路径策略、刀具路径检查、打开"加工仿真工具栏"工具栏、打开计算器、测量模型、产生电极、启动 PS-Exchange 的 PowerMILL 主要功能，如图 1-5 所示。

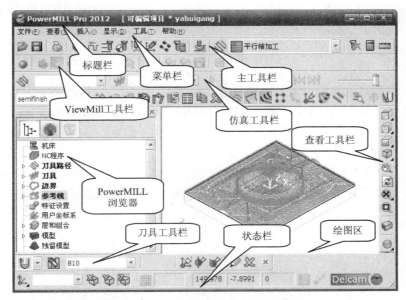

图 1-4　PowerMILL 2012 用户界面

图 1-5　"主工具栏"工具栏

（2）"ViewMill 工具栏"工具栏

"ViewMill 工具栏"工具栏用于控制实体仿真切削的各种操作和效果，如图 1-6 所示。

图 1-6　"ViewMill 工具栏"工具栏

（3）"仿真工具栏"工具栏

"仿真工具栏"工具栏用于控制刀具在图形域内的动态模拟的选项，如图 1-7 所示。

图 1-7　"仿真工具栏"工具栏

（4）"查看工具栏"工具栏

"查看工具栏"工具栏控制着从 6 个沿轴查看、4 个等轴视角方位、全屏重画、放大和缩小、方框放大、返回上次视窗查看、刷新、毛坯显示切换、各种阴影着色显示切换等 PowerMILL 显示功能，如图 1-8 所示。

（5）"刀具工具栏"工具栏

"刀具工具栏"工具栏控制着刀具的产生、编辑、选择等功能选项，如图 1-9 所示。

图 1-8　"查看工具栏"工具栏

图 1-9　"刀具工具栏"工具栏

（6）"刀具路径工具栏"工具栏

"刀具路径工具栏"工具栏用于控制刀具路径的各种编辑功能，包括裁剪、复制、删除以及移动开始点、显示刀具路径点等，如图 1-10 所示。

图 1-10　"刀具路径工具栏"工具栏

（7）"参考线工具栏"工具栏

"参考线工具栏"工具栏控制着参考线的产生、编辑、选择等功能，如图 1-11 所示。

图 1-11　"参考线工具栏"工具栏

（8）"边界工具栏"工具栏

"边界工具栏"工具栏用于控制边界的产生、编辑、选择等功能，如图 1-12 所示。

图 1-12　"边界工具栏"工具栏

说明

在 PowerMILL 软件中，默认设置并没有将全部工具栏都显示出来，用户可以选择下拉菜单"查看"→"工具栏"命令，选中要查看的工具栏，就可以调出。

3. PowerMILL 浏览器

PowerMILL 浏览器位于窗口的左侧，主要包括"PowerMILL 资源管理器""HTML 浏览器"和"元素回收站"等。

（1）PowerMILL 资源管理器

PowerMILL 资源管理器类似于 Windows 资源管理器，用于控制 NC 程序、刀具路径、刀具、边界、用户坐标系、模型等元素的管理和编辑，是 PowerMILL 数控加工的主要操作窗口，如图 1-13 所示。

（2）HTML 浏览器

HTML 浏览器进行网络访问和对话，如图 1-14 所示。

（3）元素回收站

元素回收站用于暂时保留当前项目编写过程中删除的所有元素，如图 1-15 所示。

图 1-13　PowerMILL 资源管理器　　　图 1-14　HTML 浏览器　　　图 1-15　元素回收站

1.2.2　PowerMILL 2012 数控加工的一般流程

利用 PowerMILL 2012 进行数控加工遵循一定的加工流程，下面分别加以介绍：

1. 导入 CAD 模型

PowerMILL 数控编程的第一步导入 CAD 模型。PowerMILL 系统能直接接受的模型文件后缀名为 dgk，其他格式的模型文件还要通过数据转换专用模块 PS-Exchange 先转换为 dgk，然后才能输入到 PowerMILL 系统中。

2. 计算或调入毛坯

根据模型特点选择毛坯的结构形状并定义毛坯的各种尺寸参数。

3. 创建或调用刀具

在 PowerMILL 系统中创建新刀具或调出刀具库中已定义好的刀具。

4. 定义安全高度

根据零件和工件的形状定义刀具在加工时的安全高度。

5. 定义刀具路径起始点和结束点

刀具的起始点一般选择在毛坯中心点，结束点要根据零件的形状决定。

6. 定义进给率

定义本次铣削加工工序所用的进给率。

7. 定义加工策略及参数

根据加工对象的特点选择合适的刀具路径策略，设定相关加工参数并计算刀具路径，该项设置是 PowerMILL 编程的核心。

8. 刀具路径校验

刀具路径校验主要是针对形状结构复杂的模型，先让系统自动计算出刀具的准确伸出长度，然后依据当前的刀长、加工位置情况、被加工材料、切削余量等信息来综合校验程序进给速度、转速等参数设置是否准确合理。另外，可以通过仿真加工来直观查看分析刀具路径轨迹切削情况、合理性等。

9. 产生 NC 程序

利用 Delcam 后处理模块 DuctPost 将刀具路径转换成 CNC 机床数控系统能识别并读取的

NC 数据。

1.3 PowerMILL 系统设置

PowerMILL 系统设置在"工具"下拉菜单下的相关命令中。下面介绍主要的设置内容。

1. 显示命令

在操作 PowerMILL 2012 软件过程中，实际上每一步操作都是向系统发出了一条条命令。如果要查看 PowerMILL 操作命令，可选择下拉菜单"工具"→"显示命令"命令，在窗口下方出现命令窗口，如图 1-16 所示。

> **说明**
>
> 在命令窗口中输入 Project claim 命令时，可解除文件夹的"只读"属性。

图 1-16　命令窗口

2. 重设表格

在编程时，当完成一个项目后，为了简化起见，新创建的项目也往往继承上一个项目的加工参数。为了安全起见，往往需要将表格设置为原始值，此时可选择下拉菜单"工具"→"重设表格"命令即可。

3. 自定义颜色

PowerMILL 为了便于区分图形区中的各种图素，可分别设置不同颜色。用户可根据需要选择下拉菜单"工具"→"自定义颜色"命令，弹出"自定义颜色"对话框，设置要求的颜色。例如，分别设置"查看背景"中的"顶部""底部"，将其设置为"白色"，如图 1-17 所示

4. 选项

选择下拉菜单"工具"→"选项"命令，弹出"选项"对话框，利用该对话框可对某些选项包括公差、刀具路径、刀具、查看、输入、项目、用户坐标系等进行设置，如图 1-18 所示。

 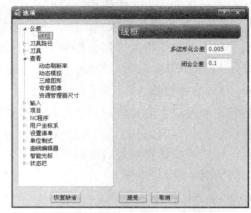

图 1-17　"自定义颜色"对话框　　　　图 1-18　"选项"对话框

1.4　PowerMILL 2012 基本操作

本节将介绍 PowerMILL 2012 软件的基本操作，包括文件操作、图层操作、鼠标操作等。下面分别加以介绍。

1.4.1　文件操作

任何软件的操作都是从文件操作开始的，PowerMILL 也不例外。PowerMILL 的文件操作相关命令主要集中于"文件"菜单中，如图 1-19 所示。下面仅介绍一些常用的选项。

1.　打开项目/打开项目（只读）

当执行"打开项目"命令时，不是指新建一个项目，只是打开已保存好的项目文件。通常，在 PowerMILL 中项目文件是一个文件夹，该文件夹内包括若干文件，这些文件分别记录某一加工项目的相关数据，包括刀具、快进高度、起始点和结束点、进给率、刀具路径、用户坐标系以及边界线、参考线等元素，CAD 模型同样也保存在这个文件夹内。

选择下拉菜单"文件"→"打开项目"命令，弹出"打开项目"对话框，选择 PowerMILL 加工文件的位置，单击"确定"按钮即可，如图 1-20 所示。PowerMILL 加工项目文件有专门的图标，所以在打开项目文件时，只能从带有图标▓的文件中选择。

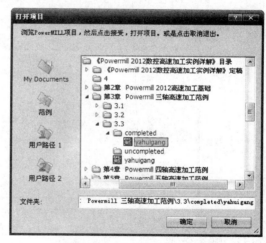

图 1-19　"文件"菜单　　　　　　　图 1-20　"打开项目"对话框

另外，"打开项目（只读）"用于以只读的形式打开项目，能进行编辑、增加刀路等操作，但只能以"保存项目为"的形式保存。

2.　关闭项目

"关闭项目"用于退出正在编辑的项目。在 PowerMILL 软件中，如果在关闭项目之前没有保存，那么最后一次保存之后所进行的那些工作将全部丢失。

在 PowerMILL 系统中，如果当前的项目已经被修改过，系统会在标题栏的项目文件名前加上一个"*"记号。

3. 保存项目/保存项目为/保存模板对象

"保存项目"命令用于保存正在编辑的项目。此外,"保存项目为"命令用于以另一项目名保存当前编辑或打开的项目;"保存模板对象"命令用于将当前打开的项目保存成编程模板,也就是将项目中的刀路、刀具、边界等元素及其参数信息一并保存为模板,但不保存模型。在新的项目中输入模型后就可应用以前所存模板,减少某些参数的重复定义。

4. 输入模型/输出模型

新建加工项目文件时,PowerMILL 软件的所有操作都是从输入模型文件开始的。由于PowerMILL 软件是与 CAD 系统独立的一套 CAM 软件,因此在编程时首先要做的是将 CAD模型输入到 PowerMILL 系统中。有关"输入模型"命令的具体应用请读者参考"2.1.1 模型输入和编辑"。

"输出模型"命令用于将正在编辑的项目文件中的模型输出为 dgk 或 dmt 格式的 CAD 模型。

5. 范例

PowerMILL 2012 特别为初学者制作了一些练习文件,供学习 PowerMILL 软件时使用,他们的后缀为 dgk,igs,tri 和 stl 等,这些练习文件放置在":…\Delcam\PowerMILL\ File\examples"目录下。调用范例的过程和输入模型的过程完全相同,选择下拉菜单"文件"→"范例"命令,弹出"打开范例"对话框,选择合适的文件打开即可,如图 1-21 所示。"打开范例"对话框中相关选项参见"2.1.1 模型输入和编辑"相关内容。

图 1-21 "打开范例"对话框

6. 删除已选/删除全部

"删除已选"命令用于删除当前项目中已经选中的图素,而"删除全部"命令用于删除当前整个项目。

1.4.2 PowerMILL 图层操作

图层是管理图素的工具,是大多数图形、图像处理软件都具备的功能。对于一些复杂模型,合理地使用图层,可实现分层加工、方便用户管理。

1. 创建图层

在"PowerMILL 资源管理器"中选中"层和组合"选项,单击鼠标右键,在弹出的快捷菜单中选择"产生层"命令,系统自动创建一个图层,名称自动命名为 1,如图 1-22 所示。

图 1-22　创建图层命令

2. 添加图素到图层

新建的图层里面是空的,还需要将图素添加到图层里面。往图素添加图层的步骤如下:

在绘图区选择某些图素,如果需要选择多个图素,可按住 Shift 键后再去选择;如果要撤销某一图素,可按 Ctrl 键再单击该图素;在"PowerMILL 资源管理器"中选择要添加图素的图层,单击鼠标右键,在弹出的快捷菜单中选择"获取已选模型几何形体"命令,此时刚才已选图素将添加到图层中,如图 1-23 所示。

3. 删除图层

在"PowerMILL 资源管理器"中选择要删除的图层,单击鼠标右键,在弹出的快捷菜单中选择"删除层或组合"命令,可将选中的图层删除掉。

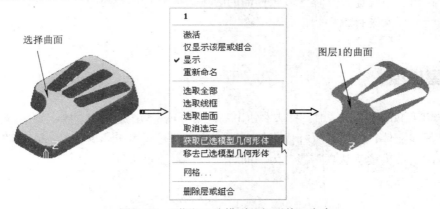

图 1-23　"获取已选模型几何形体"命令

1.4.3　PowerMILL 2012 鼠标操作

在 PowerMILL 2012 中,鼠标的左键、中键和右键的操作方法见表 1-1。

表 1-1　PowerMILL 2012 鼠标操作功能

名　称	操　作	功　能
左键	单击	选取图素（包括点、线、面）、毛坯、刀具、刀具路径等
中键	按住中键并移动鼠标	旋转模型
	滚动中键	缩放模型
	Shift+中键	移动模型
	Ctrl+Shift+中键	局部放大模型
右键	在绘图区单击右键	在不同的图素上单击右键时，可弹出关于该图素的快捷菜单
	在资源栏	选中资源栏的选项，调出用于自定义的快捷菜单

在 PowerMILL 中有两种图素选项控制：方框选择和拖放选择，如图 1-24 所示。

图 1-24　选择控制

1. 方框选择方法

将鼠标指针置于某个元素上，例如曲面模型上的某个位置，按下鼠标左键后，该几何元素变成黄色，表示该几何元素被选择。此时，如果单击另一曲面，则另一曲面被选择，而全部当前选项将不再被选择。

- 按下 Shift 键的同时使用左键选择，则原始选项和新选项将同时被选择。
- 按下 Ctrl 键的同时单击曲面，则该曲面将从已选选项中移去。

2. 拖放选择方法

选择拖放方法后，拖放鼠标指针，则拖放鼠标指针所覆盖的区域均将被选择，这种方法尤其适合于在模型中快速选择包含多张曲面的区域。按下 Ctrl 键的同时进行拖放，则可取消拖放区域的几何元素选择。

1.5　本章小结

本章介绍了 PowerMILL 2012 的基本知识，包括 PowerMILL 2012 的特点、功能、操作界面、操作流程和文件、图层和鼠标操作等。这些内容都是应用 PowerMILL 2012 数控加工编程的技术基础，希望读者认真掌握，为后面进一步学习奠定基础。

第2章 PowerMILL 2012公共参数设置

刀具路径的公共参数设置的准确与否不仅影响数控机床的加工效率，而且直接影响加工质量。本章详细介绍了 PowerMILL 2012 数控加工中公共参数的设置方法，包括导入 CAD 模型、设定毛坯、快进高度、开始点和结束点、加工刀具等。

本章重点：
- 加载和导入模型
- 加工坐标系
- 加工毛坯
- 加工刀具
- 进给率的设置
- 快进高度
- 开始点和结束点

2.1 加载和导入模型

任何数控加工软件进行数控编程的第一步就是加工模型的导入，它是生成数控代码的前提与基础。没有模型就不能定义毛坯，也不可能产生刀具路径和 NC 程序。

2.1.1 模型输入和编辑

PowerMILL 2012 中模型的输入方法有三种：输入模型导入法、范例导入法和 PowerMILL 浏览器导入法。下面分别加以介绍。

1. 输入模型导入法

选择下拉菜单中的"文件"→"输入模型"命令，弹出"输入模型"对话框，选择所需文件，单击"打开"按钮即可，如图 2-1 所示。

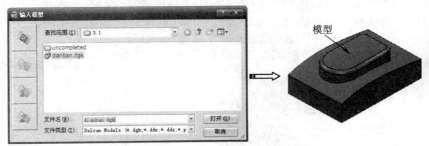

图 2-1 输入模型导入法

根据需要可以在一个项目中输入很多个模型，输入模型后，选择下拉菜单"文件"→"保存项目"命令，即可产生相应的 PowerMILL 加工项目文件。

2. 范例导入法

选择下拉菜单中的"文件"→"范例"命令，弹出"打开范例"对话框，选择所需文件，单击"打开"按钮即可，如图2-2所示。

图2-2　范例导入法

"打开范例"对话框相关选项参数含义：

● 【项目】按钮：调入上次装载的项目。

● 【文件对话范例】按钮：默认模板路径，也可以按实际需要进行设定，在下拉菜单中选择"工具"→"自定义路径"命令，弹出"PowerMILL 路径"对话框，选择"文件对话范例按钮"，然后单击"将路径增加到列表置顶"按钮，在弹出的"选取路径"对话框中选择路径，单击"确定"按钮即可，如图2-3所示。

图2-3　添加文件对话范例按钮路径

● 【文件对话按钮1】和【文件对话按钮2】：用于定义用户所需的文件打开路径，也根据实际需要设定。在下拉菜单中选择"工具"→"自定义路径"命令，弹出"PowerMILL 路径"对话框，选择"文件对话按钮1"，然后单击"将路径增加到列表置顶"按钮，在弹出的"选取路径"对话框中选择路径，单击"确定"按钮即可，如图2-4所示。

图2-4　添加文件对话按钮

● 【文件类型】：PowerMILL 可接受多种文件类型，如图 2-5 所示。PowerMILL 支持大部分 CAD 软件图形数据文件，如 UG、Inventor、Pro/ENGINEER、Cimatron、SolidWorks、CATIA 等软件数据，以及 IGES、DXF、X_T、STEP、STL 等通用图形数据文件和 Delcam Models 图形数据文件。

```
Examples (*.tri,*.dmt,*.stl,*.ttr,*.dgk)
Brockware (tm) Triangles (*.ttr)
Delcam Machining Triangles (*.dmt)
DUCT Triangles (*.tri)
Stereo Lithography Triangles (*.stl)
Delcam Geometry (*.dgk;*.ddx;*.ddz)
Delcam Electrodes (*.trode)
DUCT Picture (*.pic)
PowerMILL Session (*.psf)
IGES (*.ig*)
Inventor (*.ipt)
VDA (*.vd*)
ProENGINEER (*.prt*)
Cimatron (*.pfm)
AutoCAD (*.dxf)
Solidworks (*.sldprt)
Solidedge (*.par)
Unigraphics (*.prt)
Parasolid files (*.x_t;*.xmt_txt;*.x_b;*
STEP (*.stp;*.step)
CATIA (*fic*, *.model,*.CATPart)
ACIS (*.sat)
HTML files (*.htm;*.html)
All Files (*)
```

图 2-5　文件类型列表

3. PowerMILL 浏览器导入法

在"PowerMILL 浏览器"窗口中选中"模型"选项，单击鼠标右键，在弹出的快捷菜单中选择"输入模型"命令，如图 2-6 所示。此时系统也弹出"输入模型"对话框，用户选择合适文件即可导入。

说明

PowerMILL 与其他数控软件最大不同之处在于：切削方向选择顺铣，可以减少切削方向的突然变化，这样对零件加工质量、刀具寿命、机床保护、加工效率等都有好处。

在 PowerMILL 浏览器中选中"模型"选项 ，单击鼠标右键，弹出"模型"快捷菜单，如图 2-7 所示。

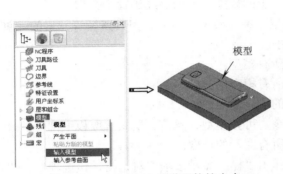

图 2-6　PowerMILL 浏览器快捷命令

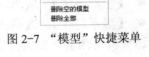

图 2-7　"模型"快捷菜单

"模型"右键菜单中主要命令如下：

- 【产生平面】：用于定义一个平面，使其独立生成一个模型，包括以下 3 种方式：
  - ➢ 【自毛坯】：定义一个平行于世界坐标系 XY 平面的平面，平面的大小取决于预先定义的毛坯尺寸，平面在 Z 坐标位置可通过 "输入平面的 Z 轴高度" 对话框设置，如图 2-8 所示。

图 2-8　自毛坯

  - ➢ 【最佳拟合】：预先定义一个边界，程序自动生成一个平面使边界上的每个点到平面的距离之和最小，接着在此平面的两侧边界上距离平面最远的点处生成两个平面，如图 2-9 所示。

图 2-9　最佳拟合

  - ➢ 【投影】：预先定义一个边界，在世界坐标系下寻找边界中 Z 轴坐标值最大的点，过此点作一个平行于 XY 平面的平面，如图 2-10 所示。

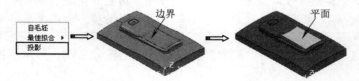

图 2-10　投影

- 【粘贴为新的模型】：用于粘贴来自 Delcam 软件中复制的曲面或模型。
- 【输入模型】：用于输入需要加工的模型，前面已经进行了介绍。
- 【输入参考曲面】：输入的模型不参与模型、边界、刀具路径等元素的计算，只用于投影曲面精加工策略中所选的参考曲面。
- 【选取全部】：选取图形区中所有模型。
- 【选取线框】：选取图形区中所有模型的线框。
- 【选取曲面】：选取图形区中的所有曲面。
- 【选取模型部件】：选择该命令，可按模型、颜色、层来选取模型部件。
- 【全部不选】：取消图形区中所有图素的选取。
- 【显示选项】：选择该命令，弹出 "模型显示选项" 对话框，该选项参见 "2.1.2 模型编辑、分析与测量" 相关内容。
- 【输出全部】：选择 "输出全部" 命令，可将当前模型保存到硬盘上，如图 2-11 所示。

图 2-11　输出全部

- 【编辑】：用于对图形区所有模型进行编辑，参见"2.1.2 模型编辑、分析与测量"。
- 【反向已选】：用于反转已选曲面的法向矢量。
- 【属性】：选择"属性"命令，将显示当前模型的有关信息，如图 2-12 所示。

图 2-12　属性

- 【删除空的模型】：如果一个模型文件内没有任何图素，选择该命令就会删除模型文件。
- 【删除全部】：删除 PowerMILL 内所有模型。

2.1.2　模型编辑、分析与测量

　　模型被导入后，通常不能满足加工要求，要对模型的位置和方向进行修改；或者根据加工的需要对模型上的相关尺寸进行测量，例如分析模型的最小圆弧半径，为选择加工刀具提供依据。

1. 模型编辑

　　如果相对于默认坐标系来处理模型，可在"PowerMILL 浏览器"中选择"模型"选项，在弹出的快捷菜单中选择"编辑"命令下的子菜单命令来进行操作，如图 2-13 所示。

　　（1）移动

　　"移动"命令用于将模型沿 X、Y 或 Z 轴移动一定的距离。此时，用户可根据模型属性的最大值和最小值来确定移动距离，也可以自定移动距离。

实例 1——移动实例

🛠️**操作步骤**

　　[1]　选择下拉菜单"文件"→"全部删除"命令，在弹出的"PowerMILL 询问"对话框中单击"是"按钮，删除所有文件。然后选择下拉菜单"工具"→"重设表格"命令，将所有表格重新设置为系统默认状态。

　　[2]　选择下拉菜单中的"文件"→"范例"命令，弹出"打开范例"对话框，选择"phone.dgk"（"随书光盘：\第 2 章\实例 1\uncompleted\phone.dgk"）文件，单击"打开"按钮即可，如图 2-14 所示。

[3] 在 PowerMILL 浏览器中选中"模型"选项,单击鼠标右键,在弹出的快捷菜单中选择"属性"命令,弹出"信息"对话框,显示模型的限界,如图 2-15 所示。

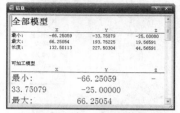

图 2-13 "编辑"命令下的子菜单　　图 2-14 打开范例文件　　图 2-15 "信息"对话框

[4] 在 PowerMILL 浏览器中选中"模型"选项,单击鼠标右键,在弹出的快捷菜单中选择"编辑"→"移动"→"X"命令,在弹出的对话框中输入 66.25059,单击"确定"按钮✔,如图 2-16 所示。

图 2-16 X 方向移动

[5] 在 PowerMILL 浏览器中选中"模型"选项,单击鼠标右键,在弹出的快捷菜单中选择"编辑"→"移动"→"Y"命令,在弹出的对话框中输入 33.75079,单击"确定"按钮✔,如图 2-17 所示。

图 2-17 Y 方向移动

[6] 在 PowerMILL 浏览器中选中"模型"选项,单击鼠标右键,在弹出的快捷菜单中选择"编辑"→"移动"→"Z"命令,在弹出的对话框中输入 25,单击"确定"按钮✔,如图 2-18 所示。

图 2-18 Z 方向移动

（2）旋转

"旋转"命令用于将模型绕 X、Y 或 Z 轴旋转指定的角度,如图 2-19 所示。

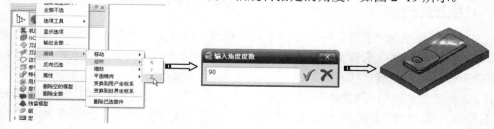

图 2-19 旋转模型

（3）缩放

"缩放"命令用于将模型沿指定轴或全部轴进行缩放，如图 2-20 所示。在注塑模具设计中，如果需要通过零件模型产生模具模型，则应考虑模型在各个轴的收缩系数，可采用缩放功能。

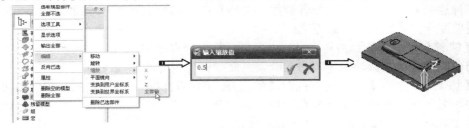

图 2-20　缩放模型

（4）平面镜向

"平面镜向"命令可以沿 XY 平面、YZ 平面、ZX 平面镜向模型，如图 2-21 所示。

图 2-21　平面镜向

说明

　　完成对模型的移动、旋转、缩放和平面镜向后，在"资源管理器"的"模型"选项上单击鼠标右键，选择弹出的"输出全部"命令，可将模型保存到硬盘上，以使模型与刀具路径保持一致。否则，每次导入原始模型后，都要对模型进行编辑操作。

2. 模型分析

在"查看"工具栏中移动鼠标到"普通阴影"按钮⬤，将弹出模型分析工具按钮，如图 2-22 所示。

图 2-22　模型分析工具按钮

下面仅介绍常用模型分析工具按钮的含义：

● 【普通阴影】⬤：显示普通的着色模型。单击该按钮，系统用蓝色表示曲面的外部，用暗红色表示曲面的内部。

● 【多色阴影】⬤：用不同的颜色着色不同的模型。多色阴影主要用于区别两个零件的形状差别，可以清楚地查看修改后零件与修改前零件的区别。

● 【最小半径阴影】⬤：显示模型中小于系统设置的最小半径的倒圆角曲面。该功能可帮助读者决定要用到多小的刀具才能把模型完整地加工出来。

● 【拔模角阴影按钮】⬤：显示小于系统设定最小拔模面的曲面。该功能帮助读者分析

<hr>

　⊖ 镜向应为镜像。

出 3 轴机床刀具切削不到的倒勾面，系统用红色表示这些倒勾面，用黄色表示介于拔模角和警告角之间的曲面。

● 【缺省加工方式阴影】 ：根据"余量参数选择"对话框内"曲面缺省"选项卡中所设置的三种加工方式（加工、碰撞检查面、忽略加工）的默认设置显示相应曲面。这种阴影功能不需要配合刀具路径就能进行阴影显示。

● 【缺省余量阴影】 ：显示根据"余量参数选择"对话框内"曲面缺省"选项卡中设置余量的曲面，这种阴影功能不需要配合刀具路径就能进行阴影显示。

● 【加工方式阴影】 ：根据各曲面加工方式的不同以不同的颜色显示相应的曲面，这里所指的加工方式是指在"余量参数选择"对话框内"曲面"选项卡中设置的加工、碰撞和忽略 3 种方式。其中，加工面用蓝色表示，碰撞检查面用黄色表示，忽略加工面用红色表示。这种阴影功能要配合刀具路径才能进行有效分析。

● 【余量阴影模型】 ：根据"余量参数选择"对话框"曲面"选项卡设置的曲面所留的不同加工余量用不同颜色显示曲面。这种阴影功能也要配合刀具路径才能进行有效分析。

实例 2——模型分析实例

操作步骤

[1]　选择下拉菜单"文件"→"全部删除"命令，在弹出的"PowerMILL 询问"对话框中单击"是"按钮，删除所有文件。然后选择下拉菜单"工具"→"重设表格"命令，将所有表格重新设置为系统默认状态。

[2]　选择下拉菜单中的"文件"→"范例"命令，弹出"打开范例"对话框，选择"anniu.dgk"（"随书光盘：\第 2 章\实例 2\uncompleted\ anniu.dgk"）文件，单击"打开"按钮即可，如图 2-23 所示。

图 2-23　打开范例文件

说明

图中曲面不同颜色，而系统默认刀具及刀具路径只会产生在曲面外部，所以在编程前，最好确保模型的所有曲面其外部都保持一致。

[3]　按 Shift 键，选择所有暗红色的曲面，然后单击鼠标右键，在弹出的快捷菜单中选择"反向已选"命令，即可把模型外法线调向外部，如图 2-24 所示。

[4]　选择下拉菜单"显示"→"模型"命令，弹出"模型显示选项"对话框，单击"阴影颜色"按钮 ，弹出"选取颜色"对话框，选择所需颜色，单击"确定"按钮，模型将以所选颜色显示，如图 2-25 所示。

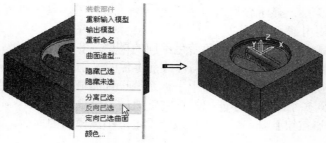

图 2-24　反转法向

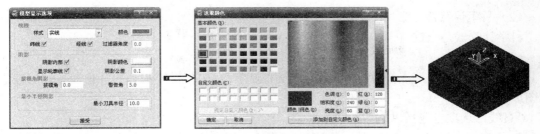

图 2-25　更改模型显示颜色

[5]　在"最小刀具半径"文本框中输入 8.0，在"查看"工具栏中选中"最小半径阴影"按钮，在图形区可见模型中以红色显示半径小于 8mm 的曲面，其他模型显示为绿色，这就表示此模型不可能用直径为 8mm 的球头刀加工，如图 2-26 所示。

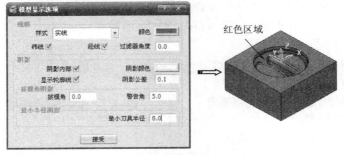

图 2-26　最小刀具半径

[6]　在"拔模角"文本框中输入 2.0，"警告角"输入 5.0，在"查看"工具栏中选中"拔模角阴影"按钮，在图形区可见模型中以红色显示拔模角 2.0°以下曲面，以黄色显示 2.0°～5.0°的曲面，如图 2-27 所示。

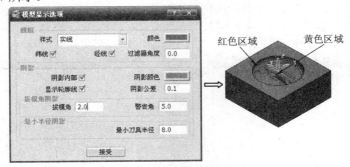

图 2-27　拔模角分析

3. 模型测量

在加工前，需要对模型上的某些特征的位置、形状进行测量，以帮助制定合适的加工策略并设置刀具直径等。例如，进行倒圆角加工前，必须知道倒圆角的最小半径，这样才便于决定加工中使用的球头刀的最大尺寸。

在"主要"工具栏上单击"测量器"按钮，弹出相应的测量对话框，该对话框主要由标准计算器、科学计算器、直线、圆形等选项卡组成，如图 2-28 所示。

（1）标准计算器

标准计算器是通过简单的计算方法对要测量的数值进行计算，如图 2-28 所示。

（2）科学计算器

科学计算器是通过科学计算的方法对要测量的数值进行计算，如图 2-29 所示。

（3）直线

选择直线的两个端点作为测量依据，系统将显示两点的 X、Y 和 Z 坐标值及各轴的差值，如图 2-30 所示。

"直线"选项卡包括以下参数：

● 【定位点】：第一次捕捉的点，捕捉完成后系统自动计算出该点的 X、Y、Z 坐标值。

● 【结束点】：第二次捕捉的点，捕捉完成后系统自动计算出该点的 X、Y、Z 坐标值。

● 【差值】：定位点和结束点之间的 X、Y、Z 的差值。

● 【角度】：定位点与结束点之间的测量线与 YZ、XZ、XY 平面所成的夹角。

● 【距离】：定位点与结束点之间的距离值。

● 【仰角】：定位点和结束点之间连线与 XY 平面的夹角。

（4）圆形

选择圆弧或圆弧上的 3 个点来测量圆弧半径或直径，以及 3 点的 X、Y、Z 坐标值，如图 2-31 所示。包括以下选项：

图 2-28　"标准计算器"选项卡

图 2-29　"科学计算器"选项卡

图 2-30　"直线"选项卡

图 2-31　"圆形"选项卡

● 【开始点】：第一次捕捉的点，捕捉完成后系统自动计算出该点的 X、Y、Z 坐标值。

● 【中间点】：第二次捕捉的点，捕捉完成后系统自动计算出该点的 X、Y、Z 坐标值。

● 【结束点】：第三次捕捉的点，捕捉完成后系统自动计算出该点的 X、Y、Z 坐标值，且系统自动计算出中心点 X、Y、Z 坐标和半径值。

● 【中心】：所测量圆弧或圆的中心点 X、Y、Z 坐标值。

说明

　　为使捕捉点更准确些，可选择下拉菜单"工具"→"捕捉过滤器"命令，在弹出的下拉菜单中取消选择"任意地方"复选框，从而防止捕捉空点。

实例 3——测量实例

操作步骤

　　[1]　选择下拉菜单"文件"→"全部删除"命令，在弹出的"PowerMILL 询问"对话框中单击"是"按钮，删除所有文件。然后选择下拉菜单"工具"→"重设表格"命令，将所有表格重新设置为系统默认状态。

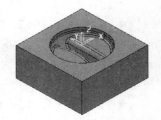

图 2-32　打开范例文件

　　[2]　选择下拉菜单中的"文件"→"范例"命令，弹出"打开范例"对话框，选择"anniu.dgk"（"随书光盘：\第 2 章\实例3\uncompleted\anniu.dgk"）文件，单击"打开"按钮即可，如图2-32 所示。

　　[3]　在"主要"工具栏上单击"测量器"按钮，在弹出的对话框中选择"直线"选项卡，在图形区拉框选择顶点作为起始点，然后再拉框选择一点作为结束点，系统测量出两点之间的距离，如图 2-33 所示。单击"关闭"按钮关闭对话框。

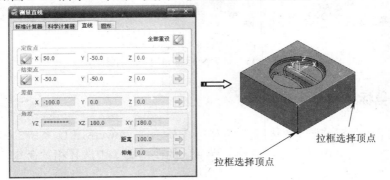

图 2-33　测量直线距离

　　[4]　在"主要"工具栏上单击"测量器"按钮，在弹出的对话框中选择"圆形"选项卡，在图形区依次拉框选择三个点，系统自动计算出铜鼓三个点的圆，如图 2-34 所示。

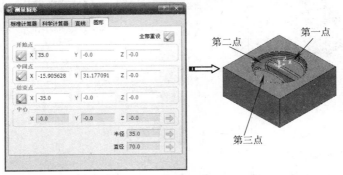

图 2-34　测量圆

2.2　加工坐标系

正常情况下，输入模型后有且只有一个世界坐标系，有时难以满足加工需要。PowerMILL 允许根据需要创建用户坐标系，创建的用户坐标系还可进行平移、旋转、复制等操作。

2.2.1　坐标系相关概念

下面首先介绍一下相关坐标系的概念：

● 【世界坐标系】：世界坐标系是 CAD 模型的原始坐标系，在创建 CAD 模型时，使用该坐标系来定位模型的各个结构特征。如果 CAD 模型中有多个坐标系，系统默认零件的第一个坐标系为世界坐标系。在 PowerMILL 软件中，世界坐标系是白色的，其箭头用实线表示，模型的世界坐标系是唯一的、必要的，如图 2-35 所示。

● 【用户坐标系】：用户坐标系是编程人员根据编程、测量等需要而创建的在世界坐标系范围和基础上的坐标系。在 PowerMILL 软件中，用户坐标系是浅色的，其箭头线条用虚线表示，用户坐标系可以有多个，如图 2-35 所示。

图 2-35　世界坐标系和用户坐标系

2.2.2　世界坐标系的显示与隐藏

通常情况下，打开或导入模型后世界坐标系显示在 PowerMILL 系统的绘图区内。如果要隐藏它，可在绘图区内单击鼠标右键，在弹出的快捷菜单中选择相关命令。

（1）显示激活轴

取消该选项的选中状态，可隐藏绘图区左下角的激活轴，如图 2-36 所示。

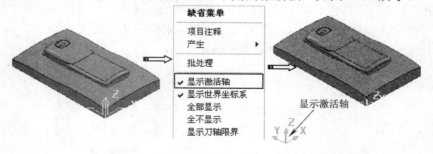

图 2-36　显示/隐藏激活轴

（2）显示世界坐标系

取消该选项的选中状态，可隐藏世界坐标系，如图 2-37 所示。

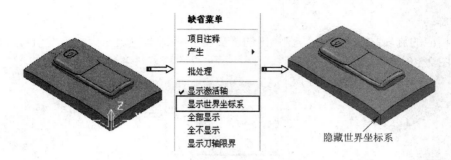

图 2-37　隐藏/显示世界坐标系

2.2.3　产生用户坐标系

1. "用户坐标系" 工具栏

要创建用户坐标系，在 "PowerMILL 浏览器" 窗口选中 "用户坐标系" 选项，单击鼠标右键，在弹出的快捷菜单中选择 "产生用户坐标系" 命令，弹出 "用户坐标系" 工具栏，如图 2-38 所示。

图 2-38　"用户坐标系" 工具栏

"用户坐标系" 工具栏中主要选项参数含义如下：

（1）名称

用于定义用户坐标系的名称，可输入数字、英文字母或者汉字等。

（2）位置

用于指定坐标系原点坐标。单击该按钮，弹出 "位置" 对话框，如图 2-39 所示。

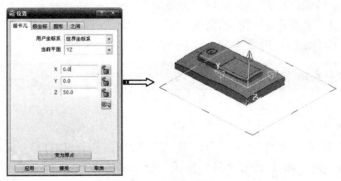

图 2-39　位置

"位置" 对话框相关选项参数含义如下：

● 【用户坐标系】：指定创建位置点的坐标系，包括 "世界坐标系" 和 "相对"。"世界坐标系" 是指相对世界坐标系指定位置点坐标，"相对" 是指相对某一个选定点指定坐标。

● 【当前平面】：指定当前工作平面，该选项是针对于 "用户坐标系" 而言的。

● 【变为原点】：单击该按钮，将当前位置变为相对的原点。

（3）旋转

单击相应的旋转按钮 ❤ ❤ ❤，在弹出的"旋转"对话框中输入旋转角度值可旋转用户坐标系，如图 2-40 所示。

图 2-40　旋转坐标系

2. 用户坐标系对象菜单

用户坐标系对象菜单是对单个用户坐标系进行处理。在"PowerMILL 浏览器"中选择用户坐标系，单击鼠标右键弹出快捷菜单，如图 2-41 所示。

用户坐标系对象菜单主要命令如下：

● 【用户坐标系编辑器】：利用弹出"用户坐标系"工具栏对用户坐标系进行编辑操作。

● 【变换】：用于对坐标系进行平移、旋转、复制等操作。

● 【激活】：将当前用户坐标系激活。激活的用户坐标系的数量只能有一个，数控程序的坐标值将相对于激活的用户坐标系。在生成模型某部位的刀具路径之前，必须要先激活对应的用户坐标系，如果定义的用户坐标系没有激活，系统将使用世界坐标系生成数控程序。

图 2-41　用户坐标系对象菜单

● 【显示】：将当前已选用户坐标系在图形工作区显示。

● 【属性】：显示当前用户坐标系的信息。

● 【重新命名】：更新命名当前已选的用户坐标系。

● 【删除用户坐标系】：删除当前已选的用户坐标系。

实例 4——产生用户坐标系实例

操作步骤

[1]　选择下拉菜单"文件"→"全部删除"命令，在弹出的"PowerMILL 询问"对话框中单击"是"按钮，删除所有文件。然后选择下拉菜单"工具"→"重设表格"命令，将所有表格重新设置为系统默认状态。

[2]　选择下拉菜单中的"文件"→"范例"命令，弹出"打开范例"对话框，选择"xidao.dgk"（"随书光盘:\第 2 章\实例 4\uncompleted\xidao.dgk"）文件，单击"打开"按钮即可，如图 2-42 所示。

图 2-42　打开范例文件

[3]　在"PowerMILL 浏览器"中双击"模型"选项，在弹出的快捷菜单中选择"编辑"→"变换"命令，弹出"变换模型"对话框，在"角度"中输入 90，然后单击 ❤ 按钮，单击"接

受"按钮，旋转模型如图 2-43 所示。

图 2-43　旋转模型

　　[4]　在"PowerMILL 资源管理器"中选中"用户坐标系"选项下的"PRT_CSYS_DEF"，在弹出的快捷菜单中选择"编辑"→"用户坐标系编辑器"命令，弹出"用户坐标系"工具栏，单击 按钮，在弹出的"旋转"对话框的"角度"文本框中输入"90"，最后单击"接受"按钮，如图 2-44 所示。

图 2-44　旋转坐标系

　　[5]　在"PowerMILL 资源管理器"中选中"用户坐标系"选项下的"PRT_CSYS_DEF"，在弹出的快捷菜单中选择"激活"命令，激活新建立的坐标系，如图 2-45 所示。

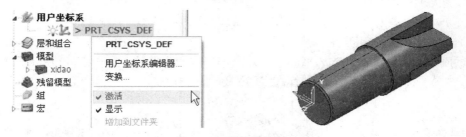

图 2-45　激活坐标系

2.2.4　产生并定向用户坐标系

　　在"PowerMILL 浏览器"中选中"用户坐标系"选项，单击鼠标右键，在弹出的快捷菜单中选择"产生并定向用户坐标系"命令，如图 2-46 所示。

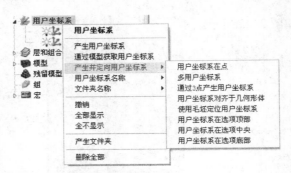

图 2-46　产生并定向用户坐标系

产生并定向用户坐标系有以下方式：

（1）用户坐标系在点

通过选择点定义用户坐标系的原点，如图 2-47 所示。

图 2-47　用户坐标系在点

（2）多用户坐标系

可同时创建多个用户坐标系，如图 2-48 所示。

图 2-48　多用户坐标系

（3）通过 3 点产生用户坐标系

通过原点、X 轴方向和 XY 平面上一点来创建用户坐标系，如图 2-49 所示。

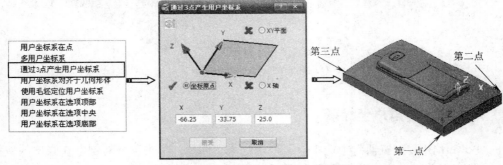

图 2-49　通过 3 点产生用户坐标系

（4）用户坐标系对齐几何体

根据所选择的几何体，系统自动创建用户坐标系，如图 2-50 所示。

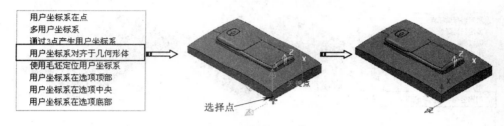

图 2-50　用户坐标系对齐几何体

（5）使用毛坯定位用户坐标系

根据所创建毛坯上的特征点创建用户坐标系，如图 2-51 所示。

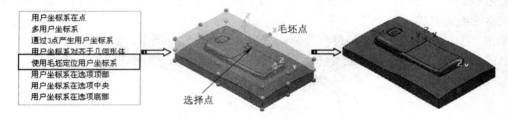

图 2-51　使用毛坯定位用户坐标系

（6）用户坐标系在选项顶部

根据所选对象，在其顶部创建坐标系，如图 2-52 所示。

图 2-52　用户坐标系在选项顶部

（7）用户坐标系在选项中央

根据所选对象，在其中央创建坐标系，如图 2-53 所示。

图 2-53　用户坐标系在选项中央

（8）用户坐标系在选项底部

根据所选对象，在其底部创建坐标系，如图 2-54 所示。

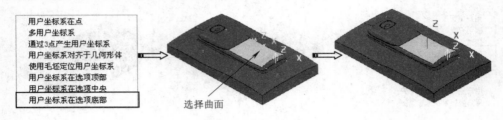

图 2-54　用户坐标系在选项底部

2.3　加工毛坯

在数控加工中必须定义加工毛坯，产生的刀具路径始终在毛坯内部生成。因此，毛坯的大小直接影响刀具路径的加工范围。

单击"主"工具栏上的"毛坯"按钮 ☞，弹出"毛坯"对话框，如图 2-55 所示。"毛坯"对话框的"由…定义"下拉列表共提供了 5 种毛坯定义方式，下面分别加以介绍。

图 2-55　"毛坯"对话框

2.3.1　方框

"方框"是指将毛坯定义为用户坐标系下的长方体，其具体尺寸由"限界"组框中的参数决定，它是毛坯最常用的定义方式，如图 2-55 所示。

（1）限界

用户可在"最小"和"最大"文本框中输入毛坯在 X、Y、Z 方向的最大值和最小值，这里的 X、Y、Z 值是针对于当前激活坐标系而言的。

> **说明**
>
> 设置毛坯的最大值和最小值时可单击"计算"按钮，系统根据模型的大小自动计算毛坯尺寸，或者手工输入毛坯生成之后还可以在图形区用鼠标单击拖动。

（2）估算限界

"估算限界"包括"公差""类型""扩展"和"计算"等选项。

● 【公差】：用于设置生成毛坯的公差，公差越小，毛坯越精确，但计算时间越长，反之亦然。

● 【类型】：用于指定选择何种类型的图素来创建毛坯，包括"模型""边界""激活参考线""刀具路径参考线"和"特征"。

● 【扩展】：用于输入毛坯的扩展值，毛坯将沿未锁定的各个方向延伸输入的扩展值。

● 【计算】：单击该按钮，系统自动计算毛坯限界，使其大到足以包括"由…定义"下拉列表框中所选的元素。

（3）显示

用于控制已定义好的毛坯显示/不显示于图形区。另外，用户也可以单击"查看"工具栏上的"毛坯"按钮 ❤ 来进行显示/隐藏切换。

（4）透明度

用于控制已定义的毛坯在图形区显示的透明度。

（5）其他按钮

● 【从文件装载毛坯】 📄：当"由…定义"下拉列表框选择为"图形"或"三角形"时，此按钮激活。

● 【删除毛坯】 ✂：删除当前定义的毛坯。

● 【锁定】 🔒：锁定坐标轴，使用该选项坐标值将被锁定，不能对其改变。

● 【锁定全部限界】 🔒：将毛坯锁定在世界坐标系内，此时不能进行手工编辑。

● 【解锁全部限界】 🔓：解开所有的锁定。

实例 5——方框毛坯实例

操作步骤

[1]　选择下拉菜单"文件"→"全部删除"命令，在弹出的"PowerMILL 询问"对话框中单击"是"按钮，删除所有文件。然后选择下拉菜单"工具"→"重设表格"命令，将所有表格重新设置为系统默认状态。

[2]　选择下拉菜单中的"文件"→"范例"命令，弹出"打开范例"对话框，选择"yinyuehe.dgk"（"随书光盘：\第 2 章\范例 5\uncompleted\yinyuehe.dgk"）文件，单击"打开"按钮即可，如图 2-56 所示。

图 2-56　打开范例文件

[3]　单击主工具栏上的"毛坯"按钮 📦，弹出"毛坯"对话框。在"由…定义"下拉列表中选择"方框"，勾选"显示"复选框，单击"估算限界"框中的"计算"按钮并设置相关

参数，如图 2-57 所示。

  [4] 单击"接受"按钮，图形区显示所创建的毛坯，如图 2-58 所示。

图 2-57 "毛坯"对话框

图 2-58 创建的毛坯

2.3.2 图形

  图形是指将已保存的二维图形拉伸成三维形体来定义毛坯，此时使用的二维图形必须保存为 DUCT 图形文件（*.pic）。

实例 6——图形毛坯实例

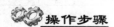 **操作步骤**

  [1] 选择下拉菜单"文件"→"全部删除"命令，在弹出的"PowerMILL 询问"对话框中单击"是"按钮，删除所有文件。然后选择下拉菜单"工具"→"重设表格"命令，将所有表格重新设置为系统默认状态。

  [2] 选择下拉菜单中的"文件"→"范例"命令，弹出"打开范例"对话框，选择"cowling.dgk"（"随书光盘：\第 2 章\实例 6\uncompleted\cowling.dgk"）文件，单击"打开"按钮即可，如图 2-59 所示。

图 2-59 打开范例文件

  [3] 单击主工具栏上的"毛坯"按钮，弹出"毛坯"对话框。在"由...定义"下拉列表中选择"图形"，如图 2-60 所示。

[4]　单击"从文件装载毛坯"按钮，弹出"通过 DUCT 图形打开毛坯"对话框，选择"cow.pic"（"随书光盘：\第 2 章\实例 6\uncompleted\cow.pic"），单击"打开"按钮，如图 2-61 所示。

图 2-60　"毛坯"对话框

图 2-61　"通过 DUCT 图形打开毛坯"对话框

[5]　单击"打开"按钮，然后再单击"计算"按钮，最后单击"接受"按钮，图形区显示所创建的毛坯，如图 2-62 所示。

图 2-62　加载的毛坯

2.3.3　三角形

以三角形模型（后缀名为 dmt、tri 或 stl）作为毛坯，常用于半精加工或精加工。三角形方式创建毛坯与图形方式创建毛坯相类似，都是由外部图形来定义毛坯的；不同的是，图形是二维的线框，而三角形是三维模型。

实例 7——三角形实例

操作步骤

[1]　选择下拉菜单"文件"→"全部删除"命令，在弹出的"PowerMILL 询问"对话框中单击"是"按钮，删除所有文件。然后选择下拉菜单"工具"→"重设表格"命令，将所有表格重新设置为系统默认状态。

[2]　选择下拉菜单中的"文件"→"范例"命令，弹出"打开范例"对话框，选择"tulun.dgk"（"随书光盘：\第 2 章\实例 7\uncompleted\tulun.dgk"）文件，单击"打开"按钮即可，如图 2-63 所示。

图 2-63　打开范例文件

[3]　单击主工具栏上的"毛坯"按钮，弹出"毛坯"对话框。在"由…定义"下拉列表中选择"三角形"，如图 2-64 所示。

[4]　单击"从文件装载毛坯"按钮，弹出"通过三角形模型打开毛坯"对话框，选择"maopi.sldprt"（"随书光盘：\第 2 章\实例 7\uncompleted\maopi.sldprt"，单击"打开"按钮，如图 2-65 所示。

图 2-64　"毛坯"对话框　　　　　　图 2-65　"通过三角形模型打开毛坯"对话框

[5]　系统完成转换加载后弹出【信息】对话框，如图 2-66 所示。然后单击"接受"按钮，图形区显示所创建的毛坯，如图 2-67 所示。

图 2-66　"信息"对话框　　　　　　图 2-67　加载的毛坯

2.3.4　边界

用已经创建好的边界来定义毛坯，用边界的方法创建毛坯类似于用图形方法来创建毛坯。

实例 8——边界毛坯实例

操作步骤

[1]　选择下拉菜单"文件"→"全部删除"命令，在弹出的"PowerMILL 询问"对话框中单击"是"按钮，删除所有文件。然后选择下拉菜单"工具"→"重设表格"命令，将所有表格重新设置为系统默认状态。

[2]　选择下拉菜单中的"文件"→"范例"命令，弹出"打开范例"对话框，选择"cowling.dgk"（"随书光盘：\第 2 章\实例 8\uncompleted\cowling.dgk"）文件，单击"打开"按钮即可，如图 2-68 所示。

图 2-68　打开范例文件

[3]　在"PowerMILL 资源管理器"中选中"边界"选项，单击鼠标右键，在弹出的快捷菜单中依次选择"定义边界"→"用户定义"命令，弹出"用户定义边界"对话框，选择图 2-69 所示的曲面，然后单击"插入模型"按钮，单击"接受"按钮，如图 2-69 所示。

[4]　在图形区选择所创建的边界中的大环，单击 Delete 键，将其删除，如图 2-70 所示。

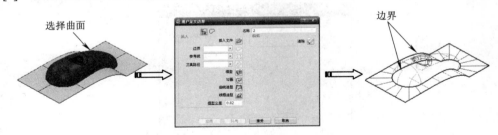

图 2-69　创建的用户定义边界

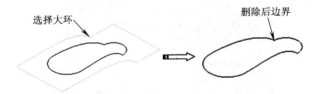

图 2-70　删除后的边界

[5]　单击主工具栏上的"毛坯"按钮，弹出"毛坯"对话框。在"由...定义"下拉列

表中选择"边界"，勾选"显示"复选框，设置相关参数，如图 2-71 所示。

　　[6]　单击"接受"按钮，图形区显示所创建的毛坯，如图 2-72 所示。

图 2-71　"毛坯"对话框　　　　　　图 2-72　创建的毛坯

2.3.5　圆柱体

　　圆柱体方式主要用于圆形的模型结构。要产生圆柱形毛坯，必须先指定圆柱体的圆心坐标 X、Y 值，再确定高度和半径；也可直接单击"计算"按钮，计算出圆柱体毛坯的尺寸，如图 2-73 所示。

图 2-73　圆柱体定义毛坯窗口

实例 9——圆柱体实例

操作步骤

[1]　选择下拉菜单"文件"→"全部删除"命令，在弹出的"PowerMILL 询问"对话框中单击"是"按钮，删除所有文件。然后选择下拉菜单"工具"→"重设表格"命令，将所有表格重新设置为系统默认状态。

[2]　选择下拉菜单中的"文件"→"范例"命令，弹出"打开范例"对话框，选择"xidaotou.dgk"（"随书光盘：\第 2 章\实例 9\uncompleted\xidaotou.dgk"）文件，单击"打开"按钮即可，如图 2-74 所示。

[3]　单击主工具栏上的"毛坯"按钮，弹出"毛坯"对话框。在"由…定义"下拉列表中选择"圆柱体"，单击"估算限界"框中的"计算"按钮，设置相关参数，如图 2-75 所示。

说明

一定要选择"世界坐标系"，将模型定义到世界坐标系，而且 PowerMILL 圆柱体轴线必须为 Z 轴。

[4]　单击"接受"按钮，图形区显示所创建的毛坯，如图 2-76 所示。

图 2-74　打开范例文件　　　　图 2-75　"毛坯"对话框　　　　图 2-76　创建的毛坯

2.4　加工刀具

刀具是数控加工中用于切除材料的必要工具，因此合理定义刀具参数是 PowerMILL 数控编程重要设置。

2.4.1   刀具类型和创建方式

PowerMILL 2012 中可创建 11 种加工刀具，包括端铣刀、球头刀、刀尖圆角端铣刀、锥度圆角端铣刀、圆角锥度端铣刀、钻头、圆角盘铣刀、偏心圆角端铣刀、攻螺纹刀具、自定义刀具、靠模刀具，如图 2-77 所示。

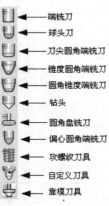

图 2-77   刀具类型

在 PowerMILL 2012 中可有 3 种创建刀具的方式，下面分别加以介绍：

1. PowerMILL 浏览器创建法

在"PowerMILL 浏览器"中选中"刀具"选项，在弹出的快捷菜单中依次选择"产生刀具"命令下的相关子命令菜单，如图 2-78 所示。

2. 策略对话框创建法

在加工策略对话框中左侧单击"刀具"选项，在右侧显示刀具创建方法，选中所需的刀具即可进行刀具参数定义，如图 2-79 所示。

图 2-78   PowerMILL 浏览器定义刀具

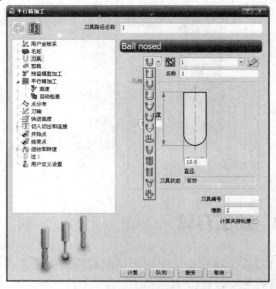

图 2-79   策略对话框创建法

3. 刀具工具栏创建法

从"刀具工具栏"来定义刀具，单击按钮右部的下三角按钮，系统将弹出各种刀具图标，选中所需的刀具即可进行刀具参数定义，如图 2-80 所示。

图 2-80　"刀具工具栏"工具栏

2.4.2　刀具设置参数

不同刀具类型，其刀具参数也不相同，下面以刀尖圆角端铣刀为例来讲解刀具参数。在刀具类型中选中"刀尖圆角"，将打开刀具参数定义对话框，用户可设置相关刀具参数。

（1）"刀尖"选项卡

"刀尖"选项卡主要包括名称、长度、直径、刀具状态、刀具编号、槽数等，如图 2-81 所示。

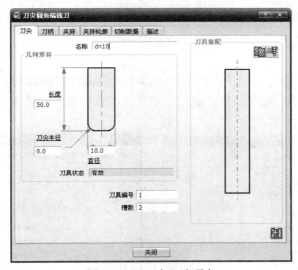

图 2-81　"刀尖"选项卡

"刀尖"选项卡上相关参数如下：

- 【名称】：用于定义刀具名称。
- 【长度】：用于设置刀具有效切削部分的长度。
- 【刀尖半径】：用于设置刀具的刀尖圆角半径。
- 【直径】：用于设置刀具直径。设置刀具直径时，应根据加工工件形状、大小、结构进行合理选择。输入直径值后，长度选项自动设置为刀具直径的 5 倍。
- 【刀具编号】：用于设置所选刀具的编号，在换刀加工时便于区分刀具。
- 【槽数】：用于设置刀具的有效切削齿数。
- 【基于此元素产生一新的刀具元素】：产生基于此刀具的另一把新刀具，如果刀具被用于激活刀具路径，则新刀具元素将替代原始刀具元素。
- 【清除刀具装配】：表示清除已产生的刀具装配，包括所有的刀具参数、夹持、刀柄等。清除刀具后，可以重新定义刀具参数，产生新的刀具。

（2）"刀柄"选项卡

"刀柄"选项卡主要包括增加刀柄部件、移去刀柄部件、清除刀具刀柄、装载刀具刀柄、保存刀具刀柄、顶部直径、底部直径、长度等，如图 2-82 所示。需要注意的是，在 PowerMILL 软件中所讲的刀柄区别于我们日常所说的刀柄，它不是指通常意义的刀柄，而是指刀杆。

"刀柄"选项卡中相关参数如下：

● 【增加刀柄部件】：增加新的刀柄部件到刀具中的当前选项之上，用户可连续增加多个新的刀柄部件。

● 【移去刀柄部件】：从刀具中删除当前已选刀柄部件。

● 【清除刀具刀柄】：从刀具刀柄中删去全部刀柄部件。

● 【装载刀具刀柄】：从已保存的文件中装载刀柄部件。装载刀柄文件格式为 dgk。

● 【保存刀具刀柄】：保存已设置的刀柄部件，保存格式为 dgk。

● 【顶部直径】：当前已选刀具刀柄部件的顶部直径。

● 【底部直径】：当前已选刀具刀柄部件的底部直径。一般情况下，刀柄的顶部直径和底部直径是相同的，直径相同可用于刀套夹持，以防止松脱。

● 【长度】：当前已选刀具刀柄部件的长度。

（3）"夹持"选项卡

"夹持"选项卡主要包括增加夹持部件、移去夹持部件、清除刀具夹持、从数据库中搜索夹持、装载刀具夹持、保存刀具夹持、顶部直径、底部直径、长度、忽略、伸出、标距长度等参数，如图 2-83 所示。

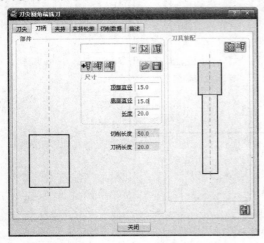

图 2-82 "刀柄"选项卡

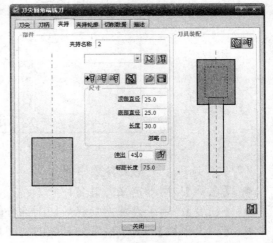

图 2-83 "夹持"选项卡

"夹持"选项卡中相关参数如下：

● 【增加夹持部件】：增加新的部件到刀具夹持中的当前选项上。夹持可设置好几段，如果需要可多次单击该按钮，添加不同形状的夹持。

● 【移去夹持部件】：从刀具夹持中删除当前已选夹持部件。选择夹持部件必须在对话框左边图示区域中选取。

● 【清除刀具夹持】：从刀具夹持中删除全部夹持部件。

● 【从数据库中搜索夹持】：单击该按钮，弹出"刀具数据库夹持搜索"对话框，利用该对话框可搜索系统已有的夹持。

- 【装载刀具夹持】📂：从已保存的文件中装载夹持部件。装载夹持部件文件的格式为 dgk 和 pmlth。
- 【保存刀具夹持】💾：保存已设置的夹持部件，保存夹持部件文件的格式为 dgk 和 pmlth。
- 【顶部直径】：当前所选刀具夹持部件的顶部直径，如图 2-84 所示。
- 【底部直径】：当前所选刀具夹持部件的底部直径，如图 2-84 所示。
- 【长度】：当前所选刀具夹持部件的长度，如图 2-84 所示。
- 【忽略】：当指定碰撞检查时，是否忽略当前已选夹持部件。
- 【伸出】：刀具实际伸出夹持部件的长度，如图 2-84 所示。
- 【标距长度】：刀具实际伸出长度加上夹持部件长度，如图 2-84 所示。

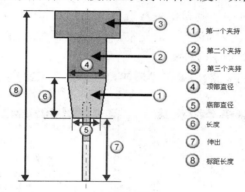

图 2-84　夹持尺寸参数

（4）"切削数据"选项卡

"切削数据"选项卡用于指定刀具 ID、轴向切削深度、径向切削深度、进给率、主轴转速、切削速率等，如图 2-85 所示。切削数据可在创建刀具时输入，这样在后面设置进给率时就可以直接调用刀具设置中的切削数据。

（5）"描述"选项卡

"描述"选项卡用于设置刀具文字说明信息，如图 2-86 所示。

图 2-85　"切削数据"选项卡

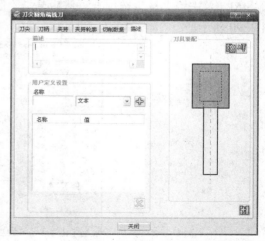

图 2-86　"描述"选项卡

实例 10——刀具定义实例

操作步骤

[1]　选择下拉菜单"文件"→"全部删除"命令，在弹出的"PowerMILL 询问"对话框中单击"是"按钮，删除所有文件。然后选择下拉菜单"工具"→"重设表格"命令，将所有表格重新设置为系统默认状态。

[2]　选择下拉菜单中的"文件"→"打开项目"命令，弹出"打开项目"对话框，选择"exercise10"（"随书光盘：\第2章\实例 10\uncompleted\exercise10"）目录，如图 2-87 所示。

图 2-87　打开范例文件

[3]　在"PowerMILL 资源管理器"中选中"刀具"选项，单击鼠标右键，在弹出的快捷菜单中依次选择"产生刀具"→"球头刀"命令，弹出"球头刀"对话框，单击"刀尖"选项卡，设置相关参数，如图 2-88 所示。

[4]　单击"刀柄"选项卡，然后单击"增加刀柄部件"按钮，设置刀柄相关参数，如图 2-89 所示。

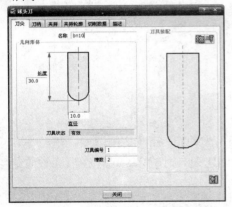

图 2-88　"刀尖"选项卡

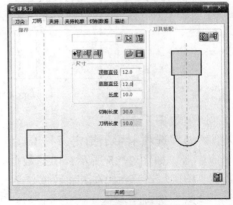

图 2-89　"刀柄"选项卡

[5]　单击"夹持"选项卡，然后单击"增加夹持部件"按钮，设置夹持相关参数，如图 2-90 所示。

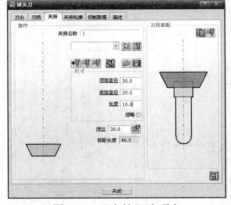

图 2-90　"夹持"选项卡

2.5　进给率的设置

进给率主要是刀具在 X、Y、Z 方向移动的速率，包括主轴转速、切削进给率、下切进给率和掠过进给率等，这 4 个参数是相互关联和相互影响的。

单击"主要"工具栏上的"进给和转速"按钮 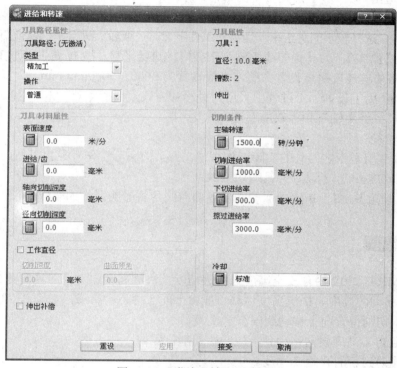，弹出"进给和转速"对话框，如图 2-91 所示。

图 2-91　"进给和转速"对话框

"进给和转速"对话框中相关选项参数含义如下：

（1）刀具路径属性

"刀具路径属性"用于显示激活的刀具路径名称、操作、类型等，下面简单介绍其含义：

● 【刀具路径】：用于显示所设置进给和转速的刀具路径名称。

● 【类型】：指定刀具路径的切削类型，包括粗加工和精加工等 2 种。

● 【操作】：指定刀具的切削模式，包括"普通""插铣""轮廓""面铣加工""插铣""钻孔""T 仿形铣"等。

（2）刀具属性

"刀具属性"用于显示所用刀具路径刀具的信息，相关选项参数含义参考"2.4 加工刀具"有关内容。

（3）刀具/材料属性

"刀具/材料属性"用于设置刀具的切削速度和参数，包括以下选项：

● 【表面速度】：用于指定刀具切削时的线速度。

- 【进给/齿】：用于指定刀具切削时的每齿进给量。
- 【轴向切削深度】：用于指定刀具切削时沿刀轴方向的切削深度。
- 【径向切削深度】：用于指定刀具切削时沿半径方向的切削深度。

（4）切削条件

"切削条件"用于定义刀具的各种移动速度，包括以下选项：

- 【主轴转速】：用于设置刀具主轴转动速度，单位为"转/分钟"。
- 【切削进给率】：用于设置刀具在 X、Y 方向铣削时进给的速度。
- 【下切进给率】：刀具沿 Z 轴移动到铣削高度的速度。为了避免撞刀，在模型型面或自由曲面延面下刀时，选择较小的进给率。当离开工件下刀时，取较大进给率，以便节省加工时间。
- 【掠过进给率】：刀具提刀或不铣削工件时的进给速度。为提高生产加工效率，避免空刀慢行，可将快进速度尽量设置大些，一般设置为 2000～5000mm/min。
- 【冷却】：用于设置加工过程中采用何种冷却方式，包括"无""标准""液体""雾状""水冷""风冷""经主轴"和"双冷"等。

（5）工作直径

"工作直径"用于指定刀具的实际工作直径，刀具的实际工作直径由以下两个参数决定：

- 【切削深度】：用于设置刀具的切削深度。
- 【曲面倾角】：用于指定曲面的倾角，曲面倾角将影响刀具的有效直径。

2.6 快进高度

在 PowerMILL 2012 中称安全高度为快进高度，快进高度定义了刀具在两刀位点之间以最短时间完成移动的高度。快进高度运动一般由下面 3 种运动组成，如图 2-92 所示：

1）从上次切削位置向上移动到安全 Z 高度。

2）以恒定的 Z 高度横向移动到新的开始切削位置。

3）向下移动到新的开始 Z 高度。

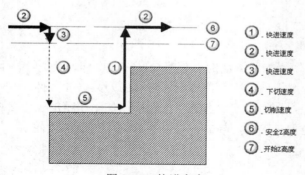

图 2-92　快进高度

快进高度关系到刀具的进刀、抬刀高度和刀具路径连接高度等，如果设置不当，在切削过程中会引起刀具与工件相撞。

单击"主要"工具栏上的"快进高度"按钮，弹出"快进高度"对话框，如图 2-93 所示。该对话框提供了 4 种定义快进高度的方式：平面、圆柱体、球和方框。

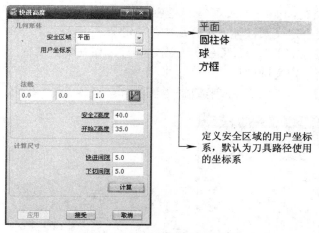

图 2-93　"快进高度"对话框

"计算尺寸"用于设置计算快进高度的尺寸参数，包括以下选项：

● 【快进间隙】：用于设置安全 Z 高度高于工件最上层的高度值。

● 【下切间隙】：用于设置开始 Z 高度高于工件最上层的高度值。

"几何形体"选项是指刀具以快进速度移动到工作坐标系的绝对高度位置。

1. 平面

通过平面形式来定义刀具快进移动时的安全区域，特别适合于 3+2 轴加工，如图 2-94 所示。包括以下参数：

● 【法线】：定义 I、J、K 的矢量垂直于快速移动平面。如果 K=1，其他为 0，此时的平面垂直于 Z 平面。

● 【安全 Z 高度】：安全 Z 高度是刀具撤回后在工件上快进的高度，此时刀具以 G00 执行移动。必须保证刀具或刀具夹持装置在以快进速度移动时不与零件或工件产生任何接触。

● 【开始 Z 高度】：开始 Z 高度是刀具从安全 Z 高度向下移动到到快接近工件表面的一个高度，然后刀具转为工进速度，刀具移动速度转为工进速度的高度就是开始 Z 高度。

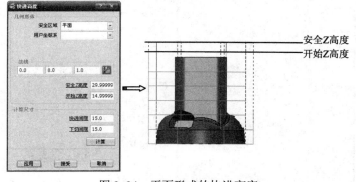

图 2-94　平面形式的快进高度

2. 圆柱体

通过圆柱体形式来定义刀具快速移动时的安全区域，特别适合于旋转精加工刀具路径和

放射状精加工刀具路径,如图 2-95 所示。包括以下参数:

- 【位置】:用于定义圆柱体安全区域中的圆心点。
- 【方向】:通过定义 I、J、K 的矢量确定圆柱体在安全区域轴上的方向。
- 【半径】:用于定义圆柱体安全区域半径。
- 【下切半径】:用于定义下切移动时的圆柱体半径。

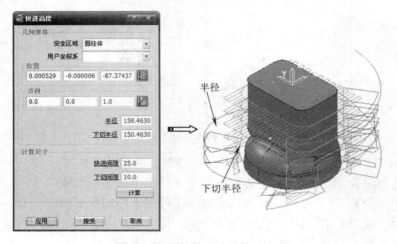

图 2-95 圆柱体形式的快进高度

3. 球

通过球形式来定义刀具快速移动时的安全区域,如图 2-96 所示。包括以下参数:

- 【中心】:用于定义安全区域中的圆心。
- 【半径】:用于定义球体安全区域的半径。
- 【下切半径】:用于定义下切移动时的球体半径。

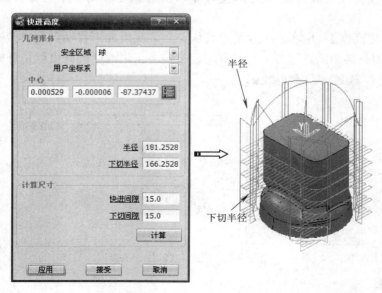

图 2-96 球形式的快进高度

4. 方框

通过方框形式来定义刀具快速移动时的安全区域，如图 2-97 所示。包括以下参数：

- 【角落】：用于定义方框形状安全区域其中一个拐角位置。
- 【尺寸】：通过设置 X、Y、Z 参数指定拐角点。

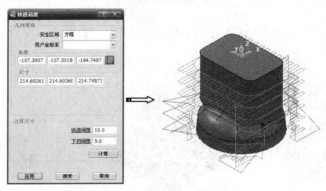

图 2-97　方框形式的快进高度

2.7　开始点和结束点参数

刀具的开始点为每次换刀前或换刀后或者每次进行加工操作时，刀具移动到的安全开始位置。安全开始位置和所用的机床有关，对某些机床来说开始点位置也可能是实际的换刀位置。

单击"主"工具栏上的"开始点和结束点"按钮，弹出"开始点和结束点"对话框，如图 2-98 所示。

图 2-98　"开始点和结束点"对话框

开始点和结束点设置方法相同，下面以开始点为例来讲解。

1. 使用

用于指定开始点类型，包括以下选项：

（1）毛坯中心安全高度

开始点在毛坯中心之上的一个绝对安全 Z 高度的位置上，这是最常用的刀具开始点位置定义方法，如图 2-99 所示。

（2）第一点安全高度

开始点在刀具路径第一点上的一个安全 Z 高度的位置上，如图 2-100 所示。对于多轴加工的刀具路径，开始点通过与刀具路径第一点相隔一定距离的点来设置，并且沿着刀具主轴测量距离，延伸到安全 Z 高度平面上或者旋转精加工刀具路径的圆柱体上。

（3）第一点

开始点在与刀具路径第一点相隔一定距离的位置上，如图 2-101 所示。该距离由"接近距离"文本框来设定。

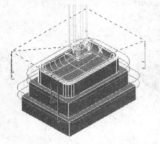 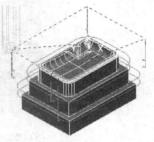 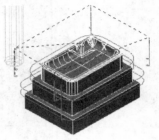

图 2-99　毛坯中心安全高度　　　　图 2-100　第一点安全高度　　　　图 2-101　第一点

（4）绝对

选择该选项，开始点由"坐标"框中输入的坐标值来确定。

2. 沿…接近

用于设置刀具完成接近移动的方向，包括以下选项：

● 【刀轴】：第一个接近移动和最后一个撤回移动的方向与刀轴方向一样。

● 【接触点法线】：第一个接近移动和最后一个撤回移动的方向在接触点法线方向上。如果刀具路径没有接触法线，则该选项不可用。

● 【正切】：第一个接近移动和最后一个撤回移动的方向是相切的。

3. 坐标

当使用"绝对"方式时，用于输入 X、Y、Z 坐标值来确定开始点。

4. 刀轴

用于定义刀具路径的开始点和结束点刀轴，多用于多轴加工时使用。

2.8　训练实例—— 气盖加工公共参数设置实例

气盖零件如图 2-102 所示，由分型面、侧面和顶面组成，外形结构相对比较复杂，工件底部安装在工作台上，通过该实例来讲解公共参数设置。

图 2-102　气盖零件

操作步骤

[1]　选择下拉菜单"文件"→"全部删除"命令,在弹出的"PowerMILL 询问"对话框中单击"是"按钮,删除所有文件。然后选择下拉菜单"工具"→"重设表格"命令,将所有表格重新设置为系统默认状态。

[2]　选择下拉菜单中的"文件"→"范例"命令,弹出"打开范例"对话框,选择"mould.dgk"("随书光盘:\第 2 章\训练实例\uncompleted\mould.dgk")文件,单击"打开"按钮即可,如图 2-102 所示。

[3]　在"查看"工具栏中选中"最小半径阴影"按钮 ,接着选择下拉菜单"显示"→"模型"命令,弹出"模型显示选项"对话框,在"最小刀具半径"文本框中依次输入 10.0 和 5.0,在图形区可见,当设置为 5.0 时整个模型显示为绿色,这就表示此模型可使用直径为 10mm 的球头刀加工,如图 2-103 所示。

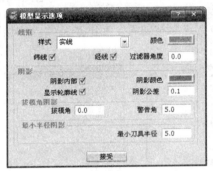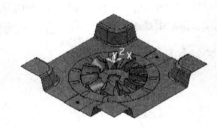

图 2-103　模型分析

[4]　单击主工具栏上的"毛坯"按钮 ,弹出"毛坯"对话框。在"由…定义"下拉列表中选择"方框","坐标系"为"世界坐标系",单击"估算限界"框中的"计算"按钮并设置相关参数,如图 2-104 所示。单击"接受"按钮,图形区显示所创建的毛坯,如图 2-105 所示。

图 2-104　"毛坯"对话框　　　　　　图 2-105　创建的毛坯

[5]　在"PowerMILL 浏览器"窗口选中"用户坐标系"选项，单击鼠标右键，在弹出的快捷菜单中选择"产生并定向用户坐标系"→"使用毛坯定位用户坐标系"命令，选择毛坯上表面中心点创建用户坐标系，如图 2-106 所示。

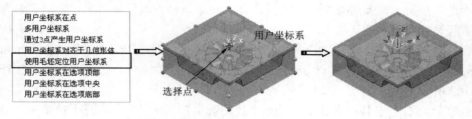

图 2-106　使用毛坯定位用户坐标系

[6]　单击"主"工具栏上的"快进高度"按钮，弹出"快进高度"对话框。在"几何体"选项中的"安全区域"下拉列表中选择"平面"选项，设置"快进间隙"为 10.0，下切间隙为 5.0，单击"接受"按钮，设置快进高度，如图 2-107 所示。

[7]　单击"主"工具栏上的"开始点和结束点"按钮，弹出"开始点和结束点"对话框，设置开始点和结束点参数，如图 2-108 所示。

图 2-107　"快进高度"对话框　　　　图 2-108　"开始点和结束点"对话框

[8]　单击"主"工具栏上的"刀具路径策略"按钮，弹出"策略选取器"对话框，单击"三维区域清除"选项卡，在弹出的三维区域清除策略选项中选择"模型区域清除"加工策略，如图 2-109 所示。单击"接受"按钮完成。

图 2-109　"策略选取器"对话框

[9]　在弹出的"模型区域清除"对话框中，单击左侧列表框中的"刀具"选项，在右侧选项卡中选择刀尖圆角端铣刀，设置"直径"为16.0，"刀尖圆角半径"为2.0，如图 2-110 所示。

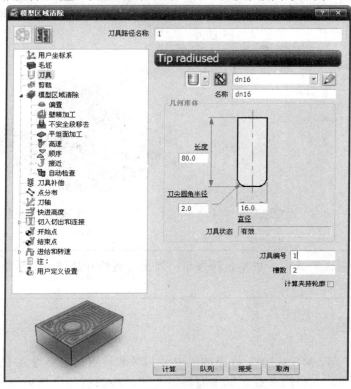

图 2-110　"模型区域清除"对话框

[10]　单击按钮，弹出"刀尖圆角端铣刀"对话框，单击"刀尖"选项卡设置相关参数，如图 2-111 所示。单击"刀柄"选项卡，然后单击"增加刀柄部件"按钮，设置刀柄相关参数，如图 2-112 所示。

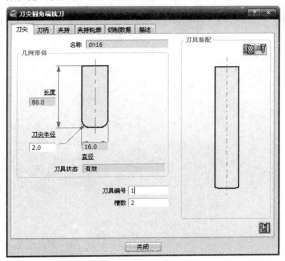

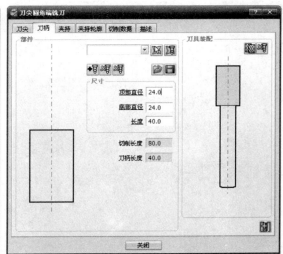

图 2-111　"刀尖"选项卡　　　　　　　　　图 2-112　"刀柄"选项卡

　　[11]　单击左侧列表框中的"进给和转速"选项，在右侧选项卡中设置相关参数，如图 2-113 所示。

　　[12]　在"模型区域清除"对话框中单击"计算"按钮和"接受"按钮，确定参数并退出对话框，生成的刀具路径如图 2-114 所示。

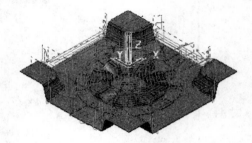

图 2-113　设置进给率　　　　　　　　　图 2-114　生成的刀具路径

说明

　　在"进给和转速"选项卡中单击 📄 按钮，弹出"进给和转速"对话框可详细设置进给率和速度参数。

2.9　本章小结

　　本章介绍了 PowerMILL 2012 数控加工中公共参数设置，包括导入 CAD 模型、设定毛坯、快进高度、开始点和结束点、加工刀具等知识。最后讲解了气盖加工公共参数设置实例，对前面的基础知识加以应用，便于读者加深和巩固所学内容。

第3章　PowerMILL 2012 切入切出和连接

本章详细介绍了 PowerMILL 2012 切入切出和连接功能，包括 Z 高度、初次切入和最后切出、切入和切出、延伸和连接。切入切出和连接设置是数控加工非切削参数，可以减少过切或直接下刀现象发生，提高加工质量，是 PowerMILL 数控加工学习的难点之一。

本章重点：
- PowerMILL 2012 切入切出概述软件的基本功能
- PowerMILL 2012 Z 高度
- PowerMILL 2012 初次切入和最后切出
- PowerMILL 2012 切入和切出
- PowerMILL 2012 延伸和连接

3.1　切入、切出和连接概述

切入、切出和连接功能主要定义刀具路径的切出和切入，同时还有很多种方法编辑刀具路径间的连接方式。通过设置切入切出和连接功能可以减少过切或直接下刀现象发生，但计算刀具路径的时间相对比较长。

3.1.1　刀具路径组成

在数控加工中，完整的刀具路径包括进刀段、切入段、切削段、连接段、切出段和退刀段等，一般进刀段、退刀段和连接段被设置成 G00 速度，如图 3-1 所示。其中，刀具路径的切削段由粗、精加工策略来计算，其余各段一般通过"切入切出和连接参数"设置。

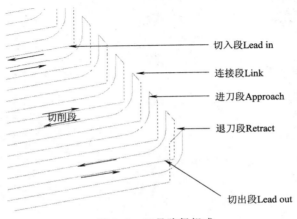

图 3-1　刀具路径组成

3.1.2　启动切入切出和连接方法

单击"主要"工具栏上的"切入切出和连接"按钮，弹出"切入切出和连接"对话框，用户可设置相关参数，如图 3-2 所示。

通过"主要"工具栏中设置的切入切出和连接参数一般要在刀具路径产生之前进行设置，也可在刀具路径产生时可将刀具路径激活来进行设置，如图 3-3 所示。

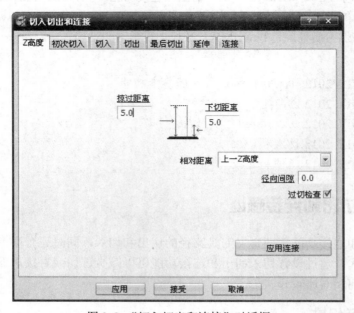

图 3-2　"切入切出和连接"对话框

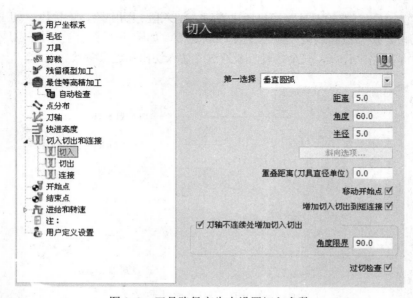

图 3-3　刀具路径产生中设置切入参数

3.2　Z 高度

"Z 高度"选项卡用于设置在刀具路径产生提刀时，提刀的高度以及下切进给的高度。如果不设置 Z 高度参数，将默认使用"快进高度"对话框中安全 Z 高度和开始 Z 高度。设置 Z 高度的目的是尽量减少加工过程中刀具的低速移动和不必要的空程移动，如图 3-1 所示。

"Z 高度"选项卡中各选项参数含义如下：

1. 掠过距离

刀具在模型之上，从一个刀具路径末端提刀到下一刀具路径开始处进行快速移动的相对高度。刀具在"掠过距离"所设定的高度之上作快速移动，快速跨过模型，到达下一个下切位置，如图 3-4 所示。"掠过距离"用于所有"掠过连接"或者粗加工中刀具跨越毛坯。

2. 下切距离

工件表面之上的一相对距离，刀具下切到此距离值后将由以快进速率下切改变为以下切速率下切，如图 3-4 所示。

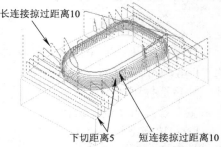

图 3-4　短连接掠过和长连接掠过

3. 相对距离

用于指定掠过距离和下切距离是以何种基准计算，包括以下选项：

● 【前一 Z 高度】：刀具加工到零件上某一点产生提刀时，掠过距离和下切距离以前一刀具路径段所在的 Z 高度为基准零点来计算提刀高度和下切高度，这个选项只在区域清除加工（粗加工）时有效。当"下切距离"为 12 时，刀具路径如图 3-5 所示。

● 【刀具路径点】：刀具加工到零件上某一点产生提刀时，掠过距离和下切距离以当前刀具路径段所在 Z 高度为基准零点来计算。当"下切距离"为 5 时，刀具路径如图 3-6 所示。

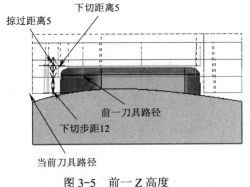

图 3-5　前一 Z 高度

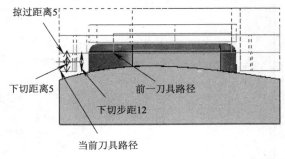

图 3-6　刀具路径点

4. 径向余量

用于设置刀具快速移动所需的最小径向间隙，间隙是针对于刀具而言的。

5. 过切检查

用于生成刀具时检查是否产生过切现象。选中"过切检查"复选框，系统自动将检查到过切路径排除；如果没有选中，系统会忽略过切检查计算，从而可能产生过切的刀具路径。

6. 应用连接

单击"应用连接"按钮，可将设置的 Z 高度等切入切出连接参数加入激活的刀具路径之中，如图 3-7 所示。

图 3-7　应用连接

实例 1——Z 高度实例

操作步骤

[1]　选择下拉菜单"文件"→"全部删除"命令，在弹出的"PowerMILL 询问"对话框中单击"是"按钮，删除所有文件。然后选择下拉菜单"工具"→"重设表格"命令，将所有表格重新设置为系统默认状态。

[2]　选择下拉菜单中的"文件"→"打开项目"命令，弹出"打开项目"对话框，选择"exercise11"（"随书光盘：\第 3 章\实例 11\uncompleted\exercise11"）文件夹，单击"确定"按钮即可，如图 3-8 所示。

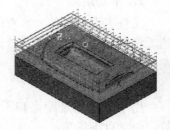

图 3-8　打开范例文件

[3]　单击"主要"工具栏上的"切入切出和连接"按钮，弹出"切入切出和连接"对话框，选择"Z 高度"选项卡，设置"掠过距离"为 10.0，单击"应用连接"按钮，应用 Z 高度，如图 3-9 所示。

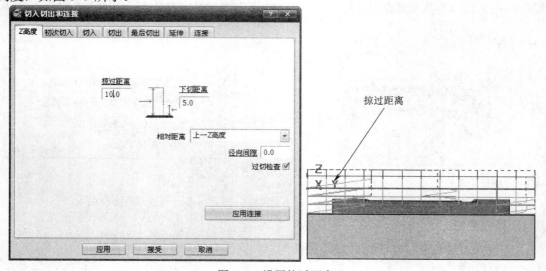

图 3-9　设置掠过距离

[4]　在"相对距离"下拉列表中选择"刀具路径点"，单击"应用连接"按钮，应用 Z 高度，如图 3-10 所示。

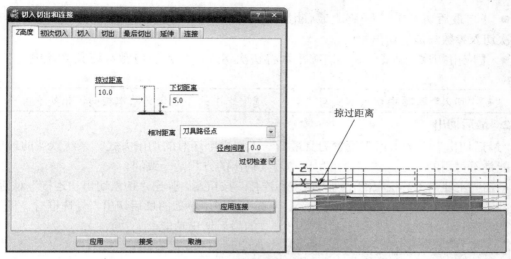

图 3-10　设置相对距离

3.3　初次切入和最后切出

"初次切入"用于设置刀具第一次切入毛坯时的切入方式,"最后切出"选项卡用于设置刀具最后一次切出毛坯时的切出方式。

1. 初次切入

"初次切入"用于设置刀具第一次切入毛坯时的切入方式。系统默认的初次切入功能是不可用的,这意味着初次切入与后续切入的方式是一致的。

单击"主要"工具栏上的"切入切出和连接"按钮 ,弹出"切入切出和连接"对话框,选中"初次切入"选项卡,如图 3-11 所示。当选中"使用单独的初次切入"复选框时,"选取"下拉列表激活,才能设置不同于后续切入方式的初次切入功能。

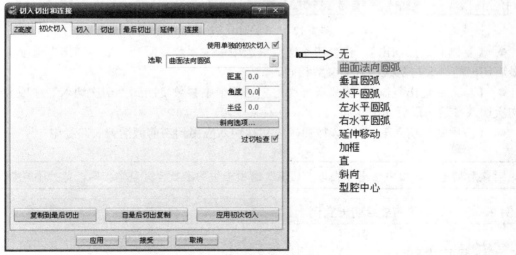

图 3-11　"初次切入"选项卡

● 【复制到最后切出】:将"初次切入"选项卡中参数复制到"最后切出"选项卡中,使最后切出的参数与初次切入的参数相同。

- 【自最后切出复制】：将"最后切出"选项卡中参数复制到"初次切入"选项卡中，使初次切入参数与最后切出相同。
- 【应用初次切入】：单击该按钮，将初次切入应用到当前激活刀具路径中。

说明

"初次切入"选项中切入方式与"切入"选项卡中的参数含义基本相同，此处不再赘述。

2. 最后切出

"最后切出"选项卡用于设置刀具最后一次切出毛坯时的切出方式。系统默认的最后切出功能是不可用的，这意味着最后切出与后续切出的方式是一致的。

单击"主要"工具栏上的"切入切出和连接"按钮，弹出"切入切出和连接"对话框，选中"最后切出"选项，如图 3-12 所示。当选中"使用单独的最后切出"复选框时，"选取"下拉列表激活，才能设置不同于后续切出方式的最后切出功能。

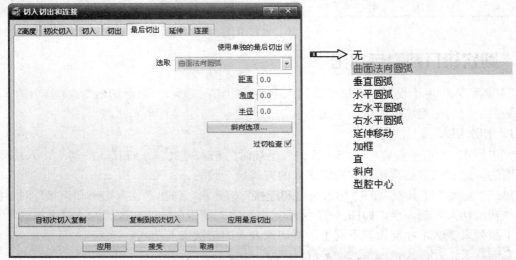

图 3-12 "最后切出"选项卡

- 【复制到最后切出】：将"初次切入"选项卡中参数复制到"最后切出"选项卡中，使最后切出的参数与初次切入的参数相同。
- 【自最后切出复制】：将"最后切出"选项卡中参数复制到"初次切入"选项卡中，使初次切入参数与最后切出相同。
- 【应用初次切入】：单击该按钮，将初次切入应用到当前激活刀具路径中。

说明

"最后切出"选项中切出方式与"切出"选项卡中的参数含义基本相同，此处不再赘述。

实例 2——初次切入和最后切出实例

**操作步骤**

[1] 选择下拉菜单"文件"→"全部删除"命令，在弹出的"PowerMILL 询问"对话框中单击"是"按钮，删除所有文件。然后选择下拉菜单"工具"→"重设表格"命令，将所

有表格重新设置为系统默认状态。

[2]　选择下拉菜单中的"文件"→"打开项目"命令，弹出"打开项目"对话框，选择"exercise12"（"随书光盘：\第 3 章\实例 12\uncompleted\exercise12"）文件夹，单击"确定"按钮即可，如图 3-13 所示。

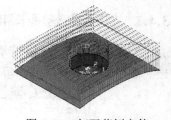

图 3-13　打开范例文件

[3]　单击"主要"工具栏上的"切入切出和连接"按钮，弹出"切入切出和连接"对话框，选择"初次切入"选项卡，选中"使用单独的初次切入"复选框，选取"曲面法向圆弧"方式，设置"距离"为 10.0，"角度"为 60.0，"半径"为 5.0，单击"应用初次切入"按钮，应用初次切入，如图 3-14 所示。

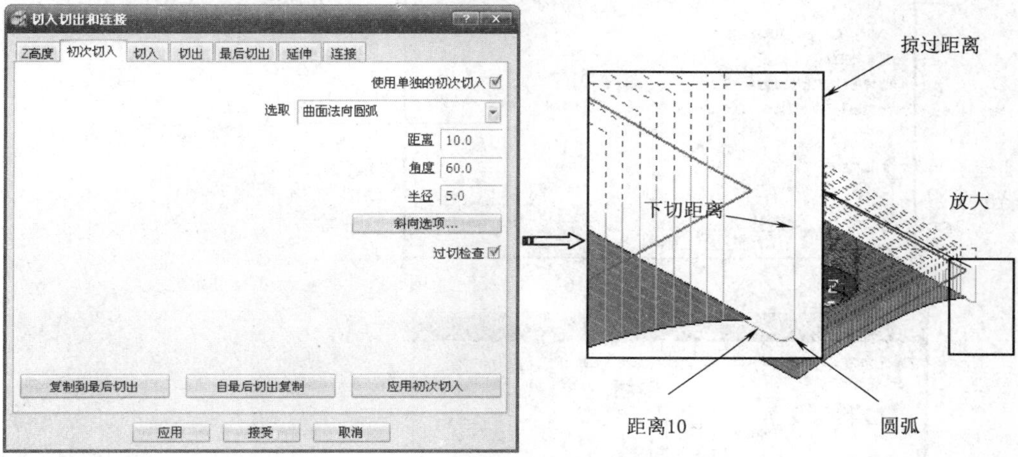

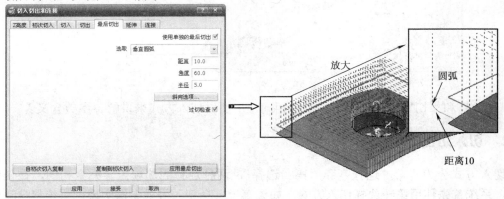

图 3-14　设置初次切入

[4]　选择"最后切出"选项卡，选中"使用单独的最后切出"复选框，选取"垂直圆弧"方式，设置"距离"为 10.0，"角度"为 60.0，"半径"为 5.0，单击"应用最后切出"按钮，应用最后切出，如图 3-15 所示。

图 3-15　设置最后切出

3.4　切入和切出

切入和切出式通过增加一条线或圆弧在所加工工件刀具路径的起始位置和结束位置，避免刀具直接啃刀。下面介绍切入和切出相关参数。

3.4.1 "切入"选项卡和"切出"选项卡

"切入"选项卡用于设置刀具在切削路径开始切入模型前的运动，如图 3-16 所示。"切出"选项卡用于设置刀具每次离开模型时的切出方式，如图 3-17 所示。

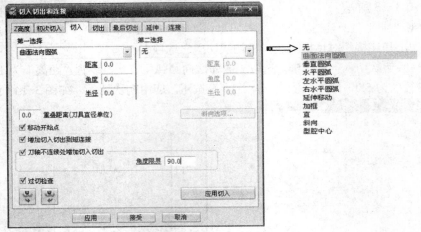

图 3-16 "切入"选项卡

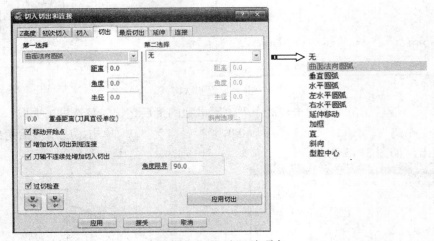

图 3-17 "切出"选项卡

"切入"和"切出"选项卡中的参数相同，下面以切入方式来讲解各参数含义。

3.4.2 切入切出选项

切入方式分为"第一选择"和"第二选择"，两种选择的选项内容完全相同，在任何情况下，系统首先使用第一选择切入方式，如果第一选择切入方式无法实现，系统将自动应用第二选择，如果两种选择的切入方式都无法实现，则切入方式为无。

"切入"选项卡中共提供了 11 种切入方式，下面介绍常用的几种切入方式：

1. 无

刀具直接切入毛坯，表明切入每条切削路径之间不附加任何路径，是系统的默认选项，如图 3-18 所示。

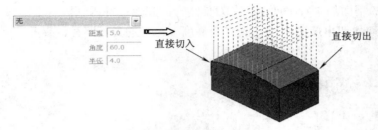

图 3-18　直接切入切出

2. 曲面法向圆弧

在刀具路径相切方向线和零件法向线组成的平面上，刀具以切向圆弧切入，如图 3-19 所示。

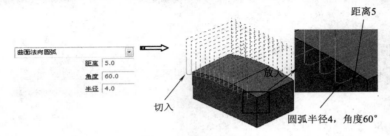

图 3-19　曲面法向圆弧

当设置曲面法向圆弧时，需要输入距离、角度和半径，它们参数含义见图 3-20 所示。

图 3-20　距离、角度和半径

3. 垂直圆弧

在零件 XOY 平面的垂直平面上，在刀具路径的起始端插入一段垂直圆弧，如图 3-21 所示。因为垂直圆弧拓展了刀具路径，因此要选中"过切检查"复选框。

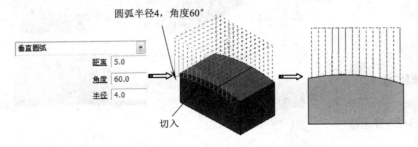

图 3-21　垂直圆弧切入

4. 水平圆弧

在零件 XOY 平面的平行平面上，在刀具路径的起始端插入一段水平圆弧，如图 3-22 所示。这种类型的切入切出最适合在一恒定 Z 高度上运行的刀具路径，或者是 Z 高度变化较小的刀具路径。

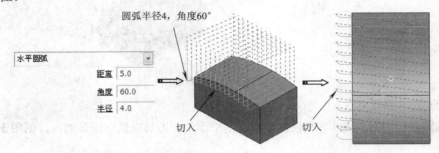

图 3-22　水平圆弧

5. 左水平圆弧

与水平圆弧相同，区别是该水平圆弧位于沿切削路径方向的左边，如图 3-23 所示。

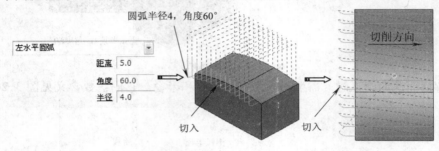

图 3-23　左水平圆弧

6. 右水平圆弧

与水平圆弧相同，区别是该水平圆弧位于沿切削路径方向的右边，如图 3-24 所示。

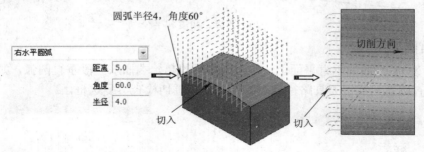

图 3-24　右水平圆弧

7. 延伸移动

通过输入一个距离值，在每条刀具路径的开始端加入一条直的、与刀具路径相切的直线路径，如图 3-25 所示。

8. 加框

通过输入一个距离值，在每条刀具路径的开始端的等高层插入一条直线移动路径，一般与水平面平行，如图 3-26 所示。

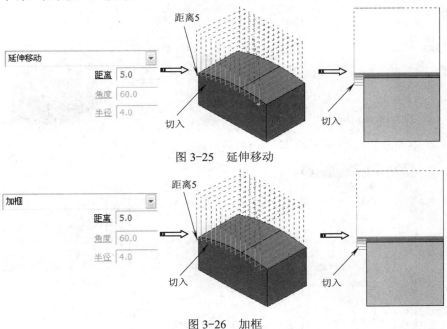

图 3-25　延伸移动

图 3-26　加框

9. 直

在刀具路径的开始端的等高层上插入一条直线移动路径，如图 3-27 所示。选择该方式，不仅要设置直线段的长度，而且还要设定直线段与切削段方向的角度。

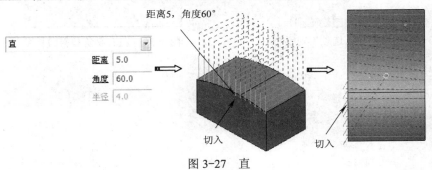

图 3-27　直

10. 斜向

斜向是指刀具路径在指定高度，以圆弧、直线或轮廓方式斜向切入路径，如图 3-28 所示。

斜向相关参数集中在"斜向切入选项"对话框中，选择"斜向"方式，"斜向选项"按钮激活，单击该按钮，弹出"斜向切入选项"对话框，如图 3-29 所示。

"斜向切入选项"对话框中相关选项参数含义：

● 【最大左斜角】：刀具切入毛坯时的倾斜角度，如图 3-30 所示。

● 【沿着】：用于控制斜向下刀的轨迹方式，包括刀具路径、直线和圆形等 3 种。

　　➢ 【刀具路径】：沿着整个刀具路径的轮廓斜向切入，如图 3-31 所示。

　　➢ 【直线】：斜向切入运动垂直于切入点的切削方向，如图 3-31 所示。

　　➢ 【圆形】：沿着圆形螺旋线切入，如果切入区域尺寸小于圆形直径，系统将自动采用直线斜向切入的方式,如图 3-31 所示。

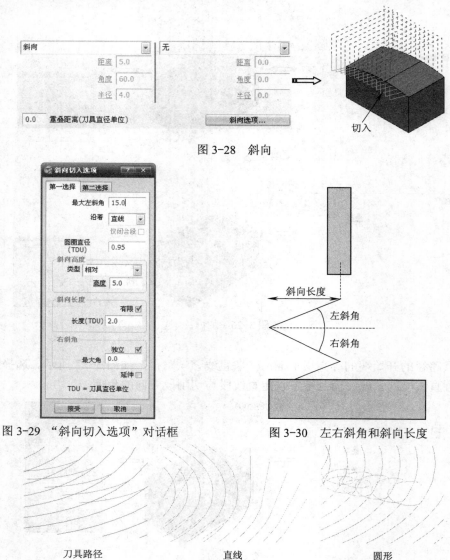

图 3-28　斜向

图 3-29　"斜向切入选项"对话框

图 3-30　左右斜角和斜向长度

刀具路径　　　　　　　　直线　　　　　　　　圆形

图 3-31　沿着

● 【仅闭合段】:当选择"沿着"选项时有效,表示仅使用闭合段路径来形成刀具路径斜坡。

● 【圆圈直径(TDU)】:只有在"沿着"选项中选择"圆形"选项时激活,表示圆形斜向下切时的圆弧直径,圆弧直径等于刀具直径乘以此系数值。

● 【斜向高度】:定义斜向切入切出的高度,包括"相对""段"和"段增量",如图 3-32 所示。

● 【斜向长度】:用于控制下切轨迹的长度,长度应大于刀具直径,如图 3-30 所示。斜向长度以"刀具直径单位 TDU"表示,即斜向长度等于刀具直径乘以此系数。选中"有限"复选框,才能输入斜向长度;取消该复选框,则刀具路径以一个路径一次斜向切入工件。

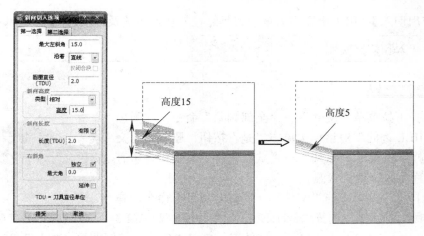

图 3-32　斜向高度

●【有限】：选中该复选框，可输入最大切削长度（斜向长度）。否则，刀具将以一个路径一次斜向切入工件，如图 3-33 所示。

●【右斜角】：用于当斜向长度不允许刀具一次斜向切入时所形成的坡角。当选中"独立"复选框时，可设置单独的右斜角，如图 3-30 所示。

●【延伸】：选中该复选框，将延伸最后一条刀具路径，使它与整个刀具路径长度平齐，如图 3-34 所示。

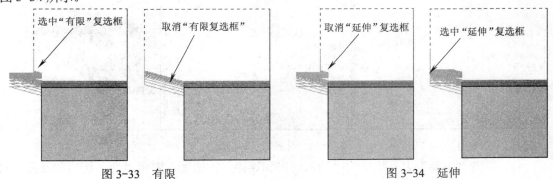

图 3-33　有限　　　　　　　　　　　　　　　图 3-34　延伸

11. 型腔中心

型腔中心是指以型腔特征中心为出发点或结束点的相切圆弧切入和切出，该选项在预先钻孔后进行轮廓精加工型腔特征时特别有效。

12. 其他参数

●【重叠距离】：应用于封闭刀具路径的切入或切出，在切入或切出刀具路径前，刀具以该距离超过刀具路径端点。

●【移动开始点】：允许自动移动闭合环的开始点，以便寻找不过切的位置。

●【增加切入切出到短连接】：用于控制切入起初是否增加到短连接。默认是切入切出应用到所有的连接移动中。然后，有时候为了追求效率和质量，有些场合将切入切出加到长连接、刀具路径开始点和结束点处，并不会将切入切出增加到短连接处。

●【复制到切出】：将"切入"选项卡中的参数复制到"切出"选项卡。

●【自切出复制】：将"切出"选项卡中的参数复制到"切入"选项卡。

● 【应用切入】：用于更新当前激活刀具路径的切入参数及选项。

实例 3——切入和切出实例

操作步骤

[1]　选择下拉菜单"文件"→"全部删除"命令，在弹出的"PowerMILL 询问"对话框中单击"是"按钮，删除所有文件。然后选择下拉菜单"工具"→"重设表格"命令，将所有表格重新设置为系统默认状态。

[2]　选择下拉菜单中的"文件"→"打开项目"命令，弹出"打开项目"对话框，选择"exercise13"（"随书光盘：\第 3 章\实例 13\uncompleted\exercise13"）文件夹，单击"确定"按钮即可，如图 3-35 所示。

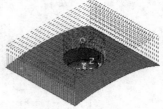

图 3-35　打开范例文件

[3]　单击"主要"工具栏上的"切入切出和连接"按钮，弹出"切入切出和连接"对话框，选择"切入"选项卡，设置切入为"曲面法向圆弧"，单击"应用切入"按钮；选择"切出"选项卡，设置切出为"延伸移动"，单击"应用切出"按钮，如图 3-36 所示。

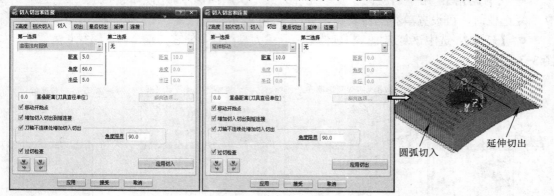

图 3-36　设置切入和切出 1

[4]　单击"主要"工具栏上的"切入切出和连接"按钮，弹出"切入切出和连接"对话框，选择"切入"选项卡，设置切入为"垂直圆弧"，单击"应用切入"按钮；选择"切出"选项卡，设置切出为"直"，单击"应用切出"按钮，如图 3-37 所示。

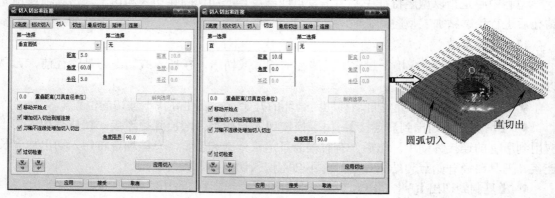

图 3-37　设置切入和切出 2

[5]　单击"主要"工具栏上的"切入切出和连接"按钮▨，弹出"切入切出和连接"对话框，选择"切入"选项卡，设置切入为"水平圆弧"，单击"应用切入"按钮；选择"切出"选项卡，设置切出为"斜向"，单击"应用切出"按钮，如图 3-38 所示。

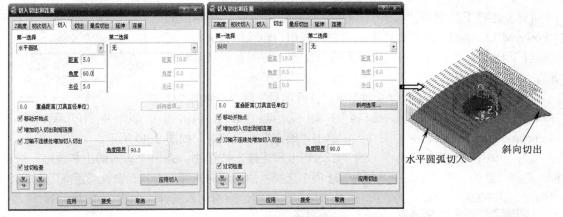

图 3-38　设置切入和切出 3

3.5　延伸和连接

延伸用于增加到刀具路径切入段之前或刀具路径切出段之后的一段额外的路径，而连接用于设置两个相邻刀具路径之间的过渡方式，本节将介绍相关知识。

3.5.1　"延伸"选项卡

延伸用于增加到刀具路径切入段之前或刀具路径切出段之后的一段额外的路径，如图 3-39 所示。例如在机床无法在圆弧移动中应用刀具补偿的情况下，可将直线延伸增加到圆弧切入/切出中，这样可在直线延伸移动中进行相应的调整。

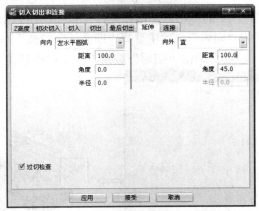

图 3-39　"延伸"选项卡

"延伸"选项卡包括"向内"和"向外"两个选项。"向内"表示在切入段前加入延伸段，"向外"表示在切出段之后增加延伸段。"向内"和"向外"的延伸方式与"切入/切出"基本相同，请读者参照学习。

实例4——延伸实例

操作步骤

[1]   选择下拉菜单"文件"→"全部删除"命令，在弹出的
"PowerMILL 询问"对话框中单击"是"按钮，删除所有文件。然
后选择下拉菜单"工具"→"重设表格"命令，将所有表格重新设
置为系统默认状态。

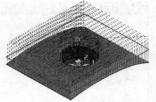

[2]   选择下拉菜单中的"文件"→"打开项目"命令，弹出"打
开项目"对话框，选择"exercise14"（"随书光盘：\第 3 章\实例   图 3-40   打开范例文件
14\uncompleted\ exercise14"）文件夹，单击"确定"按钮即可，如图 3-40 所示。

[3]   单击"主要"工具栏上的"切入切出和连接"按钮，弹出"切入切出和连接"对话
框，选择"延伸"选项卡，在"向内"选项中选择"曲面法向圆弧"方式，设置"距离"为20.0，
"角度"为90.0，"半径"为5.0，单击"应用"按钮，应用切入延伸，如图3-41所示。

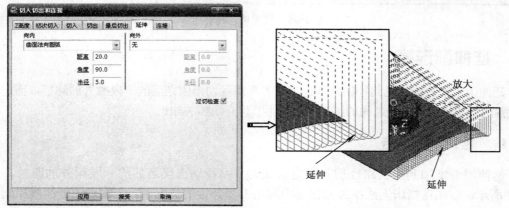

图 3-41   设置向内延伸

[4]   单击"主要"工具栏上的"切入切出和连接"按钮，弹出"切入切出和连接"对话
框，选择"延伸"选项卡，在"向内"选项中选择"曲面法向圆弧"方式，设置"距离"为20.0，
"角度"为90.0，"半径"为5.0，单击"应用"按钮，应用切出延伸，如图3-42所示。

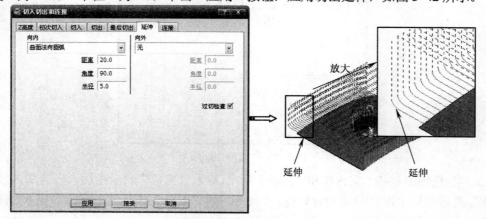

图 3-42   设置向外延伸

> **说明**
>
> 要实现延伸，需要首先设置切入和切出方式。

3.5.2 "连接"选项卡

"连接"用于设置两个相邻刀具路径之间的过渡方式，连接功能在编程时是经常用到的功能。

连接分短连接、长连接和缺省连接 3 种，长短由"长/短分界值"表示，刀路段间的距离小于此值为短，否则为长连接，如图 3-43 所示。

单击"主要"工具栏上的"切入切出和连接"按钮，弹出"切入切出和连接"对话框，选中"连接"选项，如图 3-44 所示。

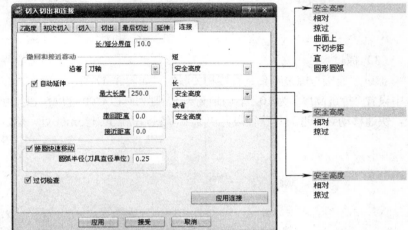

图 3-43　短连接和长连接　　　　　　　图 3-44　"连接"选项卡

1. 短连接

用于设置短连接方式，包括以下选项：

（1）安全高度

刀具以 G00 速度快速撤回到由"快进高度"对话框中所设置的安全 Z 高度平面上，进行短连接后，快速下降到"快进高度"对话框中所设置的开始 Z 高度平面上，然后以 G01 速度下切到刀位点。该方式比较安全，但效率低，如图 3-45 所示。

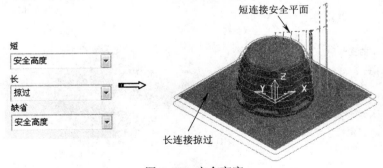

图 3-45　安全高度

（2）相对

与安全高度近似，刀具以 G00 快速撤回到"快进高度"对话框中所设置的安全 Z 高度平面上，进行短连接后，快速下降到距刀位点指定相对距离的平面上，然后以 G01 速度下切到接触点。该相对距离由"切入切出和连接"对话框中的"Z 高度"选项卡中的"下切距离"选项设置高度，如图 3-46 所示。

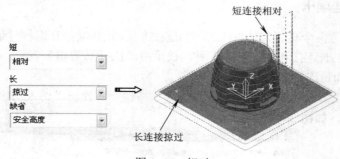

图 3-46　相对

（3）掠过

掠过短连接与掠过距离是直接相关联的，如图 3-47 所示。例如，在"切入切出和连接"对话框中设置"掠过高度"为 10，下切距离为 5，则刀具以 G00 速度快速撤回到曲面最高点以上 10mm 处，快速移动到邻近刀具路径段并快速下降到刀位点以上 5mm 处，然后以下切速率切入毛坯。

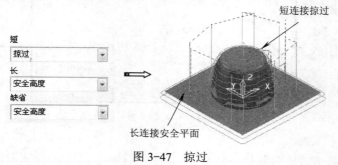

图 3-47　掠过

（4）曲面上

连接沿相切曲面进行，如图 3-48 所示。在短连接情况下，刀具始终和曲面保持接触；在长连接条件满足情况下，刀具将提刀撤回，以避免刀具切入下一路径过程中下切刀材料中的较深区域。该方式很少提刀，因此多用于精加工刀具路径中。

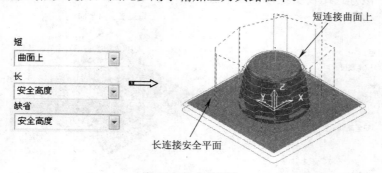

图 3-48　在曲面上

（5）下切步距

刀具在发生短连接的刀位点高度（恒定高度）平面上做直线连接运动，直至到达下一刀具路径开始处，然后下切到曲面，如图 3-49 所示。如果模型中存在过切，则不能产生这种类型的连接。

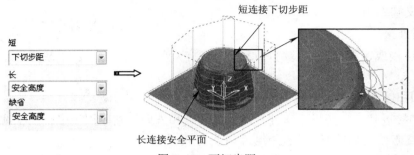

图 3-49　下切步距

（6）直

刀具沿曲面做直线连接移动，如果直线短连接发生过切，系统自动用长连接替代该直线连接部分，如图 3-50 所示。

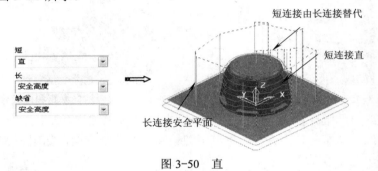

图 3-50　直

（7）圆形圆弧

从一条刀具路径末端以圆弧方式过渡到另一条刀具路径的始端，通常适用于刀具路径末端的几何形状为平行形状的情况，如图 3-51 所示。

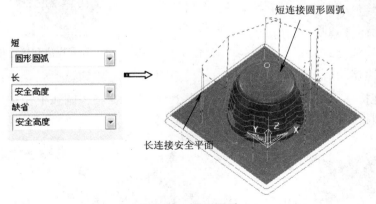

图 3-51　圆形圆弧

说明

当"切入"和"切出"设置为无、延伸、加框或直线，角度设置为 0° 时，圆弧连接为对齐刀具路径末端。

2. 长连接

长连接用于定义长连接方式，包括"安全高度""相对"和"掠过"3 种，它们的含义与短连接中含义基本相同。

3. 缺省连接

如果长连接或短连接发生过切时，系统自动应用"缺省"连接。"缺省"连接与长连接参数相同。

4. 撤回和接近移动

"撤回和接近移动"用于定义连接路径的长度和方向，它多用于多轴加工编程，控制刀具接近和撤离工件的移动方向。包括以下 4 种方式：

● 【刀轴】：刀具撤离和接近移动沿刀轴方向，如图 3-52 所示。
● 【接触点法向】：刀具撤离和接近移动沿曲面法线方向，如图 3-53 所示。

 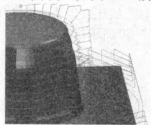

图 3-52　刀轴撤离和接近移动　　　　图 3-53　接触点法向撤离和接近移动

● 【正切】：刀具撤离和接近移动沿曲面切向移动，如图 3-54 所示。
● 【径向】：刀具撤离和接近移动垂直于刀轴和刀具路径方向，如图 3-55 所示。

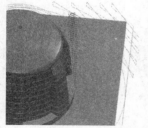 

图 3-54　正切撤离和接近移动　　　　图 3-55　径向撤离和接近移动

5. 修圆快速移动

用于定义连接移动路径的修圆大小，如图 3-56 所示。在"圆弧半径"文本框中确定快速移动链接的圆弧半径值，此值以刀具直径单位计算。

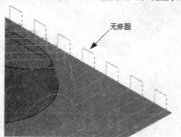 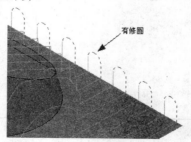

图 3-56　修圆快速移动示意图

实例 5——连接实例

操作步骤

[1]　选择下拉菜单"文件"→"全部删除"命令，在弹出的"PowerMILL 询问"对话框中单击"是"按钮，删除所有文件。然后选择下拉菜单"工具"→"重设表格"命令，将所有表格重新设置为系统默认状态。

[2]　选择下拉菜单中的"文件"→"打开项目"命令，弹出"打开项目"对话框，选择"exercise15"（"随书光盘：\第 3 章\实例 15\uncompleted\exercise15"）文件夹，单击"确定"按钮即可，如图 3-57 所示。系统默认短、长、默认连接为"安全高度"。

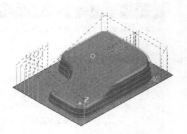

图 3-57　打开范例文件

[3]　单击"主要"工具栏上的"切入切出和连接"按钮，弹出"切入切出和连接"对话框，选择"连接"选项卡，选中"短"为"掠过"，单击"应用连接"按钮，应用连接如图 3-58 所示。

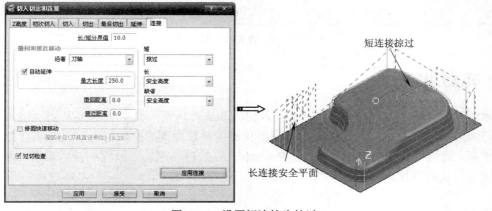

图 3-58　设置短连接为掠过

[4]　单击"主要"工具栏上的"切入切出和连接"按钮，弹出"切入切出和连接"对话框，选择"连接"选项卡，选中"短"为"曲面上"，"长"为"掠过"，单击"应用连接"按钮，应用连接如图 3-59 所示。

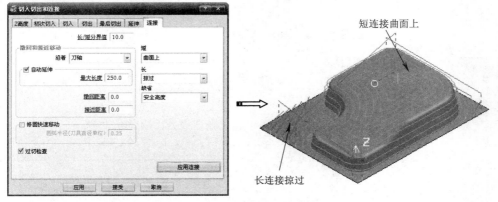

图 3-59　设置短、长连接

[5]　单击"主要"工具栏上的"切入切出和连接"按钮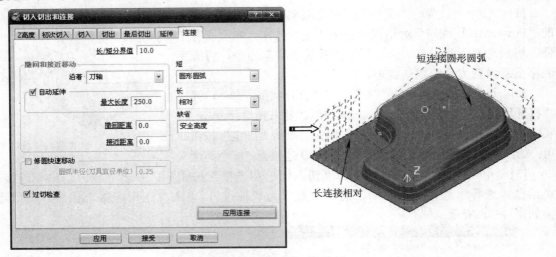，弹出"切入切出和连接"对话框，选择"连接"选项卡，选中"短"为"圆形圆弧"，"长"为"相对"，单击"应用连接"按钮，应用连接如图 3-60 所示。

图 3-60　设置短、长连接

3.6　本章小结

　　本章详细介绍了 PowerMILL 2012 切入切出和连接功能，包括 Z 高度、初次切入和最后切出、切入和切出、延伸和连接。切入切出和连接参数设置的准确与否不仅影响数控机床的加工效率，而且直接影响加工质量，是 PowerMILL 数控高速加工编程的技术难点，希望读者反复练习，认真掌握。

第4章 PowerMILL 2012 边界和参考线

边界和参考线都是 PowerMILL 系统中生成的曲线，边界是由一条或多条封闭的曲线组成的曲线组，主要用来控制刀具在工件中精确的加工范围。参考线是由一条或多条封闭或开放的曲线组成的曲线组，主要用来控制刀具路径的驱动轨迹、刀轴的方向向导、特征设置的轮廓向导等。本章详细介绍 PowerMILL 2012 边界和参考线的创建方法、编辑以及应用等相关知识。

本章重点：

- 边界的创建
- 边界编辑
- 参考线的创建
- 参考线编辑

4.1 边界概述

边界是由一条或多条封闭的曲线组成的曲线组，主要用来控制刀具在工件中精确的加工范围。

4.1.1 边界的作用

边界用于产生刀具路径时，利用所产生的封闭线架构去限制刀具路径的范围，也就是用来剪裁刀具路径。全部精加工策略以及区域清除加工策略都可按激活边界剪裁。边界的作用如下：

1) 限制粗、精加工刀具路径径向加工范围，实现局部加工。限制加工范围可以用定义毛坯大小以及使用边界来实现，后者的应用更为广泛。

2) 边界可以用来修剪刀具路径。

3) 边界可以转换为参考线。

4.1.2 创建边界方法

在 PowerMILL 2012 中启动边界创建有两种方式。

1. PowerMILL 浏览器

在 "PowerMILL 浏览器" 中选中 "边界" 选项，单击右键弹出 "边界" 快捷菜单来生成边界，利用该菜单命令可创建 10 种边界类型，如图 4-1 所示。

2. "边界工具栏" 法

边界可通过 "边界工具栏" 工具栏来创建和编辑，如图 4-2 所示。

图 4-1 "边界" 快捷菜单

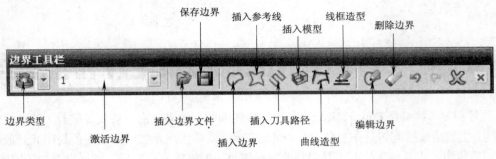

图 4-2 "边界工具栏"工具栏

说明

如"边界工具栏"工具栏未显示，可在窗口中的工具栏上单击右键，在弹出的菜单中选中"边界"即可显示。

4.2 创建边界

PowerMILL 2012 中有 10 种边界类型，下面分别介绍每种边界类型的具体创建方法和过程。

4.2.1 毛坯边界

毛坯边界是按毛坯最大外形轮廓在 **XOY** 平面内投影产生的边界，边界形状取决于毛坯的尺寸和类型。如果毛坯边界仅包括部分模型，则仅毛坯边界内的模型被加工。

在"定义边界"快捷菜单中选择"定义边界"→"毛坯"命令，打开"毛坯边界"对话框，如图 4-3 所示。

图 4-3 "毛坯边界"对话框

"边界"对话框相关选项含义如下：

● 【锁定边界】：用于设置已生成边界是否被锁定。锁定后的边界就不能被编辑或删除。对于重要的边界或用于参考的边界可以加锁保护。

● 【名称】：用于设置当前边界的名称。

● 【毛坯】：用于指定毛坯显示的类型，此外单击其后的"毛坯"按钮，可重新定义编辑当前毛坯。

实例 1——毛坯边界实例

操作步骤

[1]　选择下拉菜单"文件"→"全部删除"命令，在弹出的"PowerMILL 询问"对话框中单击"是"按钮，删除所有文件。然后选择下拉菜单"工具"→"重设表格"命令，将所有表格重新设置为系统默认状态。

[2]　选择下拉菜单中的"文件"→"打开项目"命令，弹出"打开项目"对话框，选择"exercise16"（"随书光盘：\第 4 章\实例 16\uncompleted\ exercise16"）文件夹，单击"确定"按钮即可，如图 4-4 所示。

图 4-4　打开范例文件

[3]　在"PowerMILL 资源管理器"中选中"边界"选项，单击右键，在弹出的快捷菜单中依次选择"定义边界"→"毛坯"命令，弹出"边界"对话框，单击"边界"对话框中的"应用"按钮创建边界，单击"接受"按钮关闭对话框。在"查看"工具栏上单击"普通阴影"按钮 和"毛坯"按钮，隐藏毛坯后边界，如图 4-5 所示。

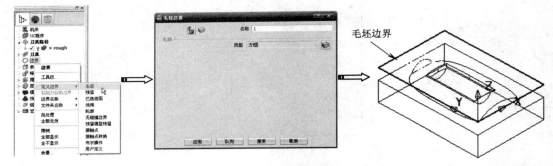

图 4-5　创建毛坯边界

[4]　在"PowerMILL 资源管理器"中选中"刀具路径"选项下的"rough"，单击右键，在弹出的快捷菜单中选择"设置"命令，弹出"模型区域清除"对话框，单击左侧"剪裁"选项，在"边界"中选择"1"，在"模型区域清除"对话框中单击"计算"按钮，生成刀具路径，如图 4-6 所示。

图 4-6　创建边界 1 范围内的刀具路径

[5]　在"PowerMILL 资源管理器"中选中"边界"选项，单击右键，在弹出的快捷菜单中依次选择"定义边界"→"毛坯"命令，弹出"边界"对话框，如图 4-7 所示。

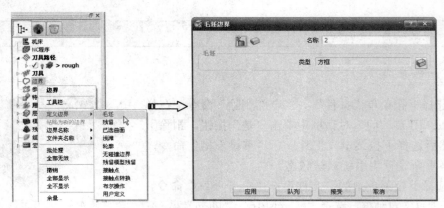

图 4-7　启动边界创建命令

[6]　单击"毛坯"按钮🎁，弹出"毛坯"对话框，选择图 4-8 所示的曲面，单击"计算"按钮，单击"接受"按钮完成毛坯创建，如图 4-8 所示。

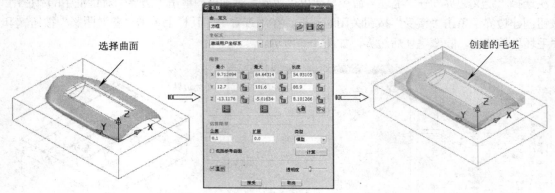

图 4-8　创建毛坯

[7]　单击"边界"对话框中的"应用"按钮创建边界，单击"接受"按钮关闭对话框。在"查看"工具栏上单击"普通阴影"按钮🔵和"毛坯"按钮🎁，隐藏毛坯后边界，如图 4-9 所示。

[8]　在"PowerMILL 资源管理器"中选中"刀具路径"选项下的"rough"，单击右键，在弹出的快捷菜单中选择"设置"命令，弹出"模型区域清除"对话框，单击左侧"剪裁"选项，在"边界"中选择"2"，在"模型区域清除"对话框中单击"计算"按钮，生成刀具路径，如图 4-10 所示。

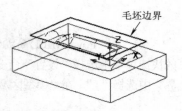

图 4-9　创建的毛坯边界

图 4-10　创建边界 2 范围内的刀具路径

　　毛坯边界只生成在毛坯范围之内，因此可通过控制毛坯的范围来限制精加工刀路范围，而不会在毛坯之外生成刀具路径。

4.2.2　残留边界

　　残留边界是参考前一刀具无法加工的残留区域，使用当前刀具沿残留模型轮廓走一圈就会形成残留边界。因此定义残留边界应该设定好上一工序所使用的刀具和本工序用刀具。

　　在"定义边界"快捷菜单中选择"定义边界"→"残留"命令，打开"残留边界"对话框，如图 4-11 所示。

　　"残留边界"对话框相关选项参数含义如下：

　　●【检测材料厚于】：计算出来的区域如果小于所设定的数值，那么该区域将被移除。

　　●【扩展区域】：沿曲面扩展残留模型区域，避免在两条刀具路径的连接处留下任何刀痕，输入负值则向内扩展。

图 4-11　"残留边界"对话框

　　●【公差】：计算残留边界的公差，公差越小，计算越精确。

　　●【余量】：包括径向余量和轴向余量，指产生的边界包含径向和轴向余量。

　　●【刀具】：所定的刀具类型取决于在列表中选择的选项，但该刀具一定要比参考刀具小，不然将导致计算失败，无法产生残留边界。

　　●【参考刀具】：作为残留边界参考刀具，该刀具一定要比刀具选项的刀具大。

　　●【剪裁边界】：选中该复选框，可设置剪裁边界，包括以下选项：

　　　➢【内】：指将已选边界作为剪裁边界，在边界内产生内剪裁边界。

　　　➢【外】：指将已选边界作为剪裁边界，在边界外产生外剪裁边界。

实例 2——残留边界实例

操作步骤

　　[1]　选择下拉菜单"文件"→"全部删除"命令，在弹出的"PowerMILL 询问"对话框中单击"是"按钮，删除所有文件。然后选择下拉菜单"工具"→"重设表格"命令，将所有表格重新设置为系统默认状态。

　　[2]　选择下拉菜单中的"文件"→"打开项目"命令，弹出"打开项目"对话框，选择"exercise17"（"随书光盘：\第 4 章\实例 17\uncompleted\exercise17"）文件夹，单击"确定"按钮即可，如图 4-12 所示。

图 4-12　打开范例文件

[3] 在"PowerMILL 资源管理器"中选中"边界"选项，单击右键，在弹出的快捷菜单中依次选择"定义边界"→"残留"命令，弹出"残留边界"对话框，单击"应用"按钮创建边界，单击"接受"按钮关闭对话框。在"查看"工具栏上单击"普通阴影"按钮 ◎ 和"毛坯"按钮 ◎，隐藏毛坯后边界，如图 4-13 所示。

图 4-13　创建毛坯边界

[4] 在"PowerMILL 资源管理器"中选中"刀具路径"选项下的"finish"，单击右键，在弹出的快捷菜单中选择"设置"命令，弹出"三维偏置精加工"对话框，单击左侧"剪裁"选项，在"边界"中选择"1"，在"三维偏置精加工"对话框中单击"计算"按钮，生成刀具路径，如图 4-14 所示。

图 4-14　创建边界 1 范围内的刀具路径

4.2.3　已选曲面边界

已选曲面边界是指在选取待加工曲面和刀具后，系统计算刀具在所选曲面边缘上产生的边界线。该方法只寻找刀具接触的已选曲面的区域，导致只加工已选曲面，而不会碰到相邻的未选曲面，从而避免过切。

> **说明**
>
> 已选曲面边界需要预先设置好毛坯和本工序的刀具。

在"定义边界"快捷菜单中选择"定义边界"→"已选曲面"命令，打开"已选曲面边界"对话框，如图 4-15 所示。

"已选曲面边界"对话框中相关选项含义如下：

● 【顶部】：选中该复选框，边界会沿垂直面的顶部补偿产生；否则，边界会沿垂直面的底部补偿产生。

● 【浮动】：选中该复选框，边界会直接落在垂直面的顶部，如图 4-16 所示。

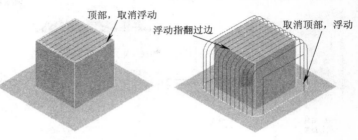

图 4-15　"已选曲面边界"对话框

图 4-16　浮动示意图

实例 3——已选曲面边界实例

操作步骤

[1]　选择下拉菜单"文件"→"全部删除"命令，在弹出的"PowerMILL 询问"对话框中单击"是"按钮，删除所有文件。然后选择下拉菜单"工具"→"重设表格"命令，将所有表格重新设置为系统默认状态。

[2]　选择下拉菜单中的"文件"→"打开项目"命令，弹出"打开项目"对话框，选择"excercise18"（"随书光盘：\第 4 章\实例 18\uncompleted\exercise18"）文件夹，单击"确定"按钮即可，如图 4-17 所示。

图 4-17　打开范例文件

[3]　按住 Shift 键在图形区选择图 4-18 所示的曲面。

[4]　在"PowerMILL 资源管理器"中选中"边界"选项，单击右键，在弹出的快捷菜单中依次选择"定义边界"→"已选曲面"命令，弹出"已选曲面边界"对话框，单击"应用"按钮创建边界，单击"接受"按钮关闭对话框。在"查看"工

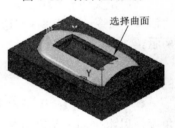

图 4-18　选择曲面

具栏上单击"普通阴影"按钮 ●和"毛坯"按钮 ●，隐藏毛坯后边界，如图 4-19 所示。

图 4-19　创建毛坯边界

[5]　在"PowerMILL 资源管理器"中选中"刀具路径"选项下的"finish1"，单击右键，在弹出的快捷菜单中选择"设置"命令，弹出"最佳等高精加工"对话框，单击左侧"剪裁"

选项，在"边界"中选择"2"，在"最佳等高精加工"对话框中单击"计算"按钮，生成刀具路径，如图4-20所示。

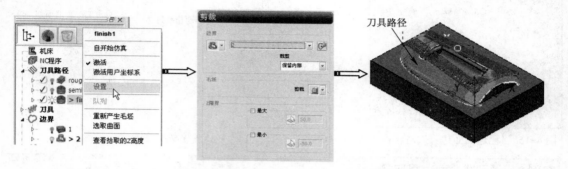

图4-20　创建边界2范围内的刀具路径

4.2.4　浅滩边界

浅滩边界是指平坦区域或接近平坦区域轮廓经过偏置刀具半径后形成的轮廓线，它取自模型上的上限角和下限角所定义的模型区域。

> **说明**
>
> 浅滩边界需要预先设置好毛坯和本工序的刀具。

在"定义边界"快捷菜单中选择"定义边界"→"浅滩"命令，打开"浅滩边界"对话框，如图4-21所示。

"浅滩边界"对话框中的上限角和下限角范围内的区域属于浅滩区域。

● 【上限角】：用于定义有效边界的最大浅滩角度，以水平面为基准测量。上限角必须比下限角大，否则无法计算浅滩边界。

● 【下限角】：用于定义有效边界的最小浅滩角度，角度范围为0°～90°。

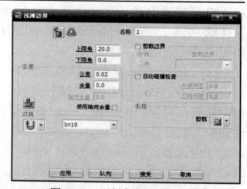

图4-21　"浅滩边界"对话框

> **说明**
>
> 实际编程过程中，常用浅滩边界区分出平坦和陡峭区域，在平坦区域用三维偏置精加工策略或平行精加工策略计算刀具路径，在陡峭区域则用等高精加工策略计算刀具路径。

实例4——浅滩边界实例

操作步骤

[1]　选择下拉菜单"文件"→"全部删除"命令，在弹出的"PowerMILL 询问"对话框中单击"是"按钮，删除所有文件。然后选择下拉菜单"工具"→"重设表格"命令，将所有表格重新设置为系统默认状态。

[2]　选择下拉菜单中的"文件"→"打开项目"命令，弹出"打开项目"对话框，选择"exercise19"（"随书光盘：\第 4 章\实例 19\uncompleted\ exercise19"）文件夹，单击"确定"按钮即可，如图 4-22 所示。

[3]　在"PowerMILL 资源管理器"中选中"边界"选项，单击右键，在弹出的快捷菜单中依次选择"定义边界"→"浅滩"命令，弹出"浅滩边界"对话框，单击"应用"按钮创建边界，单击"接受"按钮关闭对话框。在"查看"工具栏上单击"普通阴影"按钮 和"毛坯"按钮，隐藏毛坯后边界，如图 4-23 所示。

图 4-22　打开范例文件

图 4-23　创建浅滩边界

[4]　在"PowerMILL 资源管理器"中选中"刀具路径"选项下的"finish"，单击右键，在弹出的快捷菜单中选择"设置"命令，弹出"三维偏置精加工"对话框，单击左侧"剪裁"选项，在"边界"中选择"1"，在"三维偏置精加工"对话框中单击"计算"按钮，生成刀具路径，如图 4-24 所示。

图 4-24　创建边界 1 范围内的刀具路径

4.2.5　轮廓边界

轮廓边界是一种沿 Z 轴向下投影模型轮廓，同时考虑刀具参数补偿而产生的边界，轮廓边界会以现在模型的最大区域向外偏置刀具半径加预留量的距离来生成边界。

> **说明**
>
> 轮廓边界需要预先设置好毛坯和本工序的刀具。

在"定义边界"快捷菜单中选择"定义边界"→"轮廓"命令，打开"轮廓边界"对话框，如图 4-25 所示。

在"轮廓边界"对话框中选中"在模型上"复选框，则轮廓边界放置在垂直壁的顶部；否则轮廓边界放置在毛坯底部，如图 4-26 所示。

图 4-25 "轮廓边界"对话框

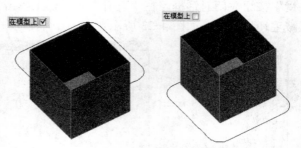

图 4-26 在模型上示意图

说明

所产生的轮廓边界位于相当于全深度毛坯加刀尖半径（如果存在的话）的 Z 高度处，这样可以确保在使用边界作为刀具路径进行加工时，按已选刀具的全刀宽进行轮廓加工。

实例 5——轮廓边界实例

操作步骤

[1] 选择下拉菜单"文件"→"全部删除"命令，在弹出的"PowerMILL 询问"对话框中单击"是"按钮，删除所有文件。然后选择下拉菜单"工具"→"重设表格"命令，将所有表格重新设置为系统默认状态。

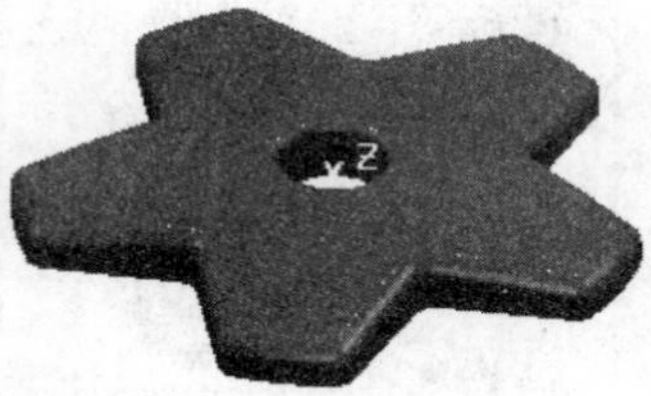

[2] 选择下拉菜单中的"文件"→"打开项目"命令，弹出"打开项目"对话框，选择"exercsie20"（"随书光盘：\第 4 章\实例 20\uncompleted\exercise20"）文件夹，单击"确定"按钮即可，如图 4-27 所示。

图 4-27 打开范例文件

[3] 在"PowerMILL 资源管理器"中选中"边界"选项，单击右键，在弹出的快捷菜单中依次选择"定义边界"→"轮廓"命令，弹出"轮廓边界"对话框，单击"应用"按钮创建边界，单击"接受"按钮关闭对话框。在"查看"工具栏上单击"普通阴影"按钮 和"毛坯"按钮 ，隐藏毛坯后边界，如图 4-28 所示。

[4] 在"PowerMILL 资源管理器"中选中"刀具路径"选项下的"1"，单击右键，在弹出的快捷菜单中选择"设置"命令，弹出"最佳等高精加工"对话框，单击左侧"剪裁"选项，在"边界"中选择"1"，在"最佳等高精加工"对话框中单击"计算"按钮，生成刀具路径，如图 4-29 所示。

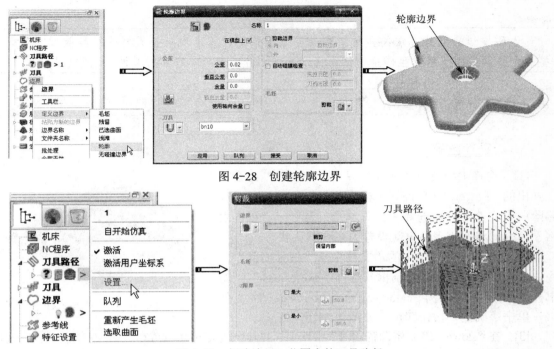

图 4-28　创建轮廓边界

图 4-29　创建边界 1 范围内的刀具路径

4.2.6　无碰撞边界

无碰撞边界是指用设定的刀具、刀柄和夹持等参数来计算加工时不会与模型发生碰撞的区域，从而形成无碰撞边界。

说明

产生无碰撞边界的前提条件是定义毛坯以及本工序所用刀具、夹头参数。

选择"定义边界"→"无碰撞边界"命令，打开"无碰撞边界"对话框，如图 4-30 所示。

"无碰撞边界"对话框中的"夹持间隙"用于指定考虑夹持与模型不发生碰撞时的最小距离；而"刀柄间隙"用于指定考虑刀柄与模型不发生碰撞时的最小距离。

图 4-30　"无碰撞边界"对话框

> **说明**
>
> 无碰撞边界创建方法的显著特点是可以由系统计算出现有装夹好的刀具能加工到模型的哪个部位而不致发生碰撞，从而将加工区域分成长刀具和短刀具两个切削区域。

实例6——无碰撞边界实例

操作步骤

[1]　选择下拉菜单"文件"→"全部删除"命令，在弹出的"PowerMILL 询问"对话框中单击"是"按钮，删除所有文件。然后选择下拉菜单"工具"→"重设表格"命令，将所有表格重新设置为系统默认状态。

[2]　选择下拉菜单中的"文件"→"打开项目"命令，弹出"打开项目"对话框，选择"exercsie21"（"随书光盘：\第 4 章\实例 21\uncompleted\exercise21"）文件夹，单击"确定"按钮即可，如图 4-31 所示。

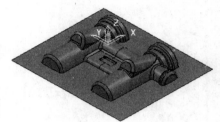

图 4-31　打开范例文件

[3]　在"PowerMILL 资源管理器"中选中"刀具"选项下的"D6R3"，单击右键，在弹出的快捷菜单中选择"设置"命令，弹出"球头刀"对话框，设置"长度"为 10.0，如图 4-32 所示。

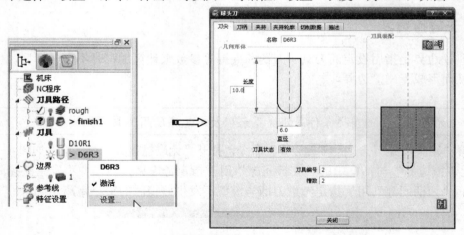

图 4-32　修改刀具长度

[4]　单击"刀柄"选项卡，然后单击"增加刀柄部件"按钮，设置相关参数，如图 4-33 所示。

[5]　单击"夹持"选项卡，然后单击"增加夹持部件"按钮，设置相关参数，如图 4-34 所示。

[6]　在"PowerMILL 资源管理器"中选中"边界"选项，单击右键，在弹出的快捷菜单中依次选择"定义边界"→"无碰撞边界"命令，弹出"无碰撞边界"对话框，单击"应用"按钮创建边界，单击"接受"按钮关闭对话框。在"查看"工具栏上单击"普通阴影"按钮和"毛坯"按钮，隐藏毛坯后边界，如图 4-35 所示。

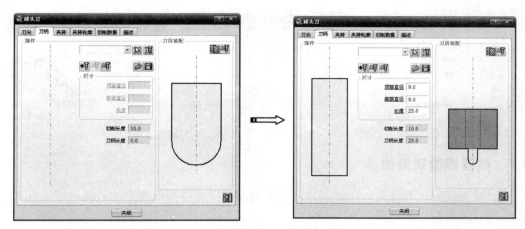

图 4-33　"刀柄"选项卡

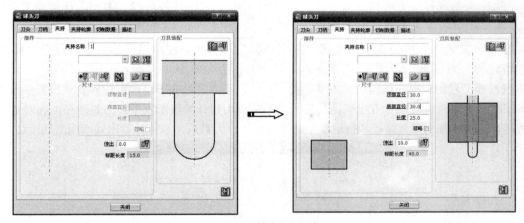

图 4-34　"夹持"选项卡

图 4-35　创建无碰撞边界

[7]　在"PowerMILL 资源管理器"中选中"刀具路径"选项下的"finish1",单击右键,在弹出的快捷菜单中选择"设置"命令,弹出"三维偏置精加工"对话框,单击左侧"剪裁"选项,在"边界"中选择"2",在"三维偏置精加工"对话框中单击"计算"按钮,生成刀具路径,如图 4-36 所示。

图 4-36　创建边界 1 范围内的刀具路径

4.2.7　残留模型残留边界

残留模型残留边界是指，在使用当前刀具对参考残留模型所指定的残留区域进行加工时刀具中心所达到的加工界限。

说明

残留模型残留边界的前提条件是定义毛坯、上一工序刀具路径、上一工序的残留模型以及本工序所用刀具参数。

在"定义边界"快捷菜单中选择"定义边界"→"残留模型残留"命令，打开"残留模型残留边界"对话框，如图 4-37 所示。

残留模型残留边界与残留边界本质上是一样的，不同之处在于，残留边界要求设置参考刀具和本工序刀具，系统自动计算出残留边界来，不需要用户计算残留模型和刀具路径；而残留模型残留边界需要计算出刀具路径和残留模型，设置本工序刀具后，系统计算出残留模型残留边界。

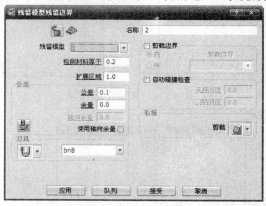

图 4-37　"残留模型残留边界"对话框

实例 7——残留模型残留边界实例

操作步骤

[1]　选择下拉菜单"文件"→"全部删除"命令，在弹出的"PowerMILL 询问"对话框中单击"是"按钮，删除所有文件。然后选择下拉菜单"工具"→"重设表格"命令，将所有表格重新设置为系统默认状态。

[2]　选择下拉菜单中的"文件"→"打开项目"命令，弹出"打开项目"对话框，选择

"exercise22"（"随书光盘：\第 4 章\实例 22\uncompleted\exercise22"）文件夹，单击"确定"按钮即可，如图 4-38 所示。

[3]　计算上一刀具路径。在"PowerMILL 资源管理器"中选中"刀具路径"选项下的"rough"，单击右键，在弹出的快捷菜单中选择"设置"命令，弹出"模型区域清除"对话框，单击"计算"按钮，生成刀具路径，如图 4-39 所示。

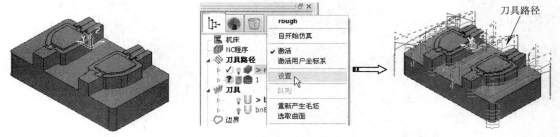

图 4-38　打开范例文件　　　　　　　　　　图 4-39　创建刀具路径

说明

　　计算残留模型残留边界前，一定要将已有刀具路径激活，如果没有激活，可选择该刀具路径，单击右键，在弹出的快捷菜单中选择"激活"命令。

[4]　创建残留模型。在"PowerMILL 资源管理器"中选中"残留模型"选项，单击右键，在弹出的快捷菜单中选择"产生残留模型"命令，此时将产生一个空的残留模型 1，如图 4-40 所示。

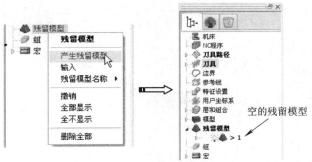

图 4-40　修改刀具长度

[5]　选中创建残留模型 1，单击右键，在弹出的快捷菜单中选择"应用"→"激活刀具路径在先"命令，然后再次选择残留模型 1，单击右键，在弹出的快捷菜单中选择"计算"命令，系统计算残留模型，如图 4-41 所示。

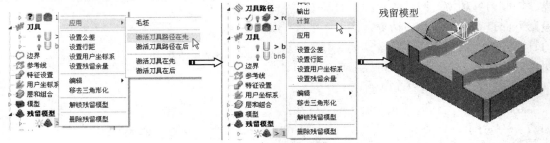

图 4-41　产生残留模型

[6]　创建边界。在"PowerMILL 资源管理器"中选中"边界"选项，单击右键，在弹出的快捷菜单中依次选择"定义边界"→"残留模型残留"命令，弹出"残留模型残留边界"对话框，选择"残留模型"为"1"，单击"应用"按钮创建边界，单击"接受"按钮关闭对话框。在"查看"工具栏上单击"普通阴影"按钮和"毛坯"按钮，隐藏毛坯后边界，如图 4-42 所示。

图 4-42　创建残留模型残留边界

[7]　在"PowerMILL 资源管理器"中选中"刀具路径"选项下的"finish"，单击右键，在弹出的快捷菜单中选择"设置"命令，弹出"最佳等高精加工"对话框，单击左侧"剪裁"选项，在"边界"中选择"1"，在"最佳等高精加工"对话框中单击"计算"按钮，生成刀具路径，如图 4-43 所示。

图 4-43　创建边界 1 范围内的刀具路径

4.2.8　接触点边界

在 PowerMILL 系统中其他所有边界从 Z 投影方向查看控制刀具中心始终在边界内，刀具和边界基本上是相对应的，不能随意更换刀具。接触点边界是以刀具接触点而不是刀尖点来计算边界，控制刀具和模型接触的边线，刀具中心从 Z 投影方向查看有可能超出边界范围，系统在计算刀具路径时，根据相关参数自动偏置补偿，保证边界内的模型能准确加工，可以随意更换刀具。

在"定义边界"快捷菜单中选择"定义边界"→"接触点"命令，打开"接触点边界"对话框，如图 4-44 所示。

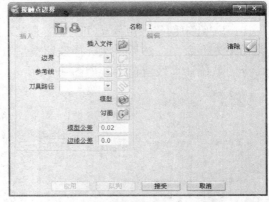

图 4-44　"接触点边界"对话框

"接触点边界"对话框相关选项与"用户定义边界"对话框相关选项类似，请读者参照学习，此处不再介绍。

实例 8——接触点边界实例

操作步骤

[1]　选择下拉菜单"文件"→"全部删除"命令，在弹出的"PowerMILL 询问"对话框中单击"是"按钮，删除所有文件。然后选择下拉菜单"工具"→"重设表格"命令，将所有表格重新设置为系统默认状态。

[2]　选择下拉菜单中的"文件"→"打开项目"命令，弹出"打开项目"对话框，选择"exercise23"（"随书光盘：\第 4 章\实例 23\uncompleted\exercise23"）文件夹，单击"确定"按钮即可，如图 4-45 所示。

图 4-45　打开范例文件

[3]　按住 Shift 键在图形区选择图 4-46 所示的曲面。

[4]　创建边界。在"PowerMILL 资源管理器"中选中"边界"选项，单击右键，在弹出的快捷菜单中依次选择"定义边界"→"接触点"命令，弹出"接触点边界"对话框，单击"模型"按钮创建边界，单击"接受"按钮关闭对话框。在"查看"工具栏上单击"普通阴影"按钮和"毛坯"按钮，隐藏毛坯后边界，如图 4-47 所示。

图 4-46　选择曲面

[5]　在"PowerMILL 资源管理器"中选中"刀具路径"选项下的"finish"，单击右键，在弹出的快捷菜单中选择"设置"命令，弹出"最佳等高精加工"对话框，单击左侧"剪裁"选项，在"边界"中选择"1"，在"最佳等高精加工"对话框中单击"计算"按钮，生成刀具路径，如图 4-48 所示。

图 4-47　创建接触点边界

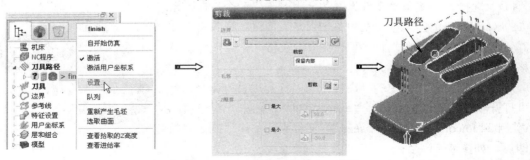

图 4-48　创建边界 1 范围内的刀具路径

4.2.9　接触点转换边界

接触点转换边界是指将指定的接触点边界按当前刀具、公差等参数信息转换成边界，此边界控制刀具中心从 Z 投影方向查看始终在边界内，如图 4-49 所示。

> **说明**
>
> 接触点边界和接触点转换边界区别在接触点边界与刀具无关，按刀具与工件的接触点来计算边界，而接触点转换边界要考虑刀具，且将该刀具的刀尖点作为计算接触的依据。

在"定义边界"快捷菜单中选择"定义边界"→"接触点转换"命令，打开"由接触点转换的边界"对话框，如图 4-50 所示。

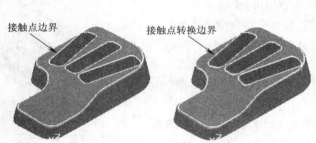

图 4-49　接触点转换边界

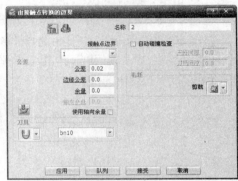

图 4-50　"由接触点转换的边界"对话框

> **说明**
>
> 在大多数情况下，并不需要用到接触点转换边界，因为用户可只创建接触点边界，然后 PowerMILL 系统会在计算刀具路径时自动创建一个与指定刀具相关联的边界。然而如果用户希望使用某一条边界来计算多条刀具路径，由于接触点转换边界已经提前计算出加工范围，所以使用接触点转换边界会缩短刀具计算时间。

实例 9——接触点转换边界实例

操作步骤

[1]　选择下拉菜单"文件"→"全部删除"命令，在弹出的"PowerMILL 询问"对话框中单击"是"按钮，删除所有文件。然后选择下拉菜单"工具"→"重设表格"命令，将所有表格重新设置为系统默认状态。

[2]　选择下拉菜单中的"文件"→"打开项目"命令，弹出"打开项目"对话框，选择"exercsie24"（"随书光盘：\第 4 章\实例 24\uncompleted\exercise24"）文件夹，单击"确定"按钮即可，如图 4-51 所示。

图 4-51　打开范例文件

[3]　创建边界。在"PowerMILL 资源管理器"中选中"边界"选项，单击右键，在弹出

的快捷菜单中依次选择"定义边界"→"接触点转换"命令，弹出"由接触点转换的边界"对话框，单击"应用"按钮创建边界，单击"接受"按钮关闭对话框。在"查看"工具栏上单击"普通阴影"按钮和"毛坯"按钮，隐藏毛坯后边界，如图 4-52 所示。

图 4-52　创建接触点边界

[4]　在"PowerMILL 资源管理器"中选中"刀具路径"选项下的"finish"，单击右键，在弹出的快捷菜单中选择"设置"命令，弹出"最佳等高精加工"对话框，单击左侧"剪裁"选项，在"边界"中选择"2"，在"最佳等高精加工"对话框中单击"计算"按钮，生成刀具路径，如图 4-53 所示。

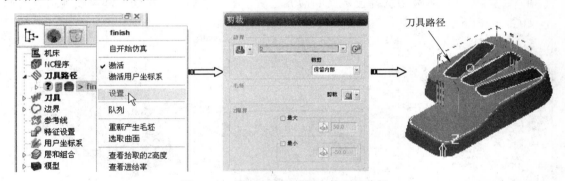

图 4-53　创建边界 2 范围内的刀具路径

4.2.10　用户定义边界

用户定义边界是指用户通过手工在图形区中进行勾画边界或插入某元素封闭轮廓所产生的边界，它是用户最常用的边界创建方法。在用户定义边界中，可将保存的边界文件插入到当前边界中；将已定义的边界、参考线或道具路径插入到当前边界中；将模型或已选曲面的轮廓插入到当前边界中；用户手绘图形作为边界。

在"定义边界"快捷菜单中选择"定义边界"→

图 4-54　"用户定义边界"对话框

"用户定义"命令，打开"用户定义边界"对话框，如图 4-54 所示。

"用户定义边界"对话框包括两个部分："插入"和"编辑"，下面分别加以介绍：

1. 插入

"插入"提供了 8 种用户定义边界方法：

（1）插入文件

插入文件是将现有的封闭曲线类型图形文件插入到 PowerMILL 系统中形成边界。文件的后缀名可以是 igs、prt 等中主流 CAD 系统生成的文件。

单击 按钮，弹出"打开边界"对话框，选择所需的曲线图形文件，如果需要转换，系统自动完成后弹出"信息"对话框，单击"接受"按钮完成边界创建，如图 4-55 所示。

图 4-55　插入文件

（2）边界

用于将现有的边界转换为新的边界，相当于复制一条边界。

在"边界"下拉列表中选择已定义的边界之后，单击其后的 按钮，即可实现边界的插入，如图 4-56 所示。

图 4-56　边界

> **说明**
>
> 　若需要插入多个边界，则每选择一个边界必须单击一次 按钮，新边界的内部和外部区域将重新定义。

（3）参考线

用于将现有的参考线转换为边界线。

在"参考线"下拉列表中选择已定义的参考线之后，单击其后的 按钮，即可实现参考线的插入，如图 4-57 所示。

（4）刀具路径

将已经计算出来的封闭刀具路径段转换为边界。

在"刀具路径"下拉列表中选择已定义的刀具路径之后，单击其后的 按钮，即可实现刀具路径的插入，如图 4-58 所示。

图 4-57　参考线创建边界

图 4-58　刀具路径

（5）模型

将模型（曲面）的边缘线作为边界线。该方法与"已选曲面"定义边界的不同之处在于：这种方法生成的边界不需要进行刀具补偿，且不需预先定义毛坯。

选择已有曲面之后，单击其后的 按钮，即可实现边界的插入，如图 4-59 所示。

图 4-59　模型创建边界

（6）勾画

以手工描绘点的方式勾勒边界线。

（7）曲线造型

使用 PowerSHAPE 软件中复合曲线功能创建边界线。

（8）线框造型

使用 PowerSHAPE 软件中创建曲线功能创建边界线。

2. 编辑

单击"清除"按钮 ，清除已定义的边界，删除所有的几何图形。

实例 10——用户定义边界实例

操作步骤

[1]　选择下拉菜单"文件"→"全部删除"命令，在弹出的"PowerMILL 询问"对话框中单击"是"按钮，删除所有文件。然后选择下拉菜单"工具"→"重设表格"命令，将所有表格重新设置为系统默认状态。

[2]　选择下拉菜单中的"文件"→"打开项目"命令，弹出"打开项目"对话框，选择"exercise25"（"随书光盘：\第 4 章\实例 25\uncompleted\exercise25"）文件夹，单击"确定"按钮即可，如图 4-60 所示。

图 4-60　打开范例文件

[3]　在"PowerMILL 资源管理器"中选中"边界"选项，单击右键，在弹出的快捷菜单中依次选择"定义边界"→"用户定义"命令，弹出"用户定义边界"对话框，选择图 4-61 所示的曲面，然后单击"插入模型"按钮，单击"接受"按钮关闭对话框。在"查看"工具栏上单击"普通阴影"按钮和"毛坯"按钮，隐藏毛坯后边界，如图 4-61 所示。

图 4-61　创建用户定义边界

[4]　在"PowerMILL 资源管理器"中选中"刀具路径"选项下的"finish"，单击右键，在弹出的快捷菜单中选择"设置"命令，弹出"平行精加工"对话框，单击左侧"剪裁"选项，在"边界"中选择"1"，在"平行精加工"对话框中单击"计算"按钮，生成刀具路径，如图 4-62 所示。

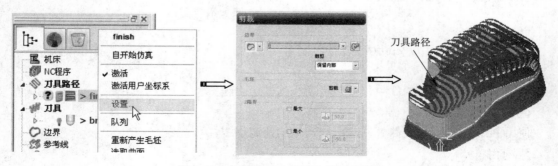

图 4-62　创建边界 1 范围内的刀具路径

4.3　编辑边界

在"PowerMILL 资源管理器"中选中已经创建的边界，单击右键，在弹出的快捷菜单中选择"编辑"命令，弹出编辑边界快捷菜单，可对边界进行编辑，如图 4-63 所示。

1. 变换

变换操作可实现编辑边界的移动、旋转、缩放和镜向等操作。

在"PowerMILL 资源管理器"中选中已经创建的边界，单击右键，在弹出的快捷菜单中选择"编辑"→"变换"→"移动"命令，弹出"移动"工具栏，选择沿着 X 方向移动，设置好移动距离后，单击✓按钮可完成边界移动，如图 4-64 所示。

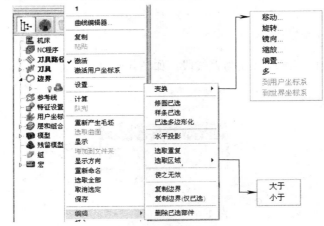

图 4-63　编辑命令

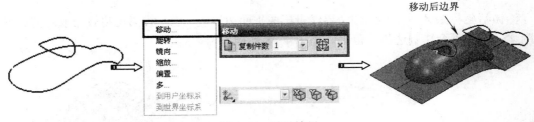

图 4-64　移动边界

2. 修圆已选

对已选边界线段进行圆弧拟合，目的是光顺边界。如图 4-65 所示为勾画边界，输入修圆公差为 5，边界线将被修圆，如图 4-65 所示。

图 4-65　修圆已选

3. 样条已选

将选中的边界线段转换为样条曲线，目的是光顺边界。如图 4-66 所示为勾画边界，输入拟合公差为 5，边界线将被样条修圆。

图 4-66　样条已选

4. 多边形化已选

将所选样条化的边界线段转换为直线段，如图 4-67 所示。

图 4-67　多边形化已选

5. 水平投影

沿激活坐标系 Z 轴，将三维边界线投影成平面边界线。水平投影可将较为凌乱的边界线清晰化，同时不会影响边界的范围，如图 4-68 所示。

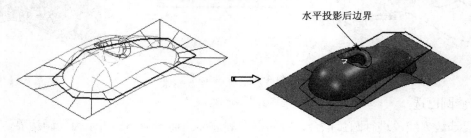

图 4-68　水平投影

6. 选取重复

选取所选边界内重复边界段。

7. 选取区域

选取大于或小于所给刀具比例规定范围内的边界。

8. 使之无效

使所选边界恢复到未计算状态，该命令只对需进行计算的边界有效。

9. 复制边界

选择该命令，将自动复制粘贴所选边界，产生的新边界默认命令为"*_1"。

10. 复制边界（仅已选）

选择该命令，将自动复制粘贴图形区内选取的边界段。

11. 删除已选部件

选择该命令，将删除图形区内已选取的边界段。此外，用户也可单击 Delete 键确定，如图 4-69 所示。

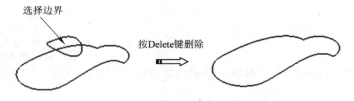

图 4-69　删除已选部件

4.4　参考线概述

参考线是一条或多条封闭的或开放的用来辅助计算刀具路径的二维或三维曲线组。从功能上来讲，参考线也可称为引导线，用来引导产生刀具路径，从而控制加工方向和顺序。

4.4.1　参考线作用

参考线具有以下作用：

1）作为引导线，引导系统计算出沿参考线的刀具路径，例如三维偏置精加工、镶嵌参考线精加工、参数偏置精加工、投影曲线精加工、线框 SWARF 精加工等都可应用参考线，以控制加工参数，获得比较好的表面加工质量。

2）参考线可以转换为边界，由于参考线具有比边界更为丰富的创建和编辑命令，需要时可先创建参考线，然后将其转换为边界。

3）参考线可直接生成刀具路径，例如参考线精加工可直接将参考线转换为刀具路径。

参考线与边界的区别见表 4-1。

表 4-1　参考线与边界区别

项　目	边　界	参　考　线
线框	必须封闭	可封闭，可开放
作用	用于限制刀具路径的范围	用于引导计算刀具路径
方向	参考线具有方向，该方向就是刀具路径的切削方向	边界没有方向
颜色	创建后以自身颜色显示	创建后以褐红色显示

4.4.2　参考线菜单

在"PowerMILL 资源管理器"中选择"参考线"选项，单击鼠标右键，在弹出的快捷菜单中选择"产生参考线"命令，系统将在"参考线"分支下产生一个新的参考线，双击"参

考线"选项，展开参考线列表，可以看到该新建的参考
线默认名称为 1，内容是空的。此时用户可以采用"插
入"方式进行参考线创建。

　　选中所创建参考线，然后单击鼠标右键，在弹出的
快捷菜单中选择"插入"命令，弹出参考线创建方法快
捷菜单，如图 4-70 所示。

　　系统共提供了 9 种定义参考线方法，下面分别加以
简单介绍：

　　（1）边界

用于将现有的边界转换为参考线。

　　（2）文件

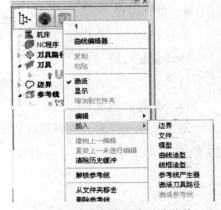

图 4-70　参考线创建方法菜单

该方法是将现有的曲线类型图形文件插入到 PowerMILL 系统中形成参考线，这些文件
类型可以是 dgk、prt、pfm 和 igs。

　　（3）模型

将模型（曲面）的边缘线作为参考线。

　　（4）曲线造型

使用 PowerSHAPE 软件中复合曲线功能创建参考线。

　　（5）线框造型

使用 PowerSHAPE 软件中创建曲线功能创建参考线。

　　（6）参考线产生器

通过偏置已有线条自动产生新的参考线工具。

　　（7）激活刀具路径

将当前激活的刀具路径段转换为参考线。

　　（8）激活参考线

将当前激活的参考线转换成新参考线，相当于复制了一条参考线。

4.5　创建参考线

　　PowerMILL 2012 中创建参考线方法有两大类：插入创建参考线和自动生成参考线，下面
介绍主要的参考线创建方法。

4.5.1　边界创建参考线

　　用于将现有的边界转换为参考线，边界是创建参考线的重要方法，它将边界和参考线的
定义方法有机地结合起来。

　　实例 11——边界创建参考线实例

操作步骤

[1]　选择下拉菜单"文件"→"全部删除"命令，在弹出的"PowerMILL 询问"对话框

中单击"是"按钮，删除所有文件。然后选择下拉菜单"工具"→"重设表格"命令，将所有表格重新设置为系统默认状态。

　　[2]　选择下拉菜单中的"文件"→"打开项目"命令，弹出"打开项目"对话框，选择"exercise26"（"随书光盘：\第 4 章\实例 26\uncompleted\exercise26"）文件夹，单击"确定"按钮即可，如图 4-71 所示。

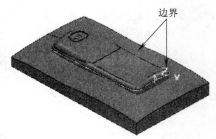

图 4-71　打开范例文件

　　[3]　在"PowerMILL 资源管理器"中右击"参考线"选项，在弹出的快捷菜单中选择"产生参考线"命令，系统即产生出一条空的参考线 1。在"PowerMILL资源管理器"选中参考线 1，单击右键，在弹出的快捷菜单中选择"插入"→"边界"命令，弹出"元素名称"对话框，输入边界 1，单击✔按钮确认，将边界 1 转换为参考线 1，如图 4-72 所示。

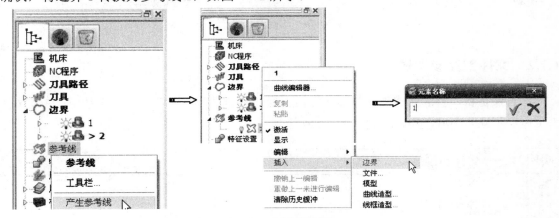

图 4-72　创建参考线 1

　　[4]　在"PowerMILL 资源管理器"中右击"参考线"选项，在弹出的快捷菜单中选择"产生参考线"命令，系统即产生出一条空的参考线 2，在"PowerMILL 资源管理器"选中参考线 2，单击右键，在弹出的快捷菜单中选择"插入"→"边界"命令，弹出"元素名称"对话框，输入边界 2，单击✔按钮确认，将边界 2 转换为参考线 2，如图 4-73 所示。

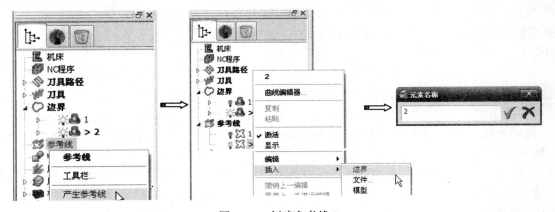

图 4-73　创建参考线 2

[5] 在"PowerMILL 资源管理器"中选中"刀具路径"选项下的"1",单击右键,在弹出的快捷菜单中选择"设置"命令,弹出"参数偏置精加工"对话框,在"开始曲线"选项中选择 1,在"结束曲线"选项中选择 2,在"参数偏置精加工"对话框中单击"计算"按钮,生成刀具路径如图 4-74 所示。

图 4-74 生成刀具路径

4.5.2 文件创建参考线

该方法是将现有的曲线类型图形文件插入到 PowerMILL 系统中形成参考线,这些文件类型可以是 dgk、prt、pfm 和 igs。

实例 12——文件创建参考线实例

操作步骤

[1] 选择下拉菜单"文件"→"全部删除"命令,在弹出的"PowerMILL 询问"对话框中单击"是"按钮,删除所有文件。然后选择下拉菜单"工具"→"重设表格"命令,将所有表格重新设置为系统默认状态。

[2] 选择下拉菜单中的"文件"→"打开项目"命令,弹出"打开项目"对话框,选择"exercise27"("随书光盘:\第 4 章\实例 27\uncompleted\exercise27")文件夹,单击"确定"按钮即可,如图 4-75 所示。

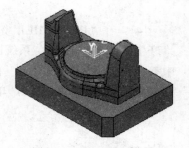

图 4-75 打开范例文件

[3] 在"PowerMILL 资源管理器"中右击"参考线"选项,在弹出的快捷菜单中选择"产生参考线"命令,系统即产生出一条空的参考线 1。选中所创建的参考线 1,单击右键,在弹出的快捷菜单中选择"插入"→"文件"命令,弹出"打开参考线"对话框,选择"powermill.dgk"("随书光盘:\第 4 章\实例 27\uncompleted\powermill.dgk")文件,单击"打开"按钮完成,如图 4-76 所示。

[4] 在"PowerMILL 资源管理器"中选中"刀具路径"选项下的"1",单击右键,在弹出的快捷菜单中选择"设置"命令,弹出"参数精加工"对话框,在"参考线"中选择"1",在"参数精加工"对话框中单击"计算"按钮,生成刀具路径,如图 4-77 所示。

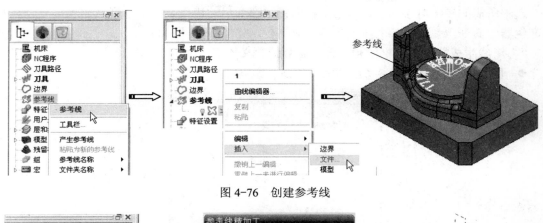

图 4-76　创建参考线

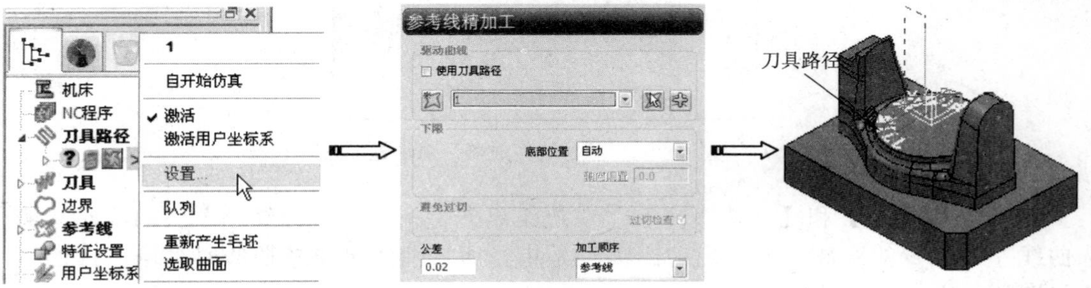

图 4-77　生成刀具路径

4.5.3　模型

将模型已选曲面的边缘线定义为参考线，将此参考线插入到当前已选的参考线中。因此该方法可直接定义参考线，而无需先定义边界，然后通过边界再转换成参考线。

定义一个空的参考线对象，选中所需的曲面，然后在参考线对象上单击鼠标右键，在弹出的快捷菜单中选择"插入"→"模型"命令，系统自动实现曲面轮廓线转换为参考线，如图 4-78 所示。

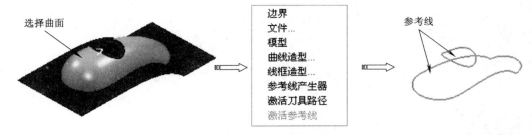

图 4-78　模型创建参考线

4.5.4　自动参考线

通过偏置已有线条自动产生新的参考线工具，它自动在两条参考线或曲面之间产生合适的参考线。

选中所需的参考对象，然后单击鼠标右键，在弹出的快捷菜单中选择"插入"→"参考线产生器"命令，弹出"参考线生成器"对话框，如图 4-79 所示。

"参考线生成器"对话框中相关选项参数的含义如下：

● 【行距】：用于控制参考线曲线间的最大距离。

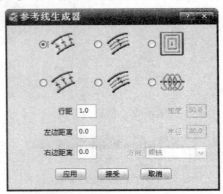

图 4-79　"参考线生成器"对话框

● 【左边距离】和【右边距离】："左边距离"是指当所选曲线是单条曲线时，沿已选曲线左边偏置的距离，而"右边距离"是指当所选曲线是单条曲线时，沿已选曲线右边偏置的距离。

● 【宽度】：用于定义摆线参考线宽度，实际切削宽度为摆线参考线宽度与刀具直径之和。

● 【半径】：用于定义单独摆线的半径。当半径为宽度的一半时将产生圆形摆线；当半径大于宽度的一半时将不能产生摆线参考线。

● 【方向】：用于定义摆线的铣削方向，包括"顺铣"和"逆铣"两种方式。

"参考线生成器"对话框提供了参考线生成方式，有以下 4 种：

（1）按已选曲线产生交叉参考线

● 【产生单向交叉参考线】：产生和已选曲线单向交叉的参考线，如图 4-80 所示。

● 【产生双向交叉参考线】：产生和已选曲线双向交叉的参考线，如图 4-81 所示。

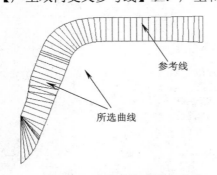

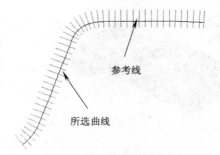

图 4-80　产生单向交叉参考线　　　　　图 4-81　产生双向交叉参考线

（2）产生沿着已选曲线的参考线

● 【产生单向沿曲线参考线】：产生沿着已选曲线的单向参考线，如图 4-82 所示。

● 【产生双向沿曲线参考线】：产生沿着已选曲线的双向参考线，如图 4-83 所示。

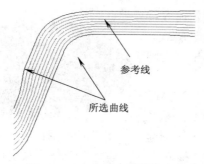

图 4-82 产生单向沿曲线参考线

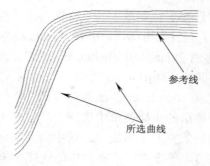

图 4-83 产生双向沿曲线参考线

（3）产生偏置参考线 ▣

通过偏置所选曲线产生新参考线，如图 4-84 所示。

图 4-84 产生偏置参考线

（4）产生摆线参考线 ⬡

产生的参考线包含有多个连续向前移动的螺线，它将刀具的接触区域限制在部分螺线区域，适用于高速加工，如图 4-85 所示。

图 4-85 产生摆线参考线

实例 13——自动参考线实例

操作步骤

[1] 选择下拉菜单"文件"→"全部删除"命令，在弹出的"PowerMILL 询问"对话框中单击"是"按钮，删除所有文件。然后选择下拉菜单"工具"→"重设表格"命令，将所有表格重新设置为系统默认状态。

[2]　选择下拉菜单中的"文件"→"打开项目"命令，弹出"打开项目"对话框，选择"exercise28"（"随书光盘：\第 4 章\实例 28\uncompleted\exercise28"）文件夹，单击"确定"按钮即可，如图 4-86 所示。

[3]　在"PowerMILL 资源管理器"中右键单击"参考线"选项，在弹出的快捷菜单中选择"产生参考线"命令，系统即产生出一条空的参考线 1。选中所需的曲面，选中所创建的参考线 1，单击右键，在弹出的快捷菜单中选择"插入"→"模型"命令，系统自动实现曲面轮廓线转换为参考线，如图 4-87 所示。

图 4-86　打开范例文件

图 4-87　模型创建参考线

[4]　在"PowerMILL 资源管理器"中右键单击"参考线"选项，在弹出的快捷菜单中选择"产生参考线"命令，系统即产生出一条空的参考线 2。

[5]　选中所创建的参考线 2，单击右键，在弹出的快捷菜单中选择"插入"→"曲线产生器"命令，系统弹出"参考线生成器"对话框，设置相关参数，如图 4-88 所示。

[6]　在"PowerMILL 资源管理器"中右键单击"参考线 1"，在弹出的快捷菜单中选择"显示"命令（参考线只有在显示状态下才能选中），然后单击鼠标右键，在快捷菜单中选择"选取全部"命令，如图 4-89 所示。

[7]　在"参考线生成器"对话框中单击"应用"按钮，系统在驱动曲线的最高位置平面上偏置出一系列参考线，如图 4-90 所示。单击"接受"按钮关闭对话框。

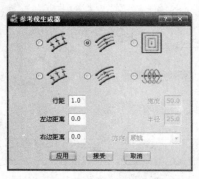

图 4-88　"参考线生成器"对话框

图 4-89　选择参考线 1

图 4-90　生成参考线

[8]　单击"主"工具栏上的"刀具路径策略"按钮，弹出"策略选取器"对话框，单击"精加工"选项卡，选中"参考线精加工"选项，单击"接受"按钮，弹出"参考线精加工"对话框，单击左侧列表框中的"参考线精加工"选项，在右侧选项卡中选中参考线 2 作

为驱动曲线，在"底部位置"下拉列表中选择"自动"，如图 4-91 所示。

[9]　在"参考线精加工"对话框中单击"计算"按钮，单击"接受"按钮，确定参数并退出对话框，生成的刀具路径如图 4-92 所示。

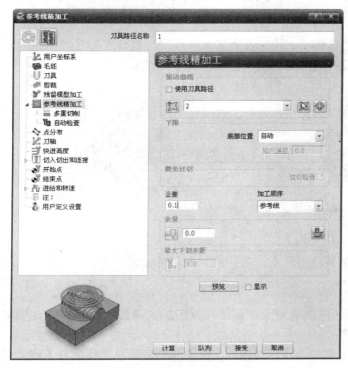

图 4-91　"参考线精加工"对话框

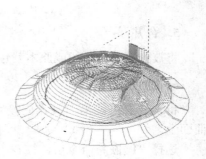

图 4-92　生成的刀具路径

4.6　编辑参考线

在"PowerMILL 资源管理器"中选中已经创建的参考线，单击右键，在弹出的快捷菜单中选择"编辑"命令，弹出参考线快捷菜单，可对参考线进行编辑，如图 4-93 所示。参考线编辑方法与边界方法基本相同，下面仅介绍不同选项。

1. 反向已选

参考线具有方向，该命令可将参考线的方向反转。

2. 分离已选

将参考线分离为若干段直线，参考线分离后，可以删除参考线中

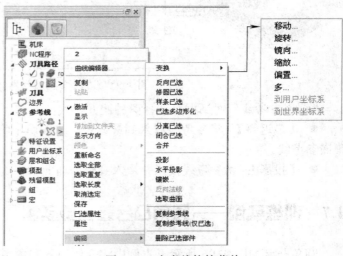

图 4-93　参考线快捷菜单

不需要的直线段。

3. 闭合已选

将开放的参考线闭合起来。

4. 投影

将参考线沿刀轴方向投影到模型曲面上。由于在投影参考线时，要计算刀具半径，因此在投影参考线之前，必须有一个当前有效的刀具含义，如图 4-94 所示。

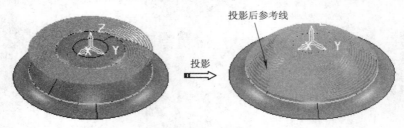

图 4-94　投影参考线

5. 合并

将被分离的参考线或原本就包括多段的参考线合并成一条参考线。

6. 镶嵌

将现有参考线沿刀具方向投影到模型曲面上，保证镶嵌后的参考线上的各点均在模型曲面上。

选择"镶嵌"命令后，打开"镶嵌参考线"对话框，如图 4-95 所示。镶嵌参考线的目的主要用于镶嵌参考线精加工策略。

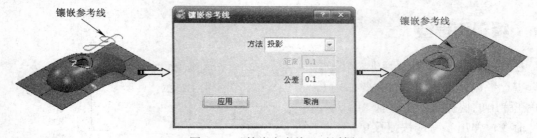

图 4-95　"镶嵌参考线"对话框

"镶嵌参考线"对话框可选择两种镶嵌方式：

● 【最近点】：将参考线嵌入到最近点，一般用于将已经投影到曲面上的参考线转换为镶嵌参考线。

● 【投影】：将参考线投影并嵌入到模型曲面上。

4.7　训练实例——圆角凸台参考线实例

圆角凸台如图 4-96 所示，本例中将介绍边界和参考线创建方法，并且通过参数偏置精加工来加工圆角。

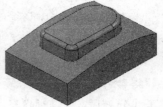

图 4-96　圆角凸台

![操作步骤]

[1]　选择下拉菜单"文件"→"全部删除"命令,在弹出的"PowerMILL 询问"对话框中单击"是"按钮,删除所有文件。然后选择下拉菜单"工具"→"重设表格"命令,将所有表格重新设置为系统默认状态。

[2]　选择下拉菜单中的"文件"→"打开项目"命令,弹出"打开项目"对话框,选择"dianban"("随书光盘:\第 4 章\训练实例\uncompleted\dianban")文件夹,单击"确定"按钮即可,如图 4-96 所示。

[3]　在"PowerMILL 资源管理器"中选中"边界"选项,单击右键,在弹出的快捷菜单中依次选择"定义边界"→"用户定义"命令,弹出"用户定义边界"对话框,如图 4-97 所示。

图 4-97　"用户定义边界"对话框

[4]　选择图 4-98 所示的曲面,然后单击"插入模型"按钮🌐,单击"接受"按钮即可完成边界创建,如图 4-98 所示。

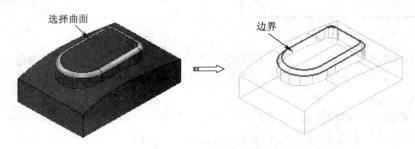

图 4-98　创建边界

[5]　在绘图区选择上一步所创建的边界 3,在该线上单击右键,在弹出的快捷菜单中选择"编辑"→"复制边界"命令,在 PowerMILL 资源管理器中可将复制出一个新边界,将其重新命名为 4,如图 4-99 所示。

[6]　在边界 3 中选中小边界,单击 Delete 键删除,使其仅剩下大边界,如图 4-100 所示。

[7]　重复上述步骤,在边界 4 中选中大边界,单击 Delete 键删除,使其仅剩下小边界,

如图 4-101 所示。

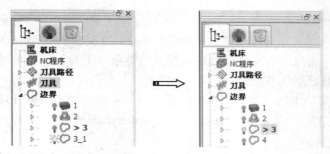

图 4-99   重命名边界

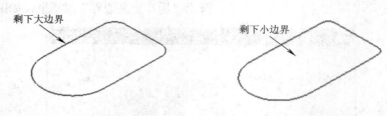

图 4-100   删除小边界   图 4-101   删除大边界

　　[8]   在"PowerMILL 资源管理器"中右键单击"参考线"选项，在弹出的快捷菜单中选择"产生参考线"命令，系统即产生出一条空的参考线 1。在"PowerMILL 资源管理器"选中参考线 1，单击右键，在弹出的快捷菜单中选择"插入"→"边界"命令，弹出"元素名称"对话框，如图 4-102 所示。输入边界 3，单击 ✔ 按钮确认边界 3 转换为参考线 1。

　　[9]   在"PowerMILL 资源管理器"中右键单击"参考线"选项，在弹出的快捷菜单中选择"产生参考线"命令，系统即产生出一条空的参考线 2。在"PowerMILL 资源管理器"选中参考线 2，单击右键，在弹出的快捷菜单中选择"插入"→"边界"命令，弹出"元素名称"对话框，输入边界"4"，单击 ✔ 按钮确认，边界 4 转换为参考线 2，如图 4-103 所示。

图 4-102   选择参考线 1 的边界 3   图 4-103   选择参考线 2 的边界 4

　　[10]   单击"主"工具栏上的"刀具路径策略"按钮 ▨，弹出"策略选取器"对话框，单击"精加工"选项卡，在弹出的精加工策略选项中选择"参数偏置精加工"加工策略，单击"接受"按钮完成。

　　[11]   在弹出的"参数偏置精加工"对话框中，单击左侧列表框中的"参数偏置精加工"选项，在右侧选项卡中选中参考线 1 作为开始曲线，选择参考线 2 作为结束曲线，在"偏置方向"下拉列表中选择"沿着"，如图 4-104 所示。

　　[12]   单击"参数偏置精加工"对话框左侧列表框中的"切入""切出"和"连接"选项，设置切入切出参数。选择"切入"选项，选择"曲面法向圆弧"切入方式，设置"距离"为 5.0，"角度"为 60.0，"半径"为 2.0，如图 4-105 所示。选择"切出"选项，选择"曲面法向圆弧"切入方式，设置"距离"为 5.0，"角度"为 60.0，"半径"为 2.0，如图 4-106 所示。

　　[13]   在"参数偏置精加工"对话框中单击"计算"按钮和"接受"按钮，确定参数并

退出对话框，生成的刀具路径如图 4-107 所示。

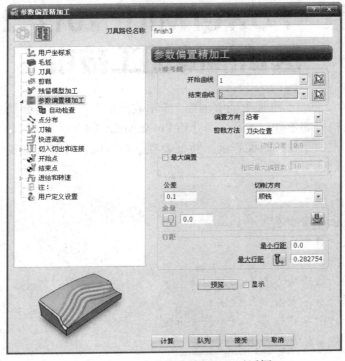

图 4-104　"参数偏置精加工"对话框

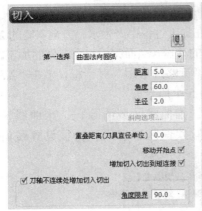

图 4-105　切入参数

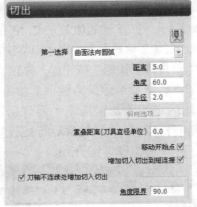

图 4-106　切出参数

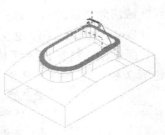

图 4-107　生成的刀具路径

4.8　本章小结

　　本章介绍了 PowerMILL 2012 边界和参考线相关知识，边界主要用来控制刀具在工件中精确的加工范围，参考线用来控制刀具路径的驱动轨迹、刀轴的方向向导、特征设置的轮廓向导等。读者在学习的时候，可以比较两者的异同点，为后面学习 PowerMILL 加工策略奠定基础。

第5章 PowerMILL 2012 2.5 维区域清除加工技术

PowerMILL 2012 的 2.5 维加工能够创建 2.5 轴数控加工操作，适合加工整个形状由平面和与平面垂直的面构成的零件。本章详细介绍 PowerMILL 的 7 种 2.5 维加工策略，包括二维曲线区域清除、二维曲线轮廓、面铣削、特征设置区域清除、特征设置轮廓、特征设置残留区域清除和特征设置残留轮廓。

本章重点：

- 二维曲线区域清除参数和加工方法
- 二维曲线轮廓参数和加工方法
- 面铣削参数和加工方法
- 特征设置区域清除参数和加工方法
- 特征设置轮廓参数和加工方法
- 特征设置残留区域清除参数和加工方法
- 特征设置残留轮廓参数和加工方法

5.1 2.5 维加工概述

PowerMILL 2012 2.5 维加工是一种 2.5 轴的加工方式，它在加工过程中产生水平方向 XY 的 2 轴联动，而 Z 轴方向只在完成一层加工后进入下一层才作单独的动作，从而完成整个零件的加工。

单击"主"工具栏上的"刀具路径策略"按钮，弹出"策略选取器"对话框，单击"2.5 维区域清除"选项卡，弹出 2.5 维区域清除策略选项，如图 5-1 所示。

PowerMILL 2012 2.5 维区域清除加工策略主要包括二维曲线区域清除、二维曲线轮廓、面铣削、特征设置区域清除、特征设置轮廓、特征设置残留区域清除和特征设置残留轮廓 7 种。在下面的章节中将分别加以详细介绍。

图 5-1 "策略选取器"对话框

5.2　二维曲线策略

二维曲线策略能够直接利用二维曲线进行区域清除加工，包括二维曲线区域清除和二维曲线轮廓，下面分别加以介绍。

5.2.1　二维曲线区域清除

二维曲线区域清除能加工一条封闭曲线包围的内部区域，该策略是简易创建 2.5 维刀具路径的方式，以避免常规 2.5 维加工中所要创建特征设置的繁琐。该策略是按所设置行距和 Z 下切步距铣削，全部清除一层后，再下切一个 Z 高度，重复完成上述动作，如图 5-2 所示。

单击"主要"工具栏上的"刀具路径策略"按钮🔍，弹出"策略选取器"对话框，单击"2.5 维区域清除"选项卡，选中"二维曲线区域清除"选项，单击"接受"按钮，弹出"曲线区域清除"对话框，如图 5-3 所示。

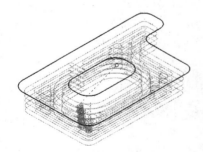

图 5-2　面铣加工

图 5-3　"曲线区域清除"对话框

"曲线区域清除"对话框相关选项参数如下：

（1）曲线定义

用于选择二维曲线区域精加工的曲线，此处需选定参考线。

（2）样式

用于确定加工刀具路径的方式，包括"偏置"和"平行"，如图 5-4 所示。

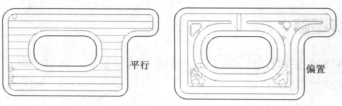

图 5-4　样式

实例 1——二维曲线区域清除加工实例

操作步骤

[1]　选择下拉菜单"文件"→"全部删除"命令，在弹出的"PowerMILL 询问"对话框中单击"是"按钮，删除所有文件。然后选择下拉菜单"工具"→"重设表格"命令，将所有表格重新设置为系统默认状态。

[2]　选择下拉菜单中的"文件"→"范例"命令，弹出"打开范例"对话框，选择"Feature.dgk"（"随书光盘：\第 5 章\实例 29\uncompleted\Feature.dgk"）文件，单击"打开"按钮即可，如图 5-5 所示。

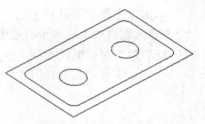

图 5-5　打开范例文件

[3]　单击主工具栏上的"毛坯"按钮，弹出"毛坯"对话框。在"由…定义"下拉列表中选择"方框"，在"类型"下拉列表中选择"模型"，单击"估算限界"框中的"计算"按钮，接着单击"接受"按钮，图形区显示所创建的毛坯，如图 5-6 所示。

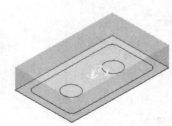

图 5-6　创建毛坯

[4]　设置快进高度。单击"主"工具栏上的"快进高度"按钮，弹出"快进高度"对话框。在"绝对高度"选择中的"安全区域"下拉列表中选择"平面"选项，单击"接受"按钮退出。

[5]　设置开始点和结束点。单击"主"工具栏上的"开始点和结束点"按钮，弹出"开始点和结束点"对话框，接受默认设置，单击"接受"按钮退出。

[6]　在"PowerMILL 资源管理器"中右键单击"参考线"选项，在弹出的快捷菜单中选择"产生参考线"命令，系统即产生出一条空的参考线 1。选中所需的轮廓线，然后在参考线对象上单击鼠标右键，在弹出的快捷菜单中选择"插入"→"模型"命令，系统自动实现轮廓线转换为参考线，如图 5-7 所示。

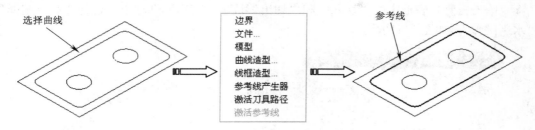

图 5-7　模型创建参考线

[7]　单击"主"工具栏上的"刀具路径策略"按钮，弹出"策略选取器"对话框，单击"2.5 维区域清除"选项卡，选中"二维曲线区域清除"选项，单击"接受"按钮，弹出"曲线区域清除"对话框，如图 5-8 所示。

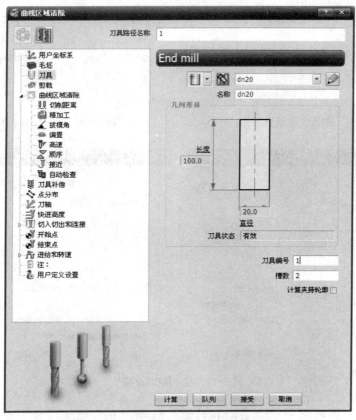

图 5-8　"曲线区域清除"对话框

　☆　创建刀具 dn20。单击左侧列表框中的"刀具"选项，在右侧选项卡中选择端铣刀，设置"直径"为 20.0，"刀具编号"为 1。

☆　单击左侧列表框中的"曲线区域清除"选项，在右侧选项卡中设置"曲线定义"为参考线 1，"行距"为 5.0，如图 5-9 所示。

☆　单击左侧列表框中的"切削距离"选项，在右侧选项卡中设置"范围"为"限界"，"下切步距"为 3.0，如图 5-10 所示。

☆　单击左侧列表框中的"切入"和"切出"选项，在右侧选项卡中选择"第一选择"为"水平圆弧"，如图 5-11 所示。

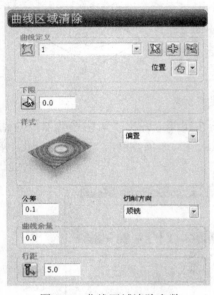

图 5-9　曲线区域清除参数

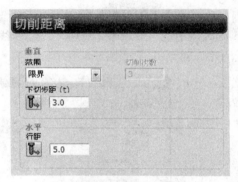

图 5-10　切削距离参数

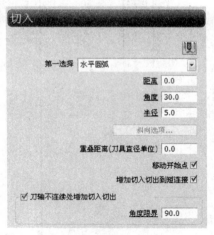

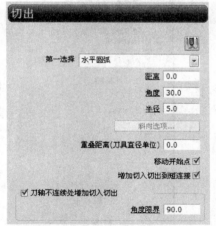

图 5-11　切入和切出参数

☆　单击左侧列表框中的"进给和转速"选项，在右侧选项卡中设置相关参数，如图 5-12 所示。

[8]　在"曲线区域清除"对话框中单击"计算"按钮和"接受"按钮，确定参数并退出对话框，生成的刀具路径如图 5-13 所示。

图 5-12　进给和转速参数

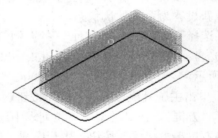

图 5-13　生成的刀具路径

5.2.2　二维曲线轮廓

　　二维曲线轮廓刀具路径能加工一条封闭曲线包围的内部区域，在 Z 轴方向是按下切步距分成多个切层累积而成的，而每一切层的刀具路径轨迹只依据曲线轮廓进行单层偏置，如图 5-14 所示。

　　单击"主要"工具栏上的"刀具路径策略"按钮🖰，弹出"策略选取器"对话框，单击"2.5 维区域清除"选项卡，选中"二维曲线轮廓"选项，单击"接受"按钮，弹出"曲线轮廓"对话框，如图 5-15 所示。

图 5-14　二维曲线轮廓　　　　　　　图 5-15　"曲线轮廓"对话框

实例 2——二维曲线轮廓加工实例

操作步骤

[1]　选择下拉菜单"文件"→"全部删除"命令，在弹出的"PowerMILL 询问"对话框

中单击"是"按钮,删除所有文件。然后选择下拉菜单"工具"→"重设表格"命令,将所有表格重新设置为系统默认状态。

[2] 选择下拉菜单中的"文件"→"范例"命令,弹出"打开范例"对话框,选择"Feature.dgk"("随书光盘:\第 5 章\实例 30\uncompleted\Feature.dgk")文件,单击"打开"按钮即可,如图 5-16 所示。

[3] 单击主工具栏上的"毛坯"按钮 ，弹出"毛坯"对话框。在"由…定义"下拉列表中选择"方框",在"类型"下拉列表中选择"模型",单击"估算限界"框中的"计算"按钮,接着单击"接受"按钮,图形区显示所创建的毛坯,如图 5-17 所示。

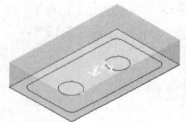

图 5-16 打开范例文件   图 5-17 创建毛坯

[4] 设置快进高度。单击"主"工具栏上的"快进高度"按钮 ，弹出"快进高度"对话框。在"绝对高度"选择中的"安全区域"下拉列表中选择"平面"选项,单击"接受"按钮退出。

[5] 设置开始点和结束点。单击"主"工具栏上的"开始点和结束点"按钮 ，弹出"开始点和结束点"对话框,接受默认设置,单击"接受"按钮退出。

[6] 在"PowerMILL 资源管理器"中右键单击"参考线"选项,在弹出的快捷菜单中选择"产生参考线"命令,系统即产生出一条空的参考线 1。选中所需的轮廓线,然后在参考线对象上单击鼠标右键,在弹出的快捷菜单中选择"插入"→"模型"命令,系统自动实现轮廓线转换为参考线,如图 5-18 所示。

图 5-18 模型创建参考线

[7] 单击"主"工具栏上的"刀具路径策略"按钮 ，弹出"策略选取器"对话框,单击"2.5 维区域清除"选项卡,选中"二维曲线轮廓"选项,单击"接受"按钮,弹出"曲线

轮廓"对话框，如图 5-19 所示。

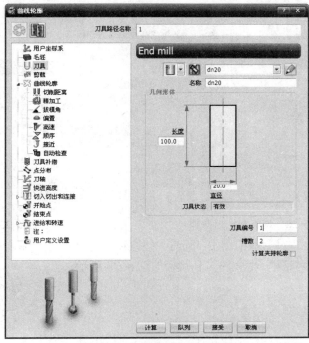

图 5-19　"曲线轮廓"对话框

☆　创建刀具 dn20。单击左侧列表框中的"刀具"选项，在右侧选项卡中选择端铣刀，设置"直径"为 20.0，"刀具编号"为 1。

☆　单击左侧列表框中的"曲线轮廓"选项，在右侧选项卡中设置"曲线定义"为参考线 1，如图 5-20 所示。

☆　单击左侧列表框中的"切削距离"选项，在右侧选项卡中设置"范围"为"限界"，"下切步距"为 3.0，如图 5-21 所示。

图 5-20　曲线轮廓参数

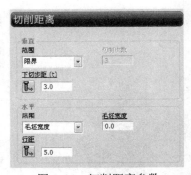

图 5-21　切削距离参数

☆　单击左侧列表框中的"切入"和"切出"选项，在右侧选项卡中选择"第一选择"为"水平圆弧"，如图 5-22 所示。

☆　单击左侧列表框中的"进给和转速"选项，在右侧选项卡中设置相关参数，如图 5-23 所示。

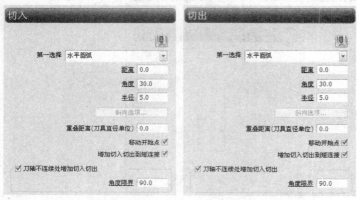

图 5-22　切入和切出参数

图 5-23　进给和转速参数

[8]　在"曲线轮廓"对话框中单击"计算"按钮和"接受"按钮，确定参数并退出对话框，生成的刀具路径如图 5-24 所示。

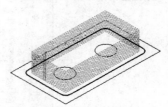

图 5-24　生成的刀具路径

5.3　面铣加工

面铣加工可采用端铣刀直接加工零件某一个平面，如图 5-25 所示。

单击"主要"工具栏上的"刀具路径策略"按钮，弹出"策略选取器"对话框，单击"2.5 维区域清除"选项卡，选中"面铣削"选项，单击"接受"按钮，弹出"面铣加工"对话框，如图 5-26 所示。

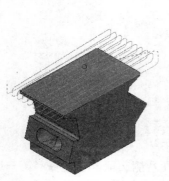

图 5-25　面铣加工

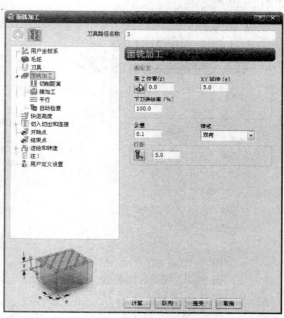

图 5-26　"面铣加工"对话框

"面铣加工"对话框相关选项参数如下：

1. 面铣加工

单击左侧列表框中的"面铣加工"选项，在右侧显示面铣加工设置参数，如图 5-26 所示。

（1）面定义

● 【面 Z 位置（z）】：用于指定面铣加工中 Z 坐标的位置，如图 5-27 所示。

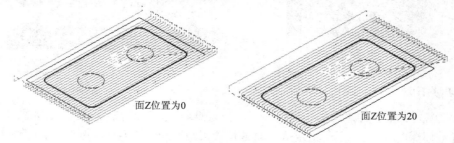

图 5-27　面 Z 位置

● 【XY 延伸(e)】：在毛坯的 X 和 Y 方向拓展加工范围，如图 5-28 所示。

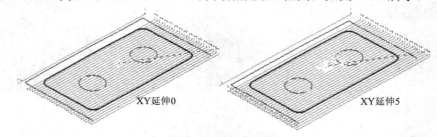

图 5-28　XY 延伸

● 【公差】：用于确定刀具路径沿模型轮廓的精度，公差越小，刀位点越多，加工精度越高，但计算时间也越长，会占用系统大量资源。因此一般粗加工设置为 0.5，精加工为 0.02。

（2）样式

● 【单向】：用于产生一系列单向的平行线性刀轨，相邻两个刀具路径之间都是顺铣或逆铣，如图 5-29 所示。

● 【双向】：用于产生一系列平行连续的线性往复刀轨，是最经济省时的切削方法，但该方式会产生一系列的交替"顺铣"和"逆铣"，特别适合于粗铣加工，如图 5-30 所示。

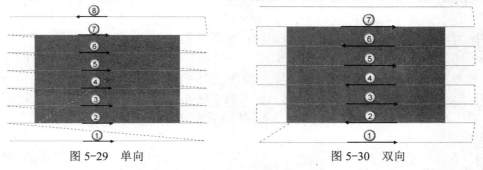

图 5-29　单向　　　　　　　　　　图 5-30　双向

● 【螺旋】：用于产生一系列同心封闭的环形刀轨，这些刀轨的形状是通过偏移切削区的外轮廓获得的，如图 5-31 所示。

● 【单路径】：用于产生单条刀具路径，如图 5-32 所示。

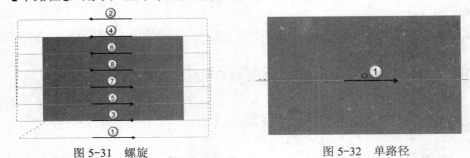

图 5-31　螺旋　　　　　　　　　　　图 5-32　单路径

2. 切削距离

单击左侧列表框中的"切削距离"选项，在右侧显示切削距离设置参数，如图 5-33 所示。

● 【毛坯深度（d）】：用于指定从"面 Z 位置（z）"开始的毛坯深度值，如图 5-34 所示。

● 【下切步距（t）】：下切步距就是吃刀量，如图 5-35 所示。

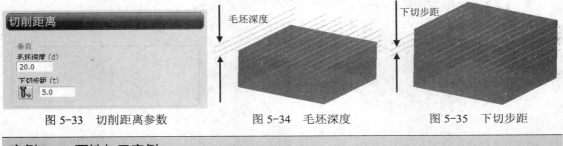

图 5-33　切削距离参数　　　　图 5-34　毛坯深度　　　　图 5-35　下切步距

实例 3——面铣加工实例

操作步骤

[1]　选择下拉菜单"文件"→"全部删除"命令，在弹出的"PowerMILL 询问"对话框中单击"是"按钮，删除所有文件。然后选择下拉菜单"工具"→"重设表格"命令，将所有表格重新设置为系统默认状态。

[2]　选择下拉菜单中的"文件"→"范例"命令，弹出"打开范例"对话框，选择"anniu.dgk"（"随书光盘：\第 5 章\实例 31\uncompleted\anniu.dgk"）文件，单击"打开"按钮即可，如图 5-36 所示。

[3]　单击主工具栏上的"毛坯"按钮，弹出"毛坯"对话框。在"由...定义"下拉列表中选择"方框"，在"类型"下拉列表中选择"模型"，单击"估算限界"框中的"计算"按钮，接着单击"接受"按钮，图形区显示所创建的毛坯，如图 5-37 所示。

[4]　设置快进高度。单击"主"工具栏上的"快进高度"按钮，弹出"快进高度"对话框。在"绝对高度"选择框中的"安全区域"下拉列表中选择"平面"选项，单击"接受"按钮退出。

[5]　设置开始点和结束点。单击"主"工具栏上的"开始点和结束点"按钮，弹出"开始点和结束点"对话框，接受默认设置，单击"接受"按钮退出。

[6]　单击"主"工具栏上的"刀具路径策略"按钮，弹出"策略选取器"对话框，单

击"2.5 维区域清除"选项卡，选中"面铣削"选项，单击"接受"按钮，弹出"面铣加工"
对话框，如图 5-38 所示。

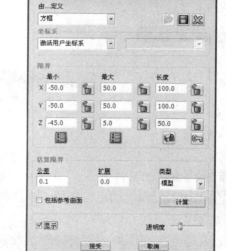

图 5-36　打开范例文件　　　　　　　　　　　图 5-37　创建毛坯

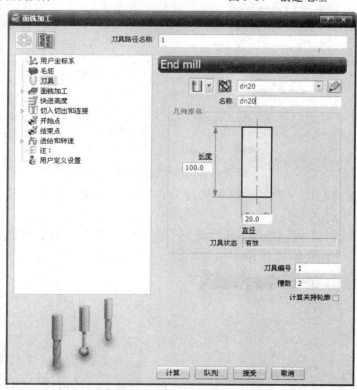

图 5-38　"面铣加工"对话框

☆　创建刀具 dn20。单击左侧列表框中的"刀具"选项，在右侧选项卡中选择端铣刀 ，
设置"直径"为 20.0，"刀具编号"为 1。

☆ 单击左侧列表框中的"面铣加工"选项，在右侧选项卡中设置"面 Z 位置（z）"为 0.0，"XY 延伸"为 2.0，"样式"为"双向"，如图 5-39 所示。

☆ 单击左侧列表框中的"切削距离"选项，在右侧选项卡中设置"毛坯深度"为 5.0，"下切步距"为 3.0，如图 5-40 所示。

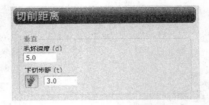

图 5-39   面铣加工参数   图 5-40   切削距离参数

☆ 单击左侧列表框中的"切入"和"切出"选项，在右侧选项卡中选择"第一选择"为"垂直圆弧"，如图 5-41 所示。

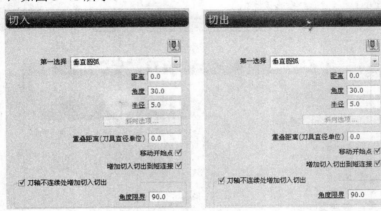

图 5-41   切入和切出参数

☆ 单击左侧列表框中的"进给和转速"选项，在右侧选项卡中设置相关参数，如图 5-42 所示。

[7] 在"面铣加工"对话框中单击"计算"按钮和"接受"按钮，确定参数并退出对话框，生成的刀具路径如图 5-43 所示。

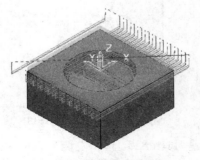

图 5-42   进给和转速参数   图 5-43   生成的刀具路径

5.4　特征设置区域策略

特征设置用于加工除孔特征以外的所有特征模型，包括"特征设置轮廓"和"特征设置区域清除"等，下面分别加以介绍。

5.4.1　特征设置

特征是二维几何图形所产生的三维垂直挤出形状。特征可用于模型的加工，它和 CAD 模型无关，可分别定义为型腔、切口、凸台、孔、圆形型腔和圆形凸台，也可直接通过曲面、实体模型挤出孔特征或从区域清除策略的 Z 轴下切区域中选择钻孔选项产生。特征产生后，可使用 2.5维区域清除加工策略来产生包括粗加工、半精加工和精加工策略在内的全部二维加工策略。

特征设置包括特征的产生和编辑，下面分别加以介绍。

1. 特征产生

在"PowerMILL 资源管理器"中选中"特征设置"选项，单击鼠标右键，在弹出的快捷菜单中选择"定义特征设置"选项，如图 5-44 所示。系统弹出"特征"对话框，如图 5-45 所示。

图 5-44　启动定义特征设置命令

图 5-45　"特征"对话框

"特征"对话框中相关选项参数含义如下：

（1）类型

用于定义特征生成时所采用的特征类型，包括以下选项：

● 【型腔】：定义轮廓的内部区域，刀具仅加工特征的内部区域，如图 5-46 所示。

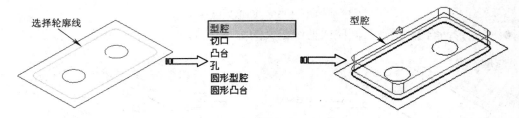

图 5-46　型腔

● 【切口】：通过一个走刀就能加工完毕的小型腔，如图 5-47 所示。

● 【凸台】：定义轮廓的外部区域，刀具仅加工凸台的外侧表面，如图 5-48 所示。

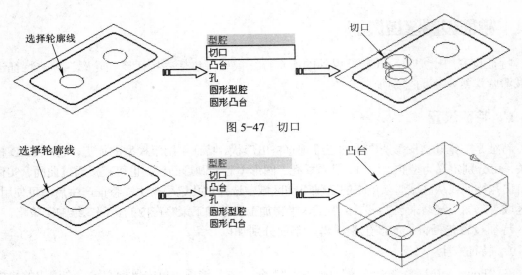

图 5-47　切口

图 5-48　凸台

● 【孔】：通过点、圆圈、曲线或直接通过 CAD 模型数据定义的、专门用于钻孔操作的特征，如图 5-49 所示。

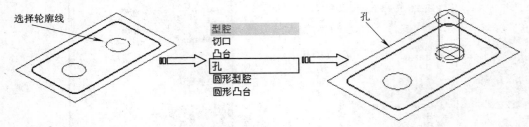

图 5-49　孔

● 【圆形型腔】：由点、圆圈或曲线定义的圆形型腔，如图 5-50 所示。

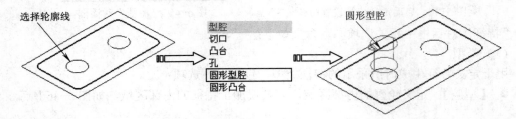

图 5-50　圆形型腔

● 【圆形凸台】：由点、圆圈或曲线定义的圆形凸台，如图 5-51 所示。

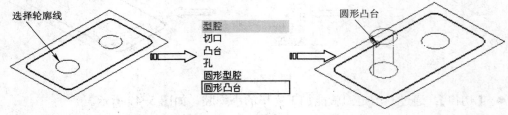

图 5-51　圆形凸台

（2）名称根

用于定义产生特征时的名称前缀，例如填入 out_，则新产生的特征命名就是 out_1、out_2 等。

（3）拔模角

用于定义在产生特征时的拔模角度值。

（4）定义顶部

用于定义特征的高度或顶部，包括以下选项：

● 【绝对】：以绝对坐标值来确定特征的高度和顶部。
● 【自底部的高度】：根据轮廓的最底部位置进行高度值计算。
● 【最大曲线 Z】：根据轮廓最大曲线的 Z 高度值来确定特征的高度或顶部。
● 【最小曲线 Z】：根据轮廓最小曲线的 Z 高度值来确定特征的高度或顶部。
● 【毛坯顶部】：根据已定义的毛坯高度值来确定特征的高度或顶部。
● 【直线开始】：只有在"使用"下拉列表中选择"直线"时，才能被激活。

（5）定义底部

用于定义特征的深度或底部，与"定义顶部"选项基本相同。

（6）使用

在"类型"下拉列表中选择孔、圆形型腔和圆形凸台时，才能激活，包括以下选项：

【点】：用已选参考线点定义特征。

【圆形】：用已选圆形定义特征。

【孔】：用从模型中选择的孔定义特征。

【对】：使用模型上的圆圈对定义特征。

【曲线】：用从模型上选取的曲线定义特征。

【直线】：用从模型中选择的直线定义特征。

（7）孔的直径 ⌀ 40.0

用于定义孔的直径，只有在"使用"下拉列表中选择"点"选项时，才能被激活。

（8）智能生成

如果同时选取了内、外封闭曲线，选中"智能生成"复选框，则能识别哪个环是用型腔生成的、哪个环是用凸台生成的，如图 5-52 所示。

图 5-52　智能生成

2. 特征编辑

在"PowerMILL 资源管理器"中选中"特征设置"选项中的某一个已产生的特征，单击鼠标右键，在弹出的快捷菜单中选择"设置"对话框，系统弹出"特征"对话框，利用该特征对话框可对特征进行编辑，如图 5-53 所示。

图 5-53   特征编辑

实例 4——特征设置实例

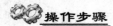操作步骤

[1]   选择下拉菜单"文件"→"全部删除"命令，在弹出的"PowerMILL 询问"对话框中单击"是"按钮，删除所有文件。然后选择下拉菜单"工具"→"重设表格"命令，将所有表格重新设置为系统默认状态。

[2]   选择下拉菜单中的"文件"→"范例"命令，弹出"打开范例"对话框，选择"tezheng.dgk"（"随书光盘：\第 5 章\实例 32\uncompleted\tezheng.dgk"）文件，单击"打开"按钮即可，如图 5-54 所示。

[3]   在"PowerMILL 资源管理器"中选中"特征设置"选项，单击鼠标右键，在弹出的快捷菜单中选择"定义特征设置"选项，如图 5-55 所示。

[4]   系统弹出"特征"对话框，选择"类型"为"凸台"，"名称根"为"out_"，设置其他参数如图 5-56 所示。

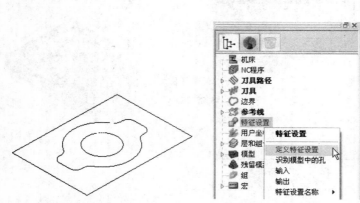

图 5-54   打开范例文件   图 5-55   启动定义特征设置命令   图 5-56   "特征"对话框

[5]   选择图 5-57 所示的轮廓线，单击"应用"按钮，创建凸台特征，如图 5-57 所示。

[6]　在"特征"对话框中，选择"类型"为"型腔"，"名称根"为"in_"，"定义顶部"为"绝对"、50.0，"定义底部"为"绝对"、20.0，如图 5-58 所示。

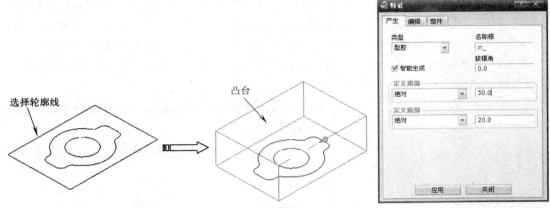

图 5-57　创建凸台特征　　　　　　　　　图 5-58　"特征"对话框

[7]　选择图 5-59 所示的轮廓线，单击"应用"按钮，创建型腔特征，如图 5-59 所示。

[8]　在"特征"对话框，选择"类型"为"圆形凸台"，"名称根"为"in_"，"使用"为"曲线"，"定义顶部"为"绝对"、50.0，"定义底部"为"绝对"、20.0，如图 5-60 所示。

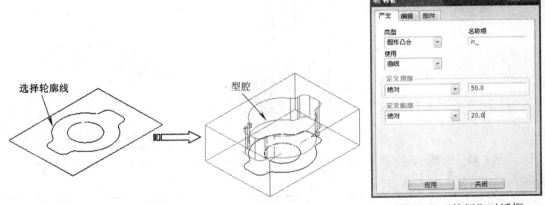

图 5-59　创建型腔特征　　　　　　　　　图 5-60　"特征"对话框

[9]　选择图 5-61 所示的轮廓线，单击"应用"按钮，创建圆形凸台特征，单击"关闭"按钮关闭对话框，如图 5-61 所示。

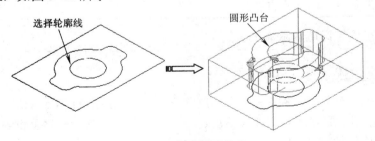

图 5-61　创建圆形凸台

5.4.2　特征设置区域清除

特征设置区域清除策略是零件粗加工最常用的一种刀具路径生成方法。该策略是按所设置行距和 Z 下切步距铣削，全部清除一层后，再下切一个 Z 高度，重复完成上述动作，如图 5-62 所示。

单击"主要"工具栏上的"刀具路径策略"按钮 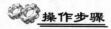，弹出"策略选取器"对话框，单击"2.5 维区域清除"选项卡，选中"特征设置区域清除"选项，单击"接受"按钮，弹出"特征设置区域清除"对话框，如图 5-63 所示。

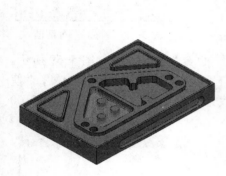

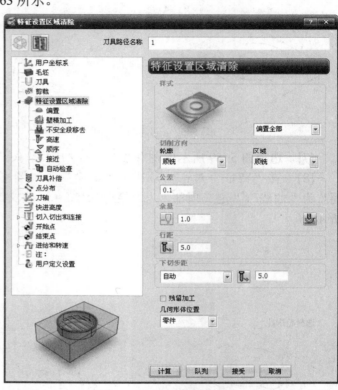

图 5-62　模型区域清除　　　　　　　　图 5-63　"特征设置区域清除"对话框

说明

2.5 维特征设置区域清除与三维加工中模型区域清除中的参数选项完全相同，只是它们应用的范围不同而已，2.5 维区域清除主要应用于特征设置加工，而模型区域清除主要用于零件模型加工。"特征设置区域清除"对话框相关参数参见"第 6 章 PowerMILL 2012 三维粗加工技术"中相关介绍，此处不再重述。

实例 5——特征设置区域清除加工实例

⚙️操作步骤

[1]　选择下拉菜单"文件"→"全部删除"命令，在弹出的"PowerMILL 询问"对话框中单击"是"按钮，删除所有文件。然后选择下拉菜单"工具"→"重设表格"命令，将所有表格重新设置为系统默认状态。

[2]　选择下拉菜单中的"文件"→"范例"命令，弹出"打开范例"对话框，选择"2DExample.dgk"（"随书光盘：\第 5 章\实例 33\uncompleted\2DExample.dgk"）文件，单击"打开"按钮即可，如图 5-64 所示。

图 5-64　打开范例文件

[3]　在"PowerMILL 资源管理器"中选中"特征设置"选项，单击鼠标右键，在弹出的快捷菜单中选择"定义特征设置"选项，系统弹出"特征"对话框，设置"定义顶部"为 50.0，"定义底部"为 30.0，选中"智能生成"复选框，然后选择图 5-65 所示的曲面，单击"应用"按钮，生成特征，如图 5-65 所示。

图 5-65　生成特征

[4]　单击主工具栏上的"毛坯"按钮，弹出"毛坯"对话框。在"由…定义"下拉列表中选择"方框"，在"类型"下拉列表中选择"特征"，单击"估算限界"框中的"计算"按钮，接着单击"接受"按钮，图形区显示所创建的毛坯，如图 5-66 所示。

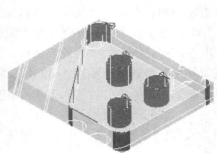

图 5-66　创建毛坯

[5]　设置快进高度。单击"主"工具栏上的"快进高度"按钮，弹出"快进高度"对

话框。在"绝对高度"选择中的"安全区域"下拉列表中选择"平面"选项，单击"接受"按钮退出。

[6] 设置开始点和结束点。单击"主"工具栏上的"开始点和结束点"按钮，弹出"开始点和结束点"对话框，接受默认设置，单击"接受"按钮退出。

[7] 单击"主"工具栏上的"刀具路径策略"按钮，弹出"策略选取器"对话框，单击"2.5 维区域清除"选项卡，选中"特征设置区域清除"选项，单击"接受"按钮，弹出"特征设置区域清除"对话框，如图 5-67 所示。

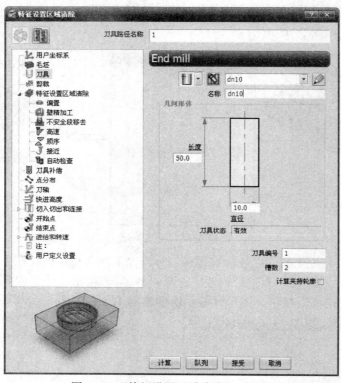

图 5-67 "特征设置区域清除"对话框

☆ 创建刀具 dn10。单击左侧列表框中的"刀具"选项，在右侧选项卡中选择端铣刀，设置"直径"为 10.0，"刀具编号"为 1。

☆ 单击左侧列表框中的"特征设置区域清除"选项，在右侧选项卡中设置"行距"为 6.0，"下切步距"为 4.0，"切削方向"为"顺铣"，如图 5-68 所示。

☆ 单击左侧列表框中的"偏置"选项，在右侧选项卡中选择"保持切削方向""螺旋"和"删除残留高度"复选框，如图 5-69 所示。

☆ 单击左侧列表框中的"切入"和"切出"选项，在右侧选项卡中选择"第一选择"为"水平圆弧"，如图 5-70 所示。

☆ 单击左侧列表框中的"进给和转速"选项，在右侧选项卡中设置相关参数，如图 5-71 所示。

[8] 在"特征设置区域清除"对话框中单击"计算"按钮和"接受"按钮，确定参数并退出对话框，生成的刀具路径如图 5-72 所示。

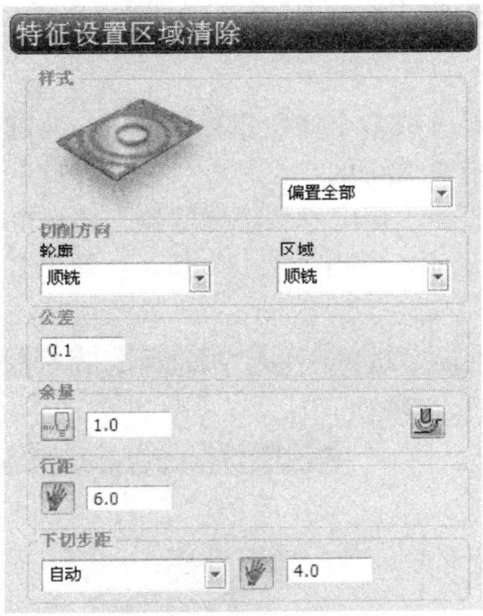

图 5-68　特征设置区域清除参数

图 5-69　偏置参数

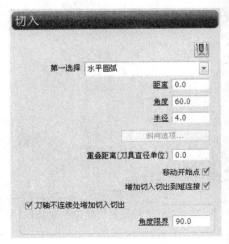

图 5-70　切入和切出参数

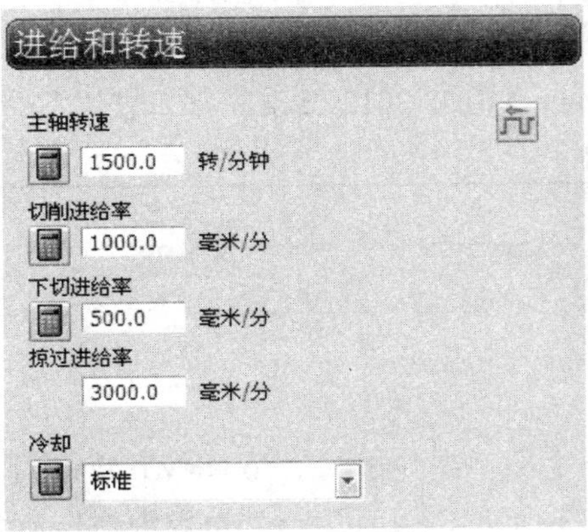

图 5-71　进给和转速参数

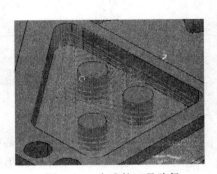

图 5-72　生成的刀具路径

5.4.3　特征设置轮廓

　　特征设置轮廓刀具路径在 Z 轴方向是按下切步距分成多个切层累积而成的，而每一切层的刀具路径轨迹只依据特征轮廓进行单层偏置，如图 5-73 所示。

　　单击"主要"工具栏上的"刀具路径策略"按钮 ，弹出"策略选取器"对话框，单击"2.5 维区域清除"选项卡，选中"特征设置轮廓"选项，单击"接受"按钮，弹出"特征设置轮廓"对话框，如图 5-74 所示。

图 5-73　特征设置轮廓

图 5-74　"特征设置轮廓"对话框

> **说明**
>
> 　　2.5 维特征设置轮廓与三维加工中模型轮廓中的参数选项完全相同，只是它们应用的范围不同而已，2.5 维轮廓主要应用于特征设置加工，而模型轮廓主要用于零件模型加工。"特征设置轮廓"对话框相关参数参见"第 6 章 PowerMILL 2012 三维粗加工技术"中相关介绍，此处不再重述。

实例 6——特征设置轮廓加工实例

操作步骤

　　[1]　选择下拉菜单"文件"→"全部删除"命令，在弹出的"PowerMILL 询问"对话框中单击"是"按钮，删除所有文件。然后选择下拉菜单"工具"→"重设表格"命令，将所有表格重新设置为系统默认状态。

[2]　选择下拉菜单中的"文件"→"范例"命令，弹出"打开范例"对话框，选择"tezheng.dgk"（"随书光盘：\第 5 章\实例 34\uncompleted\tezheng.dgk"）文件，单击"打开"按钮即可，如图 5-75 所示。

[3]　在"PowerMILL 资源管理器"中选中"特征设置"选项，单击鼠标右键，在弹出的快捷菜单中选择"定义特征设置"命令。

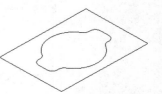

图 5-75　打开范例文件

[4]　系统弹出"特征"对话框，选择"类型"为"凸台"，"名称根"为"out_"，"定义顶部"为 50.0，"定义底部"为 0.0，选择图 5-76 所示的轮廓线，单击"应用"按钮，创建凸台特征，如图 5-76 所示。

图 5-76　创建凸台特征

[5]　在"特征"对话框中，选择"类型"为"型腔"，"名称根"为"in_"，"定义顶部"为绝对 50.0，"定义底部"为绝对 20.0，选择图 5-77 所示的轮廓线，单击"应用"按钮，创建型腔特征，如图 5-77 所示。单击"关闭"按钮关闭对话框。

图 5-77　创建型腔特征

[6]　单击主工具栏上的"毛坯"按钮，弹出"毛坯"对话框。在"由...定义"下拉列表中选择"方框"，在"类型"下拉列表中选择"特征"，单击"估算限界"框中的"计算"按钮，接着单击"接受"按钮，图形区显示所创建的毛坯，如图 5-78 所示。

[7]　设置快进高度。单击"主"工具栏上的"快进高度"按钮，弹出"快进高度"对话框。在"绝对高度"选择中的"安全区域"下拉列表中选择"平面"选项，单击"接受"按钮退出。

[8]　设置开始点和结束点。单击"主"工具栏上的"开始点和结束点"按钮，弹出"开始点和结束点"对话框，接受默认设置，单击"接受"按钮退出。

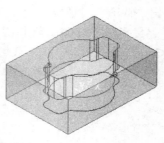

图 5-78 创建毛坯

[9] 单击"主"工具栏上的"刀具路径策略"按钮，弹出"策略选取器"对话框，单击"2.5 维区域清除"选项卡，选中"特征设置轮廓"选项，单击"接受"按钮，弹出"特征设置轮廓"对话框，如图 5-79 所示。

☆ 创建刀具 dn10。单击左侧列表框中的"刀具"选项，在右侧选项卡中选择端铣刀 ，设置"直径"为 10.0，"刀具编号"为 1。

☆ 单击左侧列表框中的"特征设置轮廓"选项，在右侧选项卡中设置"行距"为 6.0，"下切步距"为 4.0，"切削方向"为"顺铣"，如图 5-80 所示。

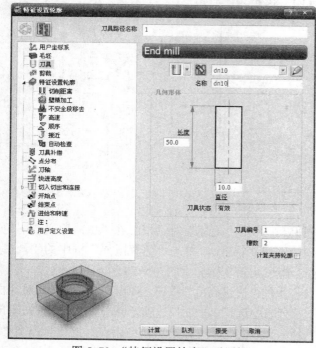

图 5-79 "特征设置轮廓"对话框

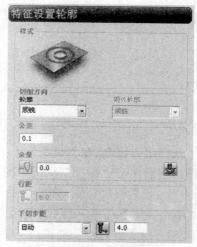

图 5-80 特征设置轮廓参数

☆　单击左侧列表框中的"切入"和"切出"选项，在右侧选项卡中选择"第一选择"为"水平圆弧"，如图 5-81 所示。

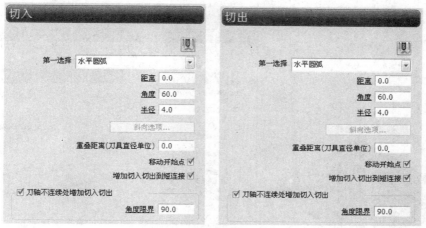

图 5-81　切入和切出参数

☆　单击左侧列表框中的"进给和转速"选项，在右侧选项卡中设置相关参数，如图 5-82 所示。

[10]　在"特征设置轮廓"对话框中单击"计算"按钮和"接受"按钮，确定参数并退出对话框，生成的刀具路径如图 5-83 所示。

图 5-82　进给和转速参数

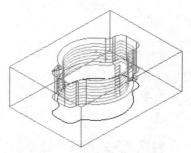

图 5-83　生成的刀具路径

5.5　特征设置残留区域策略

在最初的区域清除加工过程中，应尽可能地使用大直径刀具，以尽快地切除大量的材料，但很多情况下，大直径刀具并不能切入到零件中的某些拐角和型腔区域，因此对这些区域需要在精加工前使用较小的刀具进行一次或多次进一步的粗加工，以便在精加工前切除尽可能多的材料。

5.5.1　特征设置残留区域清除

特征设置残留区域清除用于清除使用大直径的刀具对零件进行第一次粗加工后，零件上的一些角落及狭长槽部位会因为刀具直径过大而加工不到的残留余量，如图 5-84 所示。

单击"主"工具栏上的"刀具路径策略"按钮 ，弹出"策略选取器"对话框，单击"2.5维区域清除"选项卡，选中"特征设置残留区域清除"选项，单击"接受"按钮，弹出"特征设置残留区域清除"对话框，如图 5-85 所示。

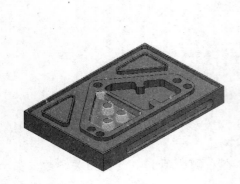

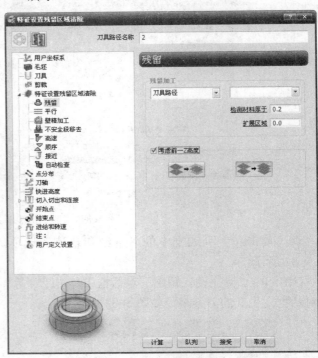

图 5-84　特征设置残留区域清除　　　　　　　图 5-85　"特征设置残留区域清除"对话框

说明

2.5 维特征设置残留区域清除与三维加工中模型残留区域清除中的参数选项完全相同，只是它们应用的范围不同而已，2.5 维残留区域清除主要应用于特征设置加工，而三维模型残留区域清除主要用于零件模型加工。"特征设置残留区域清除"对话框相关参数参见"第 6 章 PowerMILL 2012 三维粗加工技术"中相关介绍，此处不再重述。

实例 7——特征设置残留区域清除加工实例

操作步骤

[1]　选择下拉菜单"文件"→"全部删除"命令，在弹出的"PowerMILL 询问"对话框中单击"是"按钮，删除所有文件。然后选择下拉菜单"工具"→"重设表格"命令，将所有表格重新设置为系统默认状态。

[2]　选择下拉菜单中的"文件"→"打开项目"命令，弹出"打开项目"对话框，选择"exercise35"（"随书光盘：\第 5 章\实例 35\uncompleted\exercise35"）文件夹，单击"打开"按钮即可，如图 5-86 所示。

[3]　单击"主"工具栏上的"刀具路径策略"按钮 ，弹出"策略选取器"对话框，单击"2.5 维区域清除"选项卡，选中"特征设置残留区域清除"选项，单击"接受"按钮，弹

出"特征设置残留区域清除"对话框，如图 5-87 所示。

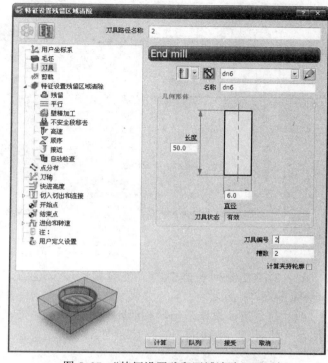

图 5-86　打开文件　　　　　　图 5-87　"特征设置残留区域清除"对话框

☆　创建刀具 dn6。单击左侧列表框中的"刀具"选项，在右侧选项卡中选择端铣刀，设置"直径"为 6.0，"刀具编号"为 2。

☆　单击左侧列表框中的"特征设置残留区域清除"选项，在右侧选项卡中设置"行距"为 6.0，"下切步距"为 4.0，"切削方向"为"顺铣"，如图 5-88 所示。

☆　单击左侧列表框中的"残留"选项，在右侧选项卡中设置"残留加工"为"刀具路径"，选择刀具路径"1"，如图 5-89 所示。

图 5-88　特征设置残留区域清除参数　　　　　图 5-89　残留参数

☆ 单击左侧列表框中的"切入"和"切出"选项，在右侧选项卡中选择"第一选择"为"水平圆弧"，如图 5-90 所示。

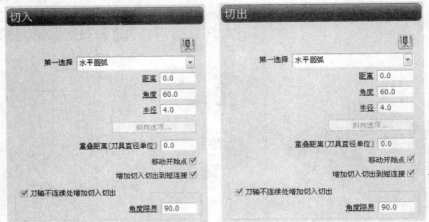

图 5-90　切入和切出参数

☆ 单击左侧列表框中的"进给和转速"选项，在右侧选项卡中设置相关参数，如图 5-91 所示。

[4]　在"特征设置残留区域清除"对话框中单击"计算"按钮和"接受"按钮，确定参数并退出对话框，生成的刀具路径如图 5-92 所示。

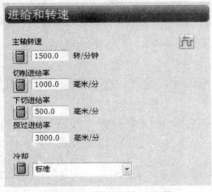

图 5-91　进给和转速参数

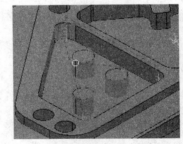

图 5-92　生成的刀具路径

5.5.2　特征设置残留轮廓

特征设置残留轮廓可清除残留余量，但每一切层的刀具路径轨迹只依据模型轮廓进行单层偏置，如图 5-93 所示。

图 5-93　特征设置残留轮廓

实例 8——特征设置残留轮廓加工实例

操作步骤

[1]　选择下拉菜单"文件"→"全部删除"命令，在弹出的"PowerMILL 询问"对话框中单击"是"按钮，删除所有文件。然后选择下拉菜单"工具"→"重设表格"命令，将所有表格重新设置为系统默认状态。

[2]　选择下拉菜单中的"文件"→"打开项目"命令，弹出"打开项目"对话框，选择"exercise36"（"随书光盘：\第 5 章\实例 36\uncompleted\exercise36"）文件夹，单击"打开"按钮即可，如图 5-94 所示。

[3]　单击"主"工具栏上的"刀具路径策略"按钮 ，弹出"策略选取器"对话框，单击"2.5 维区域清除"选项卡，选中"特征设置残留轮廓"选项，单击"接受"按钮，弹出"特征设置残留轮廓"对话框，如图 5-95 所示。

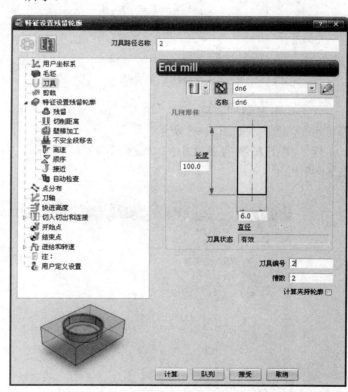

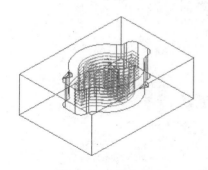

图 5-94　打开文件　　　　　　　　图 5-95　"特征设置残留轮廓"对话框

☆　创建刀具 dn6。单击左侧列表框中的"刀具"选项，在右侧选项卡中选择端铣刀 ，设置"直径"为 6.0，"刀具编号"为 2。

☆　单击左侧列表框中的"特征设置残留轮廓"选项，在右侧选项卡中设置"行距"为 5.0，"下切步距"为 4.0，"切削方向"为"顺铣"，如图 5-96 所示。

✿   单击左侧列表框中的"残留"选项，在右侧选项卡中设置"残留加工"为"刀具路径"，选择刀具路径"1"，如图 5-97 所示。

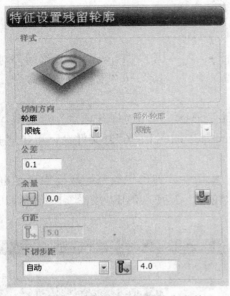

图 5-96   特征设置残留轮廓参数

图 5-97   残留参数

✿   单击左侧列表框中的"切入"和"切出"选项，在右侧选项卡中选择"第一选择"为"水平圆弧"，如图 5-98 所示。

✿   单击左侧列表框中的"进给和转速"选项，在右侧选项卡中设置相关参数，如图 5-99 所示。

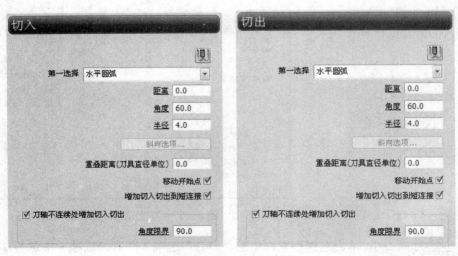

图 5-98   切入和切出参数

[4]   在"特征设置残留轮廓"对话框中单击"计算"按钮和"接受"按钮，确定参数并退出对话框，生成的刀具路径如图 5-100 所示。

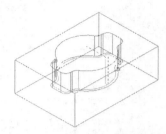

图 5-99　进给和转速参数　　　　　　图 5-100　生成的刀具路径

5.6　训练实例——面板铣削加工

面板零件如图 5-101 所示，由侧壁垂直的两个凹腔和中心孔组成，工件底部安装在工作台上。

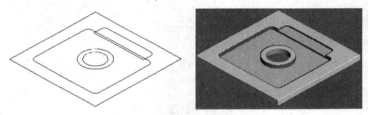

图 5-101　面板零件

操作步骤

[1]　选择下拉菜单"文件"→"全部删除"命令，在弹出的"PowerMILL 询问"对话框中单击"是"按钮，删除所有文件。然后选择下拉菜单"工具"→"重设表格"命令，将所有表格重新设置为系统默认状态。

[2]　选择下拉菜单中的"文件"→"范例"命令，弹出"打开范例"对话框，选择"mianban.dgk"（"随书光盘：\第 5 章\训练实例\uncompleted\mianban.dgk"）文件，单击"打开"按钮即可，如图 5-101 所示。

[3]　在"PowerMILL 资源管理器"中选中"特征设置"选项，单击鼠标右键，在弹出的快捷菜单中选择"定义特征设置"选项，如图 5-102 所示。系统弹出"特征"对话框，选择"类型"为"凸台"，"名称根"为"out_"，设置其他参数如图 5-103 所示。

[4]　选择图 5-104 所示的轮廓线，单击"应用"按钮，创建凸台特征。

[5]　在"特征"对话框中，选择"类型"为"凸台"，"名称根"为"out_"，"定义顶部"为"绝对"、15.0，"定义底部"为"绝对"、0.0，选择图 5-105 所示的轮廓线，单击"应用"按钮，创建凸台特征。

[6]　在"特征"对话框中，选择"类型"为"型腔"，"名称根"为"in_"，"定义顶部"为"绝对"、15.0，"定义底部"为"绝对"、5.0，选择图 5-106 所示的轮廓线，单击"应用"按钮，创建型腔特征。

图 5-102　启动定义特征设置命令

图 5-103　"特征"对话框

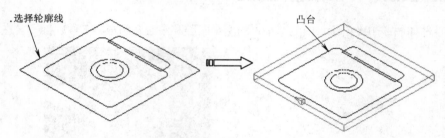

图 5-104　创建凸台特征

图 5-105　创建凸台特征

图 5-106　创建型腔特征

[7]　在"特征"对话框中，选择"类型"为"型腔"，"名称根"为"in_"，"定义顶部"为"绝对"、15.0，"定义底部"为"绝对"、10.0，选择图 5-107 所示的轮廓线，单击"应用"按钮，创建型腔特征，单击"关闭"按钮关闭对话框。

图 5-107　创建型腔特征

[8]　在"PowerMILL 资源管理器"中选中"特征设置"选项，单击鼠标右键，在弹出的快捷菜单中选择"定义特征设置"对话框，系统弹出"特征"对话框，选择"类型"为"圆形型腔"，"名称根"为"hole_"，"定义顶部"为"绝对"、15.0，"定义底部"为"绝对"、0.0，选择图 5-108 所示的轮廓线，单击"应用"按钮，创建圆形型腔特征，单击"关闭"按钮关闭对话框。

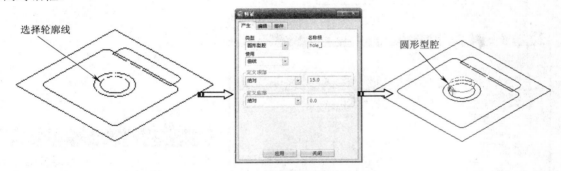

图 5-108　创建圆形型腔特征

[9]　在"PowerMILL 资源管理器"中选中"特征设置"选项下的"1"，单击鼠标右键，在弹出的快捷菜单中选择"激活"命令。

[10]　单击主工具栏上的"毛坯"按钮 ，弹出"毛坯"对话框。在"由…定义"下拉列表中选择"方框"，"类型"为"特征"，单击"估算限界"框中的"计算"按钮，设置相关参数后接着单击"接受"按钮，图形区显示所创建的毛坯，如图 5-109 所示。

[11]　设置快进高度。单击"主"工具栏上的"快进高度"按钮 ，弹出"快进高度"对话框。在"绝对高度"选择中的"安全区域"下拉列表中选择"平面"选项，单击"接受"按钮退出。

[12]　设置开始点和结束点。单击"主"工具栏上的"开始点和结束点"按钮 ，弹出"开始点和结束点"对话框，接受默认设置，单击"接受"按钮退出。

[13]　单击"主"工具栏上的"刀具路径策略"按钮 ，弹出"策略选取器"对话框，单击"2.5 维区域清除"选项卡，选中"特征设置区域清除"选项，单击"接受"按钮，弹出

"特征设置区域清除"对话框，如图 5-110 所示。

　　☆　创建刀具 dn10。单击左侧列表框中的"刀具"选项，在右侧选项卡中选择端铣刀 ，设置"直径"为 10.0，"刀具编号"为 1。

　　☆　单击左侧列表框中的"特征设置区域清除"选项，在右侧选项卡中设置"行距"为 5.0，"下切步距"为 2.0，"切削方向"为"顺铣"，如图 5-111 所示。

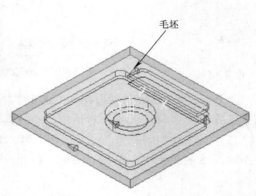

图 5-109　创建毛坯

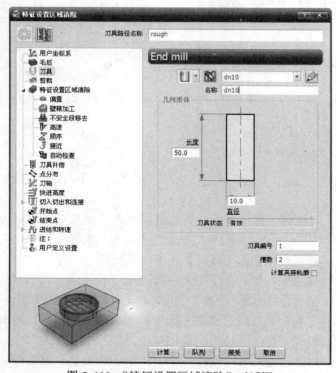

图 5-110　"特征设置区域清除"对话框

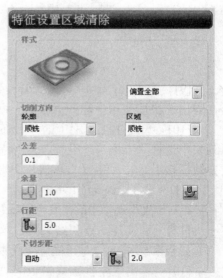

图 5-111　特征设置区域清除参数

☆　单击左侧列表框中的"偏置"选项，在右侧选项卡中选择"保持切削方向""螺旋"和"删除残留高度"复选框，如图 5-112 所示。

☆　单击左侧列表框中的"切入"和"切出"选项，在右侧选项卡中选择"第一选择"为"水平圆弧"，如图 5-113 所示。

☆　单击左侧列表框中的"进给和转速"选项，在右侧选项卡中设置相关参数，如图 5-114 所示。

[14]　在"特征设置区域清除"对话框中单击"计算"按钮和"接受"按钮，确定参数并退出对话框，生成的刀具路径如图 5-115 所示。

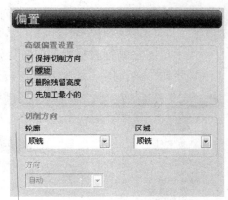

图 5-112　偏置参数

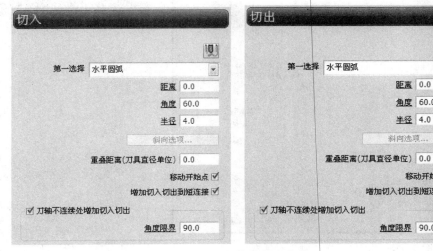

图 5-113　切入和切出参数

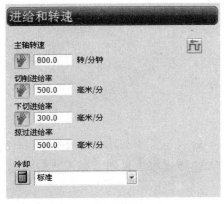

图 5-114　进给和转速参数

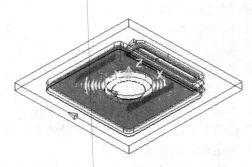

图 5-115　生成的刀具路径

[15]　单击"主"工具栏上的"刀具路径策略"按钮，弹出"策略选取器"对话框，单击"2.5 维区域清除"选项卡，选中"特征设置轮廓"选项，单击"接受"按钮，弹出"特征设置轮廓"对话框，如图 5-116 所示。

☆　选择刀具 dn10。单击左侧列表框中的"刀具"选项，在右侧选项卡中选择 dn10 端铣刀 。

☆　单击左侧列表框中的"特征设置轮廓"选项，在右侧选项卡中设置"余量"为 0.0，"下切步距"为 2.0，"切削方向"为"顺铣"，如图 5-117 所示。

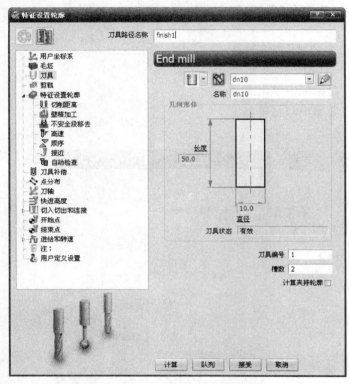

图 5-116　"特征设置轮廓"对话框

图 5-117　特征设置轮廓参数

[16]　在"特征设置轮廓"对话框中单击"计算"按钮和"接受"按钮，确定参数并退出对话框，生成的刀具路径如图 5-118 所示。

[17]　在"PowerMILL 资源管理器"中选中"特征设置"选项下的"2"，单击鼠标右键，在弹出的快捷菜单中选择"激活"命令。

[18]　单击"主"工具栏上的"刀具路径策略"按钮 ，弹出"策略选取器"对话框，单击"2.5 维区域清除"选项卡，选中"特征设置区域清除"选项，单击"接受"按钮，弹出"特征设置区域清除"对话框，如图 5-119 所示。

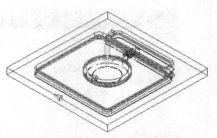

图 5-118　生成的刀具路径

☆　选择刀具 dn10。单击左侧列表框中的"刀具"选项，在右侧选项卡中选择 dn10 端铣刀 。

☆　单击左侧列表框中的"特征设置区域清除"选项，在右侧选项卡中设置"行距"为 5.0，"下切步距"为 2.0，"切削方向"为"顺铣"，如图 5-120 所示。

☆ 单击左侧列表框中的"偏置"选项，在右侧选项卡中选择"保持切削方向""螺旋"和"删除残留高度"复选框，如图 5-121 所示。

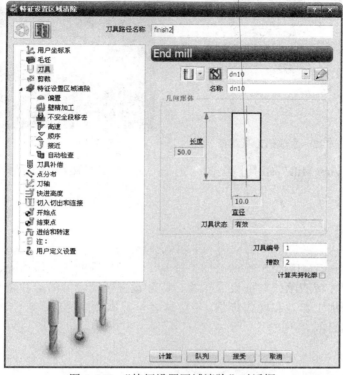

图 5-119 "特征设置区域清除"对话框

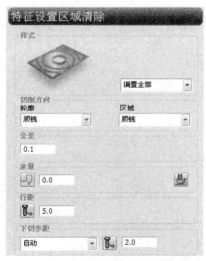

图 5-120 特征设置区域清除参数

图 5-121 偏置参数

[19] 在"特征设置区域清除"对话框中单击"计算"按钮和"接受"按钮，确定参数并退出对话框，生成的刀具路径如图 5-122 所示。

[20] 选择下拉菜单"查看"→"工具栏"→"ViewMill"命令，显示出"ViewMill"工具栏，单击"开/关 ViewMill"按钮，切换到仿真界面。然后单击"彩虹阴影图像"按钮。

在"仿真"工具栏的"当前刀具路径"下拉列表中选择要模拟的刀具路径 finish2，然后单击"执行"按钮▷，系统开始自动仿真加工，仿真加工结果如图 5-123 所示。

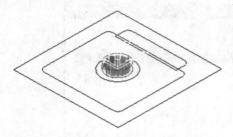

图 5-122   生成的刀具路径

图 5-123   仿真加工结果

[21]   单击"ViewMill"工具栏上的"退出 ViewMill"按钮◉，删除仿真加工并返回 PowerMILL 界面。

5.7   本章小结

本章介绍了 PowerMILL2.5 维加工加工策略，包括二维曲线区域清除、二维曲线轮廓、面铣削、特征设置区域清除、特征设置轮廓、特征设置残留区域清除和特征设置残留轮廓，主要介绍了它们的加工参数和操作步骤。希望读者学习本章的时候，结合训练实例进行练习，以达到融会贯通的目的。

第6章 PowerMILL 2012 三维粗加工技术

PowerMILL 2012 的三维加工技术主要用于 3 轴数控加工机床,三维刀具路径主要分为粗加工和精加工,其中粗加工的目的是尽快清除零件上多余的材料。本章系统介绍 PowerMILL 的 7 种粗加工策略:模型区域清除、模型轮廓、模型残留区域清除、模型残留轮廓、等高切面区域清除、等高切面轮廓和插铣。

本章重点:

- PowerMILL 粗加工策略
- 模型区域清除参数和加工方法
- 模型轮廓参数和加工方法
- 模型残留区域清除参数和加工方法
- 模型残留轮廓参数和加工方法
- 等高切面区域清除参数和加工方法
- 等高切面轮廓参数和加工方法
- 插铣参数和加工方法

6.1 三维粗加工功能

PowerMILL 2012 粗加工策略主要是三维区域清除加工策略,三维区域清除加工策略粗加工过程是从一实体材料毛坯块开始,从毛坯的最顶层,一层一层地按用户指定的 Z 值高度(下切步距),依次逐层向下加工每一等高切面,直到零件轮廓深度,整个过程会考虑到每一层模型轮廓和毛坯范围。通常也将这种加工称为水线初加工。

对于大的零件,若使用一次粗加工不能完全切除全部需在粗加工中切除的材料,以满足精加工要求,则可使用残留加工方法,使用一较小的粗加工刀具对部件进行二次区域清除加工。残留加工将切除原粗加工刀具无法加工的区域,如型腔区域的剩余材料或者残留模型中的残留材料。使用残留加工方法可降低刀具载荷,保证随后的精加工操作能保持更稳定的材料切除率。

单击“主”工具栏上的“刀具路径策略”按钮◎,弹出“策略选取器”对话框,单击“三维区域清除”选项卡,弹出三维区域清除策略选项,如图 6-1 所示。PowerMILL 2012 三维区域清除加工策略

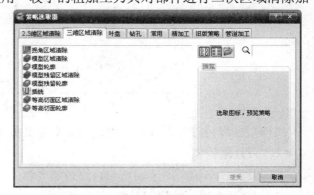

图 6-1 “策略选取器”对话框

主要包括模型区域清除、模型轮廓、模型残留区域清除、模型残留轮廓、等高切面区域清除、等高切面轮廓和插铣等 8 种。在下面的章节中将分别加以详细介绍。

6.2 模型区域加工策略

模型区域加工策略包括模型区域清除、模型轮廓两种加工策略，下面分别介绍。

6.2.1 模型区域清除

模型区域清除策略是零件粗加工最常用的一种刀具路径生成方法。该策略的刀具路径在 Z 轴方向是按下切步距分成多个切层累积而成的，全部清除一层后，再下切一个 Z 高度，重复完成上述动作，如图 6-2 所示。

模型区域清除模型策略是为高速加工所设计的一种加工策略，这种策略具有非常恒定的材料切除率，但代价是刀具在工件上存在大量的快速移动（对高速加工来说可以接受）。

图 6-2　模型区域清除

单击"主"工具栏上的"刀具路径策略"按钮，弹出"策略选取器"对话框，单击"三维区域清除"选项卡，选中"模型区域清除"选项，单击"接受"按钮，弹出"模型区域清除"对话框，如图 6-3 所示。

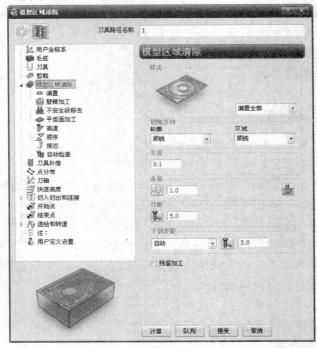

图 6-3　"模型区域清除"对话框

"模型区域清除"对话框相关选项参数含义如下：

1. 刀具路径名称

"刀具路径名称"用于定义刀具路径的名称。

2. "打开表格，编辑刀具路径"按钮

单击该按钮，激活策略参数以便编辑和重新计算刀路。该按钮只针对已计算好的刀具路径做参数编辑时有效，否则不能用。

3.　"基于此刀具路径产生一新的刀具路径"按钮

单击该按钮，复制一个与此刀路相同的刀路。此时，只是复制当前刀具路径的参数信息，新的刀具路径并没有计算。

4.　剪裁

单击左侧列表框中的"剪裁"选项，在右侧显示剪裁设置参数，如图 6-4 所示。

边界的重要功能在于限制加工范围，可在"边界"下拉列表中选择已经创建的边界或单击左侧按钮创建所需的边界。

（1）剪裁

用于设置剪裁边界的形式，包括以下两种方式：

● 【按边界剪裁刀具中心】：以刀具中心剪裁边界。

● 【按边界剪裁刀具外围】：以刀具形状剪裁边界。

图 6-4　剪裁参数

（2）裁剪

根据选择的形式和当前边界裁剪刀具路径，包括以下方式：

● 【保留内部】：根据当前边界裁剪刀具路径时将保留边界内部的刀具路径，如图 6-5 所示。

● 【保留外部】：根据当前边界裁剪刀具路径时将保留边界外部的刀具路径，如图 6-5 所示。

图 6-5　裁剪

（3）毛坯

用于设置刀具与毛坯的位置关系，包括以下方式：

● 【允许刀具中心在轮廓之外】：允许刀具中心在毛坯轮廓之外，如图 6-6 所示。

● 【按毛坯边缘剪裁刀具中心】：根据毛坯边缘剪裁刀具中心，如图 6-6 所示。

（4）Z 限界

根据 Z 坐标值限定加工区域，"最大"文本框中输入 Z 坐标最大值，"最小"文本框中输入 Z 坐标最小值，如图 6-7 所示。

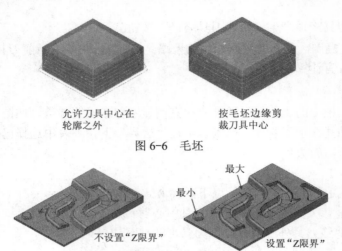

允许刀具中心在   按毛坯边缘剪
轮廓之外   裁刀具中心

图 6-6   毛坯

不设置"Z限界"   设置"Z限界"

图 6-7   Z 限界

5. 模型区域清除

单击左侧列表框中的"模型区域清除"选项，在右侧显示模型区域清除设置参数，如图 6-3 所示。

（1）样式

● 【平行】：根据模型的形状，按所设置的行距，Z 轴方向是按下切步距和加工角度进行平行的直线切削。它是计算刀具路径最快的一种策略，适用于结构比较简单的零件粗加工，如图 6-8 所示。

● 【偏置模型】：只依据模型轮廓偏置生成刀具路径。该刀路能保持相同的刀具切削载荷以及均匀的切屑，避免加工短小及薄壁坚固构件，如图 6-8 所示。

● 【偏置全部】：按工件和零件的轮廓偏距产生刀路，该刀路具有最少的提刀次数，尤其适用于软材料加工，如图 6-8 所示。

平行   偏置模型   偏置全部

图 6-8   样式

（2）切削方向

用于控制刀具路径的切削方向，包括以下选项：

● 【任意】：系统自动选择进行顺铣或逆铣，两者交互进行。

● 【顺铣】：控制刀具只进行顺铣，一般精加工采用，如图 6-9 所示。

● 【逆铣】：控制刀具只进行逆铣，一般粗加工采用，如图 6-9 所示。

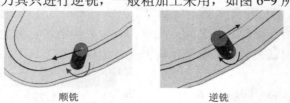

顺铣   逆铣

图 6-9   切削方向

　　高速加工中切削方向应尽量选择顺铣，这样对零件加工质量、刀具寿命、机床保护、加工效率等都有好处。

（3）公差

用于确定刀具路径沿模型轮廓的精度，公差越小，刀位点越多，加工精度越高，但计算时间也越长，会占用系统大量资源。因此，一般粗加工设置为 0.5，精加工为 0.02。

（4）余量

余量用于确定加工后材料表面上所留下的材料量。余量分径向余量和轴向余量两种。默认情况下，系统同时使用相同的径向余量和轴向余量。

● 【启用/禁止轴向余量】按钮：默认情况下系统使用相同的径向余量和轴向余量。单击该按钮，可开启轴向余量设置。

● 【部件余量】按钮：单击该按钮，打开"部件余量"对话框。用户指定某一张或几张表面与整个零件的余量设置不同。

（5）行距

行距用于设置刀具路径两行之间的间距，也称为径向吃刀量，如图 6-10 所示。实际编程中一般根据刀具直径及路径策略来确定行距数值，如果策略是利用刀具底部进行逐层开粗加工，则行距一般设置为端铣刀具直径的 60%～80%。

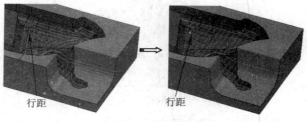

图 6-10　行距

（6）下切步距

下切步距就是吃刀量，在 PowerMILL 系统中下切步距与 Z 高度紧密联系在一起，Z 高度是一系列的 Z 值列表，系统在这些 Z 值高度层与零件轮廓产生交线然后偏置一个刀具半径，从而产生区域清除刀具路径，如图 6-11 所示。

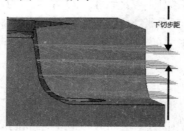

图 6-11　下切步距

模型区域清除系统提供了"自动"和"手动"两种创建下切步距的方法：

● 【自动】：输入 Z 高度层间的最大下切距离，实际的下切步距由系统自动调整，以保证下切均匀。确定的原则如下：首先计算毛坯顶面和底面之间的高度差，接着以此高度差处以输入的下切步距值（25mm）得到切削层数（3 层），然后将切削层数归整，最后由高度差再次除以规整后的切削层数，由此得到真正的下切步距，如图 6-12 所示。

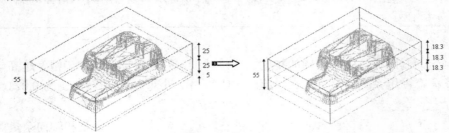

图 6-12 自动下切步距过程

- 【手动】：指用户自行定义 Z 高度层。选择该方式后，单击其他的"Z 高度"按钮 ◈，弹出"区域清除 Z 高度"对话框，如图 6-13 所示。

图 6-13 "区域清除 Z 高度"对话框

"区域清除 Z 高度"对话框相关选项参数含义如下：

- 【定义 Z 高度】：用于指定创建 Z 高度层的方法，包括以下方式：
  - ➢ 【层数】：在模型的毛坯高度间产生固定的下切步距层数，右边文本框中的数值表示为高度层的总数，而每层的高度为毛坯高度除以层数。
  - ➢ 【下切步距】：用已固定的下切步距间隔来定义 Z 高度，右边文本框中的数值表示每层的高度，而层数则等于毛坯高度除以层的高度。此时，如果选中"恒定下切步距"复选框，系统将自动调整下切步距值，以保证每层高度值保持恒定。
  - ➢ 【高度数值】：根据指定的 Z 高度值产生下切步距，右边文本框中的数值表示要增加的 Z 高度层值。
  - ➢ 【中间层数】：在当前已产生的每一步距层中间，增加指定数量的步距间层，右边文本框中的数值表示将要增加的步距间层的数量。
  - ➢ 【平坦面】：侦测模型中的平坦面并按此平坦面的高度值产生一个 Z 高度间层。
- 【参考】：通过参考 PowerMILL 元素（刀具路径、边界、参考线和特征）来产生或删除 Z 高度间层。
- 【通过选取删除】：通过选取已有的刀具路径进行 Z 高度间层的删除。
- 【显示】：选择该复选框，Z 高度间层将在图形区显示出来。

6. 平行

当在"样式"中选择"平行"时，在对话框左侧列表框中显示"平行"选项，单击该选项，在右侧显示平行设置参数，如图 6-14 所示。

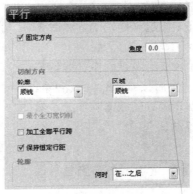

图 6-14　平行

（1）固定方向

用于决定平行刀路与 X 轴的角度，选中"固定方向"复选框将角度固定为 0°，用户可在"角度"文本框中输入平行刀路与 X 轴的夹角，如图 6-15 所示。

角度0°　　　　　　　角度30°　　　　　　　角度固定

图 6-15　固定方向

（2）最小全刀宽切削

选中该复选框，系统将尽可能多地调整刀具路径以使刀具进行全刀宽切削的平行移动。该选项只有"切削方向"为"任意"时才能激活。

（3）加工全部平行跨

选中该复选框，所有平行跨均有刀路，当取消该复选框时，不必要的平行跨没有生成刀路。不必要的平行跨是指刀具不会切削到任何材料的跨，主要出现在区域清除的起始和结束刀路处，以及平行跨比刀具直径要短的位置。对于高度加工建议选中该选项，以保证平衡的刀具负载。

（4）保持恒定行距

选中该复选框，系统将参照行距数值自动调整区域内的行距，使得行距保持恒定，如图 6-16 所示。

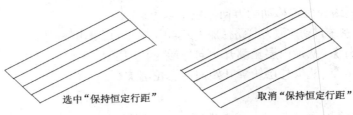

选中"保持恒定行距"　　　　　　　取消"保持恒定行距"

图 6-16　保持恒定行距

（5）轮廓

用于设置平行区域清除时，是否依据零件的轮廓生成加工刀路。"何时"用来确定零件轮廓加工与区域清除的先后关系，包括以下选项：

● 【无】：不进行零件轮廓加工。

● 【在……之前】：刀具首先切削零件轮廓，然后再进行区域清除加工。

● 【在……期间】：在进行区域清除过程中，遇到零件轮廓时，进行零件轮廓加工，然后接着进行区域清除。

● 【在……之后】：刀具首先进行区域清除加工，然后切削零件轮廓，该选项是系统默认选项。

7. 偏置

单击左侧列表框中的"偏置"选项，在右侧显示偏置设置参数，如图 6-17 所示。

图 6-17　偏置

（1）高级偏置设置

● 【保持切削方向】：当需要保持切削方向时，进行提刀。需要注意的是，如果要使用限制刀具过载功能，必须选择此选项。

● 【螺旋】：选中该复选框将产生螺旋刀轨，如图 6-18 所示。

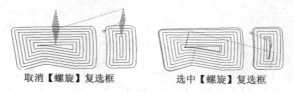

取消【螺旋】复选框　　　　　　　选中【螺旋】复选框

图 6-18　螺旋

● 【删除残留高度】：选中该复选框时，行距被限制在一个范围内，如直径为 10mm、带 2mm 刀尖圆角的圆角刀的最大行程是 6mm，如图 6-19 所示。

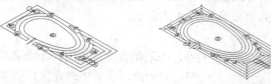

取消"删除残留高度"复选框　　　　　选中"删除残留高度"复选框

图 6-19　删除残留高度

● 【先加工最小的】：选中该复选框，先加工最小材料的岛屿，以避免损坏刀具。

（2）切削方向

用于控制刀具路径偏置移动的方向，包括以下选项：

● 【自动】：系统自动控制刀具路径加工方向由内向外还是由外向内，主要取决于模型形状。

● 【由内向外】：从最内层轮廓开始向外层轮廓加工。

● 【由外向内】：从最外层轮廓开始向内层轮廓加工。

8. 壁精加工

单击左侧列表框中的"壁精加工"选项，在右侧显示壁面加工参数，如图 6-20 所示。

● 【最后行距】：用于设置壁面精加工的行距值，该值可不同于加工中用到的行距，如图 6-21 所示。

● 【仅最后路径】：只在最后的 Z 高度增加壁清理刀路，如图 6-22 所示。

图 6-20　壁精加工参数

图 6-21　最后行距

图 6-22　仅最后路径

9. 不安全段移去

单击左侧列表框中的"不安全段移去"选项，在右侧显示不安全段移去参数，如图 6-23 所示。

通过不安全段移去设置来分离某些区域，不对这些区域进行粗加工，包括以下选项：

图 6-23　不安全段移去参数

● 【将小于分界值的段移去】：产生刀具路径时，系统会根据输入的阈值来过滤比阈值小的区域。"分界值"用于控制对模型全部区域作比较的阈值大小。此值和刀具直径有关，在不考虑余量的前提下，模型区域阈值=刀具直径×分界值。如果是过滤小区域，阈值一般要大于 0.7。

● 【仅从闭合区域移去段】：模型小区域或大区域可以是闭合的也可以是开放的。选中该复选框，计算时不过滤开放的区域。

10. 平坦面加工

单击左侧列表框中的"平坦面加工"选项，在右侧显示平坦面加工参数，如图 6-24 所示。

（1）加工平坦区域

选择"下切步距"为自动时，加工平坦区域选项是激活的。加工平坦区域用于指定在粗加工时，零件中所包含的平坦面是否加工以及其加工方式，包括以下选项：

● 【层】：选择该选项，如果模型在毛坯高度间有平坦面，计算下切步距时会侦测平坦区域，并且将平坦区域和毛坯顶部之间分割高度区域，每个高度区域再按上述原则定义层高度值，即加工零件中的整个平坦层，包括平坦面和空区域，如图 6-25 所示。

图 6-24　平坦面加工参数

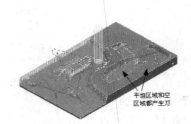

图 6-25　层方式刀路

● 【区域】：选择该选项，下切步距也将侦测平坦区域，但只在平坦区域范围内产生一个增补的刀具路径，不会在整个切层内产生，即在平坦区域产生刀具路径，而 Z 高度层的空区域不生成刀路，如图 6-26 所示。

● 【关】：选择此选项，下切步距计算不侦测平坦区域，即平坦区域和空区域在平坦面 Z 高度层都未生成刀路，如图 6-27 所示。

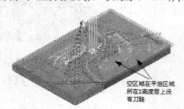 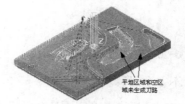

　　　图 6-26　区域方式　　　　　　　　　　图 6-27　关方式

（2）多重切削

用于定义切削次数和下切步距来决定多重切削，包括以下选项：

● 【切削次数】：定义总的切削次数。

● 【下切步距】：用于定义每层的下切步距。

● 【最后下切】：用于定义最后一层的下切步距。

（3）其他参数

● 【允许刀具在平坦面以外】：选中该复选框，在加工过程中允许刀具移出平坦区域之外。

● 【接近余量】：外部接近平坦面的余量，以刀具直径为单位。

● 【平坦面公差】：指平坦曲面 Z 轴方向所允许的最大偏差。

● 【忽略孔】：加工平坦面时，忽略那些直径小于设定值的孔，刀具路径直接切过孔。

11.　高速加工

单击左侧列表框中的"高速"选项，在右侧显示高速参数，如图 6-28 所示。

在 PowerMILL 软件中提供高速加工选项，主要包括"轮廓光顺""光顺余量"和"摆线移动"等，它们分别对应于"倒圆行切加工技术""赛车线加工技术"和"自动摆线加工技术"等高速加工技术。

图 6-28　高速参数

（1）轮廓光顺

用于控制每一个 Z 高度切层内刀具路径在零件尖角部位倒圆，以避免刀具切削方向急剧变化，如图 6-29 所示。"半径（刀具直径单位）"用于设置刀具路径在尖角倒圆角的半径大小，用刀具直径乘以此系数值来计算。此外，也可以拖动滑条来设置，范围为 0.005～0.2。

图 6-29　轮廓光顺

（2）光顺余量

赛车线加工技术是 Delcam 公司的专利高速粗加工技术。该技术使刀具路径在许可步距范围内进行光顺处理，远离零件轮廓的刀具路径其尖角处用倒圆角代替，使刀具路径在形式上就像赛车道，如图 6-30 所示。拖动滑条可定义外层刀路偏离原始刀路的大小，滑条上的数值代表做圆弧替代处理时外层刀路偏离原始刀路最大偏差距离，通常为行距的百分比。

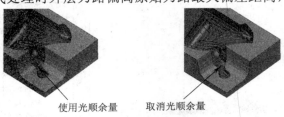

图 6-30　光顺余量（赛车线加工技术）

（3）摆线移动

用于设置在刀具路径中是否插入摆线路径，其中"最大过载"是指当刀具初始切入毛坯或刀具切入零件的角落、狭长沟道和槽时，会由于切削量的增大而出现刀具过载，此时通过最大过载选项，在过载的地方插入摆线刀路，从而避免刀具过载。选择"最大过载"选项，可通过滑条输入行距的阈值，当实际切削行距超出设置的行距阈值时，在该处插入摆线。例如，设置行距为 10mm，限制刀具过载为 10%，那么实际切削行距超过 12mm 时，系统自动在该处插入摆线。

> **说明**
>
> 只有刀具路径按模型轮廓偏置时，"摆线移动"才能激活。

（4）连接

用于控制每一 Z 高度切层内刀具路径行距的连接方式，包括 3 个选项："直"行距连接方式采用直线连接；"光顺"行距连接方式采用圆弧连接；"无"行距连接方式采用抬到安全高度连接，如图 6-31 所示。

直　　　　　　　　光顺　　　　　　　　无

图 6-31　连接方式

12. 顺序

单击左侧列表框中的"顺序"选项，在右侧显示顺序参数，如图 6-32 所示。

（1）排序方式

用于定义模型型腔的加工顺序，包括以下选项：

● 【范围】：先加工完一个型腔后刀具移动到另一个型腔进行加工。

● 【层】：全部型腔切削完一层后，再切削全部型腔的下一层，适用于薄壁零件，以防止零件在加工过程中变形。

（2）排序

当零件具有多个型腔时，就会有各个型腔加工先后顺序的问题。排序用于定义模型中区域加工的顺序，如图 6-33 所示。

顺序
排序方式
层
排序

图 6-32　顺序参数

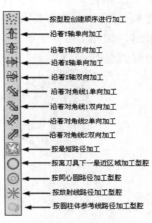

按型腔创建顺序进行加工
沿着Y轴单向加工
沿着Y轴双向加工
沿着X轴单向加工
沿着X轴双向加工
沿着对角线1单向加工
沿着对角线1双向加工
沿着对角线2单向加工
沿着对角线2双向加工
按最短路径加工
按离刀具下一最近区域加工型腔
按同心圆路径加工型腔
按放射线路径加工型腔
按圆柱体参考线路径加工型腔

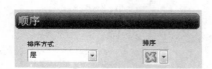

图 6-33　加工排序

13. 接近

单击左侧列表框中的“接近”选项，在右侧显示接近参数，如图 6-34 所示。

● 【钻孔】：在切入点位置预先钻一个引导孔供粗加工使用。

● 【增加从外侧接近】：选中该复选框，迫使刀具由当前切削层向下一切削层切入时，从毛坯外部切入。

14. 刀轴

单击左侧列表框中的“刀轴”选项，在右侧显示刀轴参数，如图 6-35 所示。用于定义当前刀具路径的刀轴方向，默认的情况下刀轴指向是垂直的，即机床的 Z 轴垂直于 XY 平面。

接近
钻孔
输入参考线
输出孔
holes
增加从外侧接近

图 6-34　接近参数

刀轴
刀轴
垂直
固定角度
无
90.0
替换刀具路径用户坐标系
用户坐标系
刀轴限界
自动碰撞避让
刀轴光顺
方向矢量
显示刀轴

图 6-35　刀轴参数

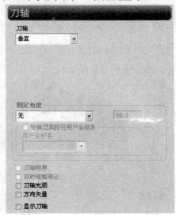

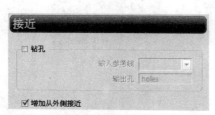

实例 1——模型区域清除加工实例

操作步骤

[1]　选择下拉菜单"文件"→"全部删除"命令，在弹出的"PowerMILL 询问"对话框中单击"是"按钮，删除所有文件。然后选择下拉菜单"工具"→"重设表格"命令，将所有表格重新设置为系统默认状态。

[2]　选择下拉菜单中的"文件"→"范例"命令，弹出"打开范例"对话框，选择"handle.tri"（"随书光盘：\第 6 章\实例 37\uncompleted\handle.tri"）文件，单击"打开"按钮即可，如图 6-36 所示。

图 6-36　打开范例文件

[3]　单击主工具栏上的"毛坯"按钮 ，弹出"毛坯"对话框。在"由…定义"下拉列表中选择"方框"，单击"估算限界"框中的"计算"按钮，然后单击"最大 Z"和"最小 Z"后面的 按钮，使其变为锁定，锁住 Z 坐标，在"扩展"文本框中输入 10，再单击"计算"按钮，接着单击"接受"按钮，图形区显示所创建的毛坯。

[4]　设置快进高度。单击"主"工具栏上的"快进高度"按钮 ，弹出"快进高度"对话框。在"绝对高度"选择中的"安全区域"下拉列表中选择"平面"选项，单击"接受"按钮退出。

[5]　设置开始点和结束点。单击"主"工具栏上的"开始点和结束点"按钮 ，弹出"开始点和结束点"对话框，接受默认设置，单击"接受"按钮退出。

[6]　单击"主"工具栏上的"刀具路径策略"按钮 ，弹出"策略选取器"对话框，单击"三维区域清除"选项卡，选中"模型区域清除"选项，单击"接受"按钮，弹出"模型区域清除"对话框，如图 6-37 所示。

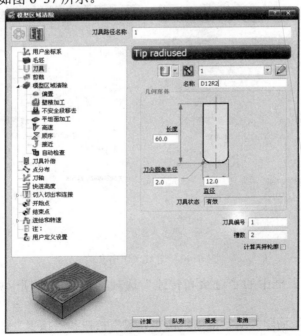

图 6-37　"模型区域清除"对话框

☆ 创建刀具 D12R2。单击左侧列表框中的"刀具"选项，在右侧选项卡中选择刀尖圆角端铣刀，设置"直径"为 12.0，"刀尖圆角半径"为 2.0。

☆ 单击左侧列表框中的"模型区域清除"选项，在右侧选项卡中设置"行距"为 6.0，"下切步距"为 2.0，"切削方向"为"顺铣"，如图 6-38 所示。

☆ 单击左侧列表框中的"高速"选项，在右侧选项卡中选择"轮廓光顺""光顺余量"和"摆线移动"复选框，选择"连接"为"光顺"，如图 6-39 所示。

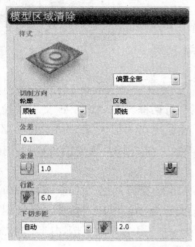

图 6-38　模型区域清除参数

图 6-39　高速参数

☆ 单击左侧列表框中的"切入"和"切出"选项，在右侧选项卡中选择"第一选择"为"斜向"，如图 6-40 所示。

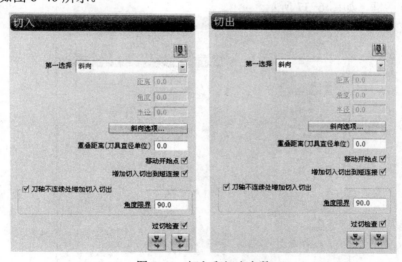

图 6-40　切入和切出参数

☆ 单击左侧列表框中的"进给和转速"选项，在右侧选项卡中设置相关参数，如图 6-41 所示。

[7] 在"模型区域清除"对话框中单击"计算"按钮和"接受"按钮，确定参数并退出对话框，生成的刀具路径如图 6-42 所示。

图 6-41　进给和转速参数

图 6-42　生成的刀具路径

6.2.2　模型轮廓

模型轮廓刀具路径在 Z 轴方向是按下切步距分成多个切层累积而成的，而每一切层的刀具路径轨迹只依据模型轮廓进行单层偏置，如图 6-43 所示。

单击"主"工具栏上的"刀具路径策略"按钮，弹出"策略选取器"对话框，单击"三维区域清除"选项卡，选中"模型轮廓"选项，单击"接受"按钮，弹出"模型轮廓"对话框，如图 6-44 所示。

图 6-43　模型轮廓

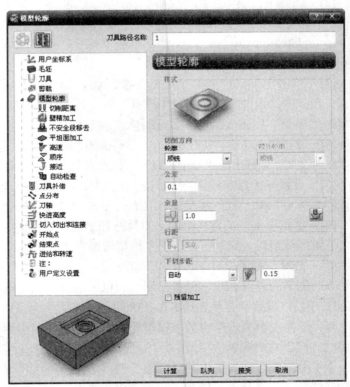

图 6-44　"模型轮廓"对话框

　　"模型轮廓"对话框中的参数与"模型区域清除"对话框中的参数基本相同，两者的最大区别在于模型轮廓增加了"切削距离"选项卡，如图 6-45 所示。

　　"水平切削数"用于设置模型轮廓的偏置数量，即在每一层生成刀轨数量，如图 6-46 所示，默认只生成一层刀轨；可在"行距"文本框中输入刀具路径的径向间距。

图 6-45　切削距离参数

取消"水平切削数"复选框　　　选中"水平切削数"复选框，数量为3

图 6-46　水平切削数

实例 2——模型轮廓加工实例

操作步骤

　　[1]　选择下拉菜单"文件"→"全部删除"命令，在弹出的"PowerMILL 询问"对话框中单击"是"按钮，删除所有文件。然后选择下拉菜单"工具"→"重设表格"命令，将所有表格重新设置为系统默认状态。

　　[2]　选择下拉菜单中的"文件"→"范例"命令，弹出"打开范例"对话框，选择"lunkuo.dgk"（"随书光盘：\第 6 章\实例 38\uncompleted\lunkuo.dgk"）文件，单击"打开"按钮即可，如图 6-47 所示。

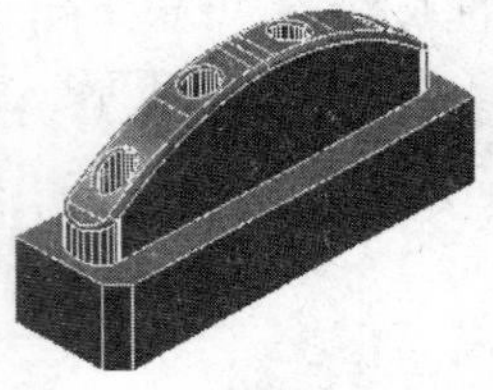

图 6-47　打开范例文件

　　[3]　单击主工具栏上的"毛坯"按钮，弹出"毛坯"对话框。在"由…定义"下拉列表中选择"方框"，单击"估算限界"框中的"计算"按钮，然后单击"接受"按钮，图形区显示所创建的毛坯。

　　[4]　设置快进高度。单击"主"工具栏上的"快进高度"按钮，弹出"快进高度"对话框。在"绝对高度"选择中的"安全区域"下拉列表中选择"平面"选项，单击"接受"按钮退出。

　　[5]　设置开始点和结束点。单击"主"工具栏上的"开始点和结束点"按钮，弹出"开始点和结束点"对话框，接受默认设置，单击"接受"按钮退出。

　　[6]　单击"主"工具栏上的"刀具路径策略"按钮，弹出"策略选取器"对话框，单击"三维区域清除"选项卡，选中"模型轮廓"选项，单击"接受"按钮，弹出"模型轮廓"对话框，如图 6-48 所示。

　　☆　创建刀具 D8R2。单击左侧列表框中的"刀具"选项，在右侧选项卡中选择刀尖圆角端铣刀，设置"直径"为 8.0，"刀尖圆角半径"为 2.0。

　　☆　单击左侧列表框中的"模型轮廓"选项，在右侧选项卡中设置"下切步距"为 3.0，"切削方向"为"顺铣"，如图 6-49 所示。

　　☆　单击左侧列表框中的"高速"选项，在右侧选项卡中选择"轮廓光顺""光顺余量"和"摆线移动"复选框，选择"连接"为"光顺"，如图 6-50 所示。

　　☆　单击左侧列表框中的"切入"和"切出"选项，在右侧选项卡中选择"第一选择"

为"斜向"，如图 6-51 所示。

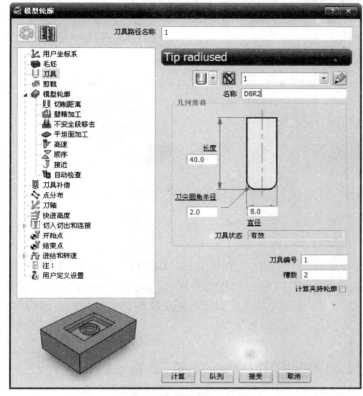

图 6-48　"模型轮廓"对话框

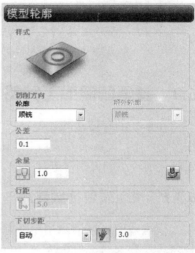

图 6-49　模型轮廓参数

图 6-50　高速参数

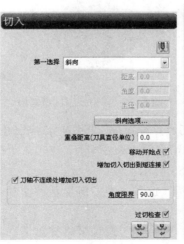

图 6-51　切入和切出参数

☆　单击左侧列表框中的"进给和转速"选项，在右侧选项卡中设置相关参数，如图 6-52 所示。

[7]　在"模型轮廓"对话框中单击"计算"按钮和"接受"按钮，确定参数并退出对话框，生成的刀具路径如图 6-53 所示。

图 6-52　进给和转速参数

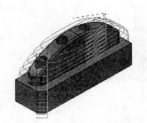

图 6-53　生成的刀具路径

6.3　模型残留加工策略

在最初的区域清除加工过程中，应尽可能地使用大直径刀具，以尽快切除大量的材料，但很多情况下，大直径刀具并不能切入到零件中的某些拐角和型腔区域，因此这些区域需要在精加工前使用较小的刀具，进行一次或多次进一步的粗加工，以便在精加工前切除尽可能多的材料。

6.3.1　模型残留区域清除

模型残留区域清除用于清除使用大直径的刀具对零件进行第一次粗加工后，零件上的一些角落及狭长槽部位因为刀具直径过大而加工不到的残留余量，如图 6-54 所示。

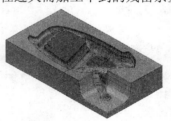

图 6-54　模型残留区域清除

单击"主"工具栏上的"刀具路径策略"按钮，弹出"策略选取器"对话框，单击"三维区域清除"选项卡，选中"模型残留区域清除"选项，单击"接受"按钮，弹出"模型残留区域清除"对话框，如图 6-55 所示。

单击左侧列表框中的"残留"选项，在右侧显示残留参数，如图 6-55 所示。

（1）残留加工

选中"残留加工"复选框，残留加工选项区将被激活。其中残留加工计算方式有以下 4 个参数：

● 【刀具路径】：计算第一次粗加工后留下的超过余量厚度值的材料，对这些区域计算残留加工刀路，如图 6-56 所示。

● 【残留模型】：使用预先创建出来的残留模型作为加工对象计算残留加工刀路，如图 6-57 所示。

图 6-55　"模型残留区域清除"对话框

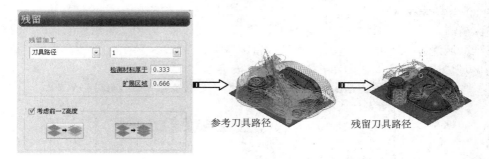

图 6-56　刀具路径

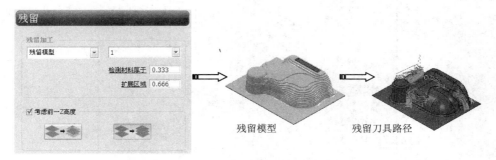

图 6-57　残留模型

● 【检测材料厚度】：用于设置一个材料厚度值，系统在计算零件加工区域生成残留加工刀路时，忽略比设置材料厚度值薄的区域。

● 【扩展区域】：用于设置残留区域沿零件轮廓表面按该系数值进行扩展的大小，该选项可与"检测材料厚度"选项联合使用，如图 6-58 所示。

（2）考虑前一 Z 高度

用于设置残留加工 Z 高度与参考刀路 Z 高度的关系，包括以下两个选项：

● 【加工中间 Z 高度】：在前一刀具路径 Z 高度重新计算加工，并且在前一刀具路径 Z 高度层之间产生一层刀具路径。

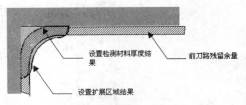

图 6-58　扩展区域结果

● 【加工和重新加工】：用下切步距值计算新的 Z 高度，忽略参考刀具路径 Z 高度值。

实例 3——模型残留区域清除加工实例

操作步骤

[1]　选择下拉菜单"文件"→"全部删除"命令，在弹出的"PowerMILL 询问"对话框中单击"是"按钮，删除所有文件。然后选择下拉菜单"工具"→"重设表格"命令，将所有表格重新设置为系统默认状态。

[2]　选择下拉菜单中的"文件"→"打开项目"命令，弹出"打开项目"对话框，选择"exercise39"（"随书光盘:\第 6 章\实例 39\uncompleted\ exercise39"）文件，单击"打开"按钮即可，如图 6-59 所示。

图 6-59　打开文件

[3]　单击"主"工具栏上的"刀具路径策略"按钮，弹出"策略选取器"对话框，单击"三维区域清除"选项卡，选中"模型残留区域清除"选项，单击"接受"按钮，弹出"模型残留区域清除"对话框，如图 6-60 所示。

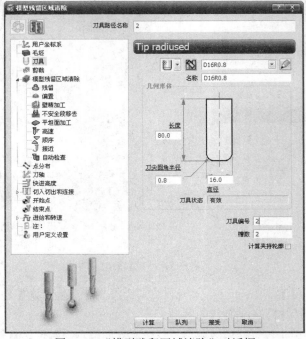

图 6-60　"模型残留区域清除"对话框

☆　创建刀具 D16R0.8。单击左侧列表框中的"刀具"选项，在右侧选项卡中选择刀尖圆角端铣刀🔧，设置"直径"为 16.0，"刀尖圆角半径"为 0.8。

☆　单击左侧列表框中的"模型残留区域清除"选项，在右侧选项卡中设置"行距"为5.0，"下切步距"为 2.0，"切削方向"为"顺铣"，如图 6-61 所示。

☆　单击左侧列表框中的"残留"选项，在右侧选项卡中设置"残留加工"为"刀具路径"，选择刀具路径"1"，如图 6-62 所示。

☆　单击左侧列表框中的"高速"选项，在右侧选项卡中选择"轮廓光顺""光顺余量"和"摆线移动"复选框，选择"连接"为"光顺"，如图 6-63 所示。

图 6-61　模型残留区域清除参数

图 6-62　残留参数

图 6-63　高速参数

☆　单击左侧列表框中的"切入"和"切出"选项，在右侧选项卡中选择"第一选择"为"斜向"，如图 6-64 所示。

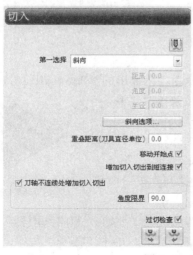
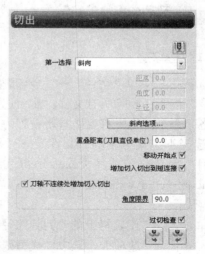

图 6-64　切入和切出参数

☆　单击左侧列表框中的"进给和转速"选项，在右侧选项卡中设置相关参数，如图 6-65所示。

[4]　在"模型残留区域清除"对话框中单击"计算"按钮和"接受"按钮,确定参数并退出对话框,生成的刀具路径如图 6-66 所示。

图 6-65　进给和转速参数　　　　　　　　　　　　　　图 6-66　生成的刀具路径

6.3.2　模型残留轮廓

模型残留轮廓可清除残留余量,但每一切层的刀具路径轨迹只依据模型轮廓进行单层偏置,如图 6-67 所示。

图 6-67　模型残留轮廓

实例 4——模型残留轮廓加工实例

操作步骤

[1]　选择下拉菜单"文件"→"全部删除"命令,在弹出的"PowerMILL 询问"对话框中单击"是"按钮,删除所有文件。然后选择下拉菜单"工具"→"重设表格"命令,将所有表格重新设置为系统默认状态。

[2]　选择下拉菜单中的"文件"→"打开项目"命令,弹出"打开项目"对话框,选择"exercise40"("随书光盘:\第 6 章\实例 40\uncompleted\ exercise40")文件,单击"打开"按钮即可,如图 6-68 所示。

图 6-68　打开文件

[3]　单击"主"工具栏上的"刀具路径策略"按钮 ,弹出"策略选取器"对话框,单击"三维区域清除"选项卡,选中"模型残留轮廓"选项,单击"接受"按钮,弹出"模型残留轮廓"对话框,如图 6-69 所示。

☆　创建刀具 D16R0.8。单击左侧列表框中的"刀具"选项,在右侧选项卡中选择刀尖圆角端铣刀 ,设置"直径"为 16.0,"刀尖圆角半径"为 0.8。

☆　单击左侧列表框中的"模型残留轮廓"选项，在右侧选项卡中设置"下切步距"为 2.0，"切削方向"为"顺铣"，如图 6-70 所示。

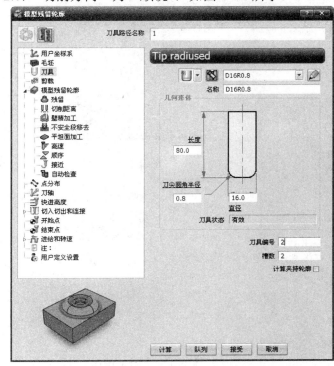

图 6-69　"模型残留轮廓"对话框

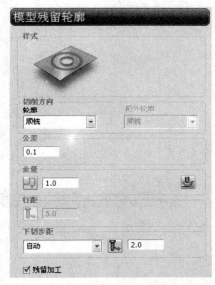

图 6-70　模型残留轮廓参数

☆　单击左侧列表框中的"残留"选项，在右侧选项卡中设置"残留加工"为"刀具路径"，选择刀具路径"1"，如图 6-71 所示。

☆　单击左侧列表框中的"高速"选项，在右侧选项卡中选择"轮廓光顺"，如图 6-72 所示。

图 6-71　残留参数

图 6-72　高速参数

☆　单击左侧列表框中的"切入"和"切出"选项，在右侧选项卡中选择"第一选择"为"斜向"，如图 6-73 所示。

☆　单击左侧列表框中的"进给和转速"选项，在右侧选项卡中设置相关参数，如图 6-74 所示。

[4]　在"模型残留轮廓"对话框中单击"计算"按钮和"接受"按钮，确定参数并退出对话框，生成的刀具路径如图 6-75 所示。

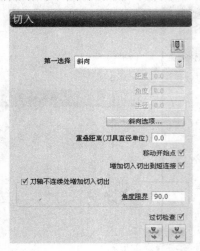
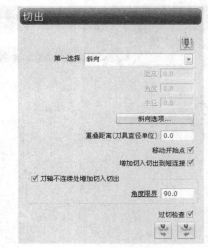

图 6-73　切入和切出参数

图 6-74　进给和转速参数

图 6-75　生成的刀具路径

6.4　等高切面区域加工策略

在 PowerMILL 2012 中可通过等高切面区域加工策略对某些精度高的平坦区域进行局部区域清除加工，包括"等高切面区域清除"和"等高切面轮廓"加工策略。下面分别加以介绍。

6.4.1　等高切面区域清除

等高切面区域清除是指系统按照下切步距计算出零件 Z 方向的等高切面，然后在这些等高切面上生成层状的刀具路径，没有等高切面的地方不会生成刀具路径，如图 6-76 所示。

单击"主"工具栏上的"刀具路径策略"按钮，弹出"策略选取器"对话框，单击"三维区域清除"选项卡，选中"等高切面区域清除"选项，单击"接受"按钮，弹出"等高切面区域清除"对话框，如图 6-77 所示。

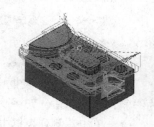

图 6-76　等高切面区域清除

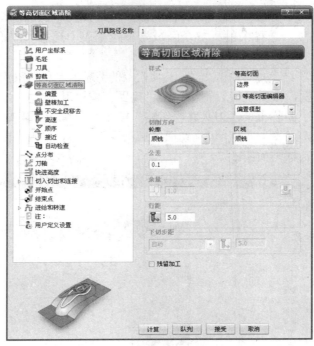

图 6-77　"等高切面区域清除"对话框

等高切面可参照机械制图课程中讲解剖视图时提到的剖切面来理解，既然是剖切的概念，就要有剖切对象，在"等高切面区域清除"选项卡中"等高切面"下拉列表中指定。

● 【边界】：切割当前激活的边界生成等高切面。
● 【参考线】：切割当前激活的参考线生成等高切面。
● 【文件】：从等高切面文件（后缀名为*.pic）导入等高切面。
● 【刀具路径】：从激活的刀具路径中抽取出等高切面。
● 【平坦面】：只对零件中的平坦面做等高切面，也就是只加工平坦面。

实例 5——等高切面区域清除加工实例

操作步骤

[1]　选择下拉菜单"文件"→"全部删除"命令，在弹出的"PowerMILL 询问"对话框中单击"是"按钮，删除所有文件。然后选择下拉菜单"工具"→"重设表格"命令，将所有表格重新设置为系统默认状态。

[2]　选择下拉菜单中的"文件"→"范例"命令，弹出"打开范例"对话框，选择"Flats.dgk"（"随书光盘：\第 6 章\实例 41\uncompleted\Flats.dgk"）文件，单击"打开"按钮即可，如图 6-78 所示。

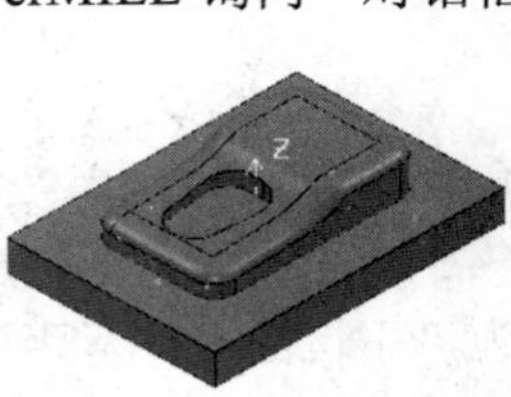

图 6-78　打开范例文件

[3]　单击主工具栏上的"毛坯"按钮，弹出"毛坯"对话框。在"由…定义"下拉列表中选择"方框"，单击"估算限界"框中的"计算"按钮，然后单击"接受"按钮，图形区显示所创建的毛坯。

[4] 设置快进高度。单击"主"工具栏上的"快进高度"按钮 ，弹出"快进高度"对话框。在"绝对高度"选择中的"安全区域"下拉列表中选择"平面"选项，单击"接受"按钮退出。

[5] 设置开始点和结束点。单击"主"工具栏上的"开始点和结束点"按钮 ，弹出"开始点和结束点"对话框，接受默认设置，单击"接受"按钮退出。

[6] 单击"主"工具栏上的"刀具路径策略"按钮 ，弹出"策略选取器"对话框，单击"三维区域清除"选项卡，选中"等高切面区域清除"选项，单击"接受"按钮，弹出"等高切面区域清除"对话框，如图 6-79 所示。

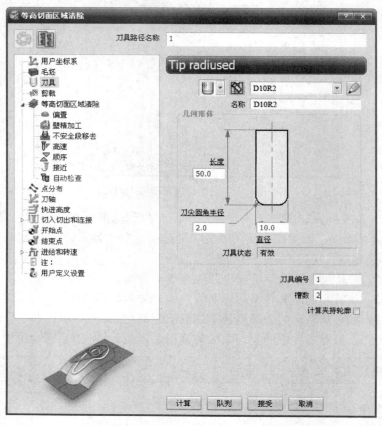

图 6-79 "等高切面区域清除"对话框

☆ 创建刀具 D10R2。单击左侧列表框中的"刀具"选项，在右侧选项卡中选择刀尖圆角端铣刀 ，设置"直径"为 10.0，"刀尖圆角半径"为 2.0。

☆ 单击左侧列表框中的"等高切面区域清除"选项，在右侧选项卡中设置"等高切面"为"平坦面"，"行距"为 5.0，"切削方向"为"顺铣"，如图 6-80 所示。

☆ 单击左侧列表框中的"高速"选项，在右侧选项卡中选择"轮廓光顺""光顺余量"和"摆线移动"复选框，选择"连接"为"光顺"，如图 6-81 所示。

☆ 单击左侧列表框中的"切入"和"切出"选项，在右侧选项卡中选择"第一选择"为"斜向"，如图 6-82 所示。

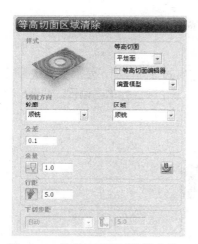

图 6-80 等高切面区域清除参数

图 6-81 高速参数

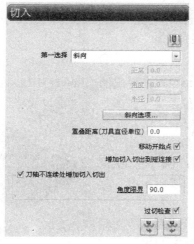

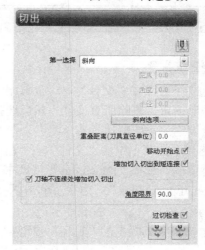

图 6-82 切入和切出参数

☆ 单击左侧列表框中的"进给和转速"选项,在右侧选项卡中设置相关参数,如图 6-83 所示。

[7] 在"等高切面区域清除"对话框中单击"计算"按钮和"接受"按钮,确定参数并退出对话框,生成的刀具路径如图 6-84 所示。

图 6-83 进给和转速参数

图 6-84 生成的刀具路径

6.4.2　等高切面轮廓

　　等高切面轮廓是指系统按照下切步距计算出零件 Z 方向的等高切面,然后在这些等高切面上生成层状的刀具路径,而每一切层的刀具路径轨迹只依据模型轮廓进行单层偏置,如图 6-85 所示。

图 6-85　等高切面轮廓

实例 6——等高切面轮廓加工实例

操作步骤

　　[1]　选择下拉菜单"文件"→"全部删除"命令,在弹出的"PowerMILL 询问"对话框中单击"是"按钮,删除所有文件。然后选择下拉菜单"工具"→"重设表格"命令,将所有表格重新设置为系统默认状态。

　　[2]　选择下拉菜单中的"文件"→"范例"命令,弹出"打开范例"对话框,选择"punch.dgk"("随书光盘:\第 6 章\实例 42\uncompleted\punch.dgk")文件,单击"打开"按钮即可,如图 6-86 所示。

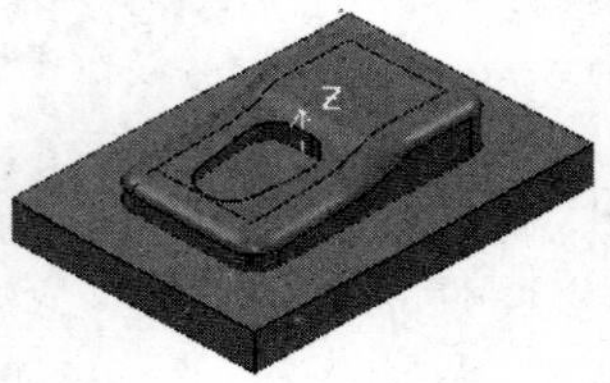

図 6-86　打开范例文件

　　[3]　单击主工具栏上的"毛坯"按钮，弹出"毛坯"对话框。在"由...定义"下拉列表中选择"方框",单击"估算限界"框中的"计算"按钮,然后单击"接受"按钮,图形区显示所创建的毛坯。

　　[4]　设置快进高度。单击"主"工具栏上的"快进高度"按钮，弹出"快进高度"对话框。在"绝对高度"选择中的"安全区域"下拉列表中选择"平面"选项,单击"接受"按钮退出。

　　[5]　设置开始点和结束点。单击"主"工具栏上的"开始点和结束点"按钮，弹出"开始点和结束点"对话框,接受默认设置,单击"接受"按钮退出。

　　[6]　单击"主"工具栏上的"刀具路径策略"按钮，弹出"策略选取器"对话框,单击"三维区域清除"选项卡,选中"等高切面轮廓"选项,单击"接受"按钮,弹出"等高切面轮廓"对话框,如图 6-87 所示。

　　☆　创建刀具 D10R2。单击左侧列表框中的"刀具"选项,在右侧选项卡中选择刀尖圆角端铣刀，设置"直径"为 10.0,"刀尖圆角半径"为 2.0。

　　☆　单击左侧列表框中的"等高切面轮廓"选项,在右侧选项卡中设置"等高切面"为"平坦面","行距"为 5.0,"切削方向"为"顺铣",如图 6-88 所示。

　　☆　单击左侧列表框中的"高速"选项,在右侧选项卡中选择"轮廓光顺",如图 6-89 所示。

　　☆　单击左侧列表框中的"切入"和"切出"选项,在右侧选项卡中选择"第一选择"

为"斜向"，如图 6-90 所示。

　　☆　单击左侧列表框中的"进给和转速"选项，在右侧选项卡中设置相关参数，如图 6-91 所示。

　　[7]　在"等高切面轮廓"对话框中单击"计算"按钮和"接受"按钮，确定参数并退出对话框，生成的刀具路径如图 6-92 所示。

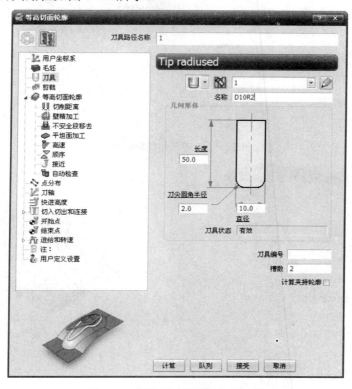

图 6-87　"等高切面轮廓"对话框

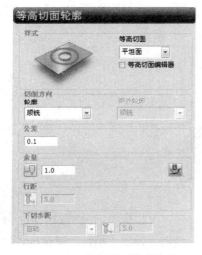

图 6-88　等高切面轮廓参数

图 6-89　高速参数

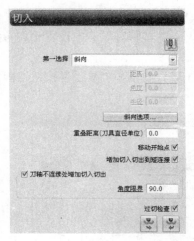

图 6-90　切入和切出参数

图 6-91　进给和转速参数

图 6-92　生成的刀具路径

6.5　插铣

　　插铣加工是刀具将逐行、逐列地从 Z 轴最高点到 Z 轴深度点垂直铣削，快速切除工件中的余量材料。该加工方式要求机床有较高的整体刚性和稳定性，使用的刀具一般是专用刀具，如图 6-93 所示。

图 6-93　插铣

　　单击"主"工具栏上的"刀具路径策略"按钮 ，弹出"策略选取器"对话框，单击"三维区域清除"选项卡，选中"插铣"选项，单击"接受"按钮，弹出"插铣"对话框，如图 6-94 所示。

图 6-94　"插铣"对话框

"插铣"对话框中相关选项参数含义如下：

（1）刀具路径

用于选择一条已有的刀具路径作为插铣刀路的参考，通常选取一条平行精加工刀路作为参考刀路。

（2）残留模型

用于选择参考残留模型作为插铣加工余量材料范围。

（3）芯部半径

用于指定刀具底部没有切削刃的中心部分半径。设置该选项，如果行距数值过大，系统会自动调整实际行距，主要是为了保护刀具。

（4）后撤距离

刀具插入切削到底部时，朝刀具切削进给方向的反方向的撤退距离。

实例 7——插铣加工实例

操作步骤

[1]　选择下拉菜单"文件"→"全部删除"命令，在弹出的"PowerMILL 询问"对话框中单击"是"按钮，删除所有文件。然后选择下拉菜单"工具"→"重设表格"命令，将所有表格重新设置为系统默认状态。

[2]　选择下拉菜单中的"文件"→"范例"命令，弹出"打开范例"对话框，选择"Flats.dgk"（"随书光盘：\第 6 章\实例 43\

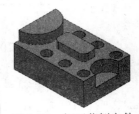

图 6-95　打开范例文件

uncompleted\Flats.dgk")文件，单击"打开"按钮即可，如图 6-95 所示。

[3]　单击主工具栏上的"毛坯"按钮 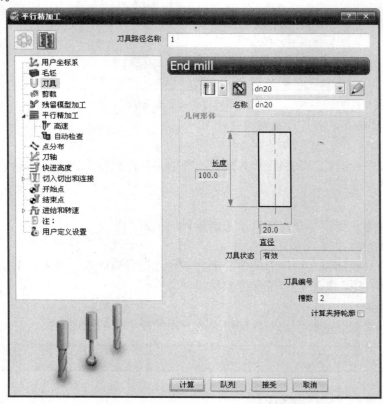，弹出"毛坯"对话框。在"由…定义"下拉列表中选择"方框"，单击"估算限界"框中的"计算"按钮，然后单击"接受"按钮，图形区显示所创建的毛坯。

[4]　设置快进高度。单击"主"工具栏上的"快进高度"按钮，弹出"快进高度"对话框。在"绝对高度"选择中的"安全区域"下拉列表中选择"平面"选项，单击"接受"按钮退出。

[5]　设置开始点和结束点。单击"主"工具栏上的"开始点和结束点"按钮，弹出"开始点和结束点"对话框，接受默认设置，单击"接受"按钮退出。

[6]　单击"主"工具栏上的"刀具路径策略"按钮，弹出"策略选取器"对话框，单击"精加工"选项卡，选中"插铣"选项，单击"接受"按钮，弹出"平行精加工"对话框，如图 6-96 所示。

图 6-96　"平行精加工"对话框

☆　创建刀具 dn20。单击左侧列表框中的"刀具"选项，在右侧选项卡中选择端铣刀，设置"直径"为 20.0，如图 6-96 所示。

☆　单击左侧列表框中的"平行精加工"选项，在右侧选项卡中设置"加工顺序"为"单向"，"行距"为 5.0，如图 6-97 所示。

☆　在"平行精加工"对话框中单击"计算"按钮和"接受"按钮，确定参数并退出对话框，生成的刀具路径如图 6-98 所示。

图 6-97　平行精加工参数

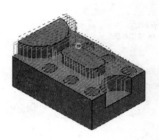

图 6-98　生成刀具路径

[7]　创建残留模型。在"PowerMILL 资源管理器"中选中"残留模型"选项，单击鼠标右键，在弹出的快捷菜单中选择"产生残留模型"命令，此时将产生一个空的残留模型 1，如图 6-99 所示。

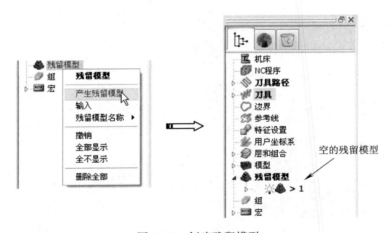

图 6-99　创建残留模型

[8]　选中创建残留模型 1，单击鼠标右键，在弹出的快捷菜单中选择"应用"→"毛坯"命令，然后再次选择残留模型 1，单击鼠标右键，在弹出的快捷菜单中选择"计算"命令，系统计算残留模型，如图 6-100 所示。

[9]　单击"主"工具栏上的"刀具路径策略"按钮 🧽，弹出"策略选取器"对话框，单击"三维区域清除"选项卡，选中"插铣"选项，单击"接受"按钮，弹出"插铣"对话框，如图 6-101 所示。

☆　单击左侧列表框中的"插铣"选项，在右侧选项卡中设置"刀具路径"为"1"，"残留模型"为 1，如图 6-101 所示。

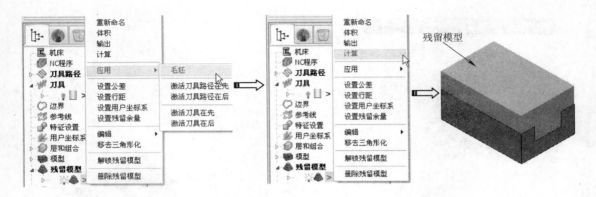

图 6-100 产生残留模型

图 6-101 "插铣"对话框

☆ 单击左侧列表框中的"切入"和"切出"选项,在右侧选项卡中选择"第一选择"为"斜向",如图 6-102 所示。

☆ 单击左侧列表框中的"进给和转速"选项,在右侧选项卡中设置相关参数,如图 6-103所示。

[10] 在"插铣"对话框中单击"计算"按钮和"接受"按钮,确定参数并退出对话框,生成的刀具路径如图 6-104 所示。

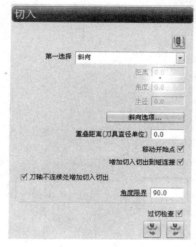 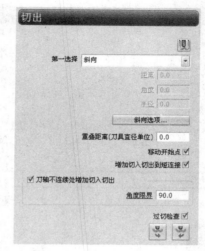

图 6-102 切入和切出参数

图 6-103 进给和转速参数

图 6-104 生成的刀具路径

6.6 训练实例——鼠标凸模数控加工

鼠标凸模如图 6-105 所示，由分型面、侧面和顶面组成，外形结构相对比较复杂，工件底部安装在工作台上。

操作步骤

[1] 选择下拉菜单"文件"→"全部删除"命令，在弹出的"PowerMILL 询问"对话框中单击"是"按钮，删除所有文件。然后选择下拉菜单"工具"→"重设表格"命令，将所有表格重新设置为系统默认状态。

[2] 选择下拉菜单中的"文件"→"范例"命令，弹出"打开范例"对话框，选择"shubiao.dgk"（"随书光盘：\第 6 章\训练实例\uncompleted\shubiao.dgk"）文件，单击"打开"按钮即可，如图 6-105 所示。

[3] 单击主工具栏上的"毛坯"按钮 ，弹出"毛坯"对话框。在"由...定义"下拉列表中选择"方框"，单击"估算限界"框中的"计算"按钮，设置相关参数后接着单击"接受"按钮，图形区显示所创建的毛坯，如图 6-106 所示。

图 6-105 鼠标凸模

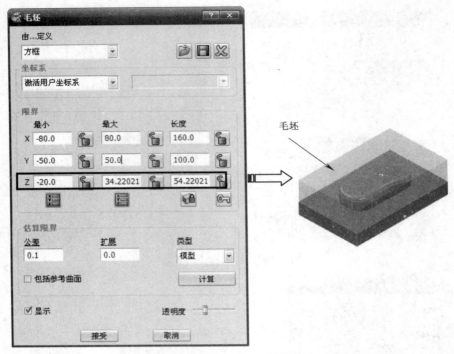

图 6-106　创建毛坯

[4]　设置快进高度。单击"主"工具栏上的"快进高度"按钮，弹出"快进高度"对话框。在"绝对高度"选择中的"安全区域"下拉列表中选择"平面"选项，单击"接受"按钮退出。

[5]　设置开始点和结束点。单击"主"工具栏上的"开始点和结束点"按钮，弹出"开始点和结束点"对话框，接受默认设置，单击"接受"按钮退出。

[6]　单击"主"工具栏上的"刀具路径策略"按钮，弹出"策略选取器"对话框，如图 6-107 所示。单击"三维区域清除"选项卡，选中"模型区域清除"选项，单击"接受"按钮，弹出"模型区域清除"对话框，如图 6-108 所示。

☆　创建刀具 dn12。单击左侧列表框中的"刀具"选项，在右侧选项卡中选择刀尖圆角端铣刀，设置"直径"为 12.0，"刀尖圆角半径"为 2.0。

图 6-107　"策略选取器"对话框

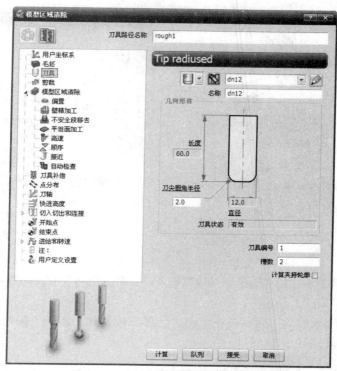

图 6-108　"模型区域清除"对话框

　　☆　单击左侧列表框中的"模型区域清除"选项，在右侧选项卡中设置"行距"为 5.0，"下切步距"为 3.0，"切削方向"为"顺铣"，如图 6-109 所示。

　　☆　单击左侧列表框中的"高速"选项，在右侧选项卡中选择"轮廓光顺""光顺余量"和"摆线移动"复选框，选择"连接"为"光顺"，如图 6-110 所示。

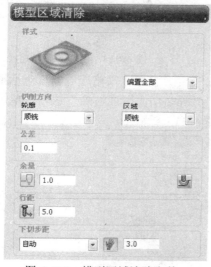

图 6-109　模型区域清除参数

图 6-110　高速参数

　　☆　单击左侧列表框中的"切入"和"切出"选项，在右侧选项卡中选择"第一选择"为"斜向"，如图 6-111 所示。

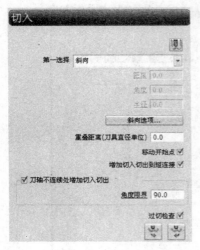

图 6-111   切入和切出参数

☆   单击左侧列表框中的"进给和转速"选项,在右侧选项卡中设置相关参数,如图 6-112 所示。

☆   在"模型区域清除"对话框中单击"计算"按钮和"接受"按钮,确定参数并退出对话框,生成的刀具路径如图 6-113 所示。

图 6-112   进给和转速参数

图 6-113   生成的刀具路径

[7]   单击"主"工具栏上的"刀具路径策略"按钮 ,弹出"策略选取器"对话框,如图 6-114 所示。单击"三维区域清除"选项卡,选中"等高切面区域清除"选项,单击"接受"按钮,弹出"等高切面区域清除"对话框,如图 6-115 所示。

图 6-114   "策略选取器"对话框

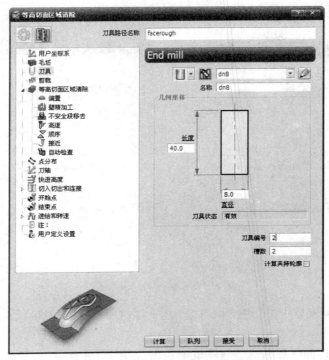

图 6-115　"等高切面区域清除"对话框

☆　创建刀具 dn8。单击左侧列表框中的"刀具"选项，在右侧选项卡中选择端铣刀 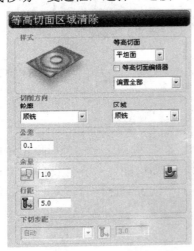，
设置"直径"为 8.0。

☆　单击左侧列表框中的"等高切面区域清除"选项，在右侧选项卡中设置"等高切面"
为"平坦面"，"行距"为 5.0，"切削方向"为"顺铣"，如图 6-116 所示。

☆　单击左侧列表框中的"高速"选项，在右侧选项卡中选择"轮廓光顺""光顺余量"
和"摆线移动"复选框，选择"连接"为"光顺"，如图 6-117 所示。

图 6-116　等高切面区域清除参数

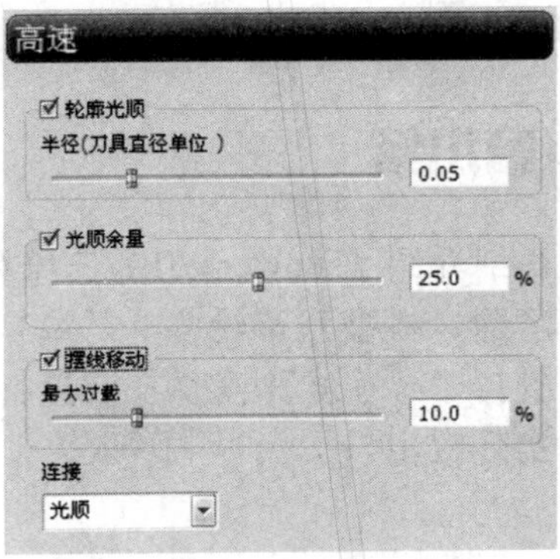

图 6-117　高速参数

☆　单击左侧列表框中的"切入"和"切出"选项，在右侧选项卡中选择"第一选择"

为"斜向"，如图 6-118 所示。

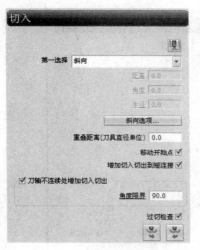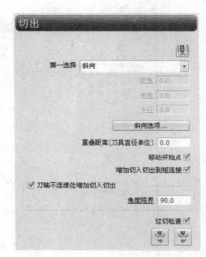

图 6-118　切入和切出参数

　　☆　单击左侧列表框中的"进给和转速"选项，在右侧选项卡中设置相关参数，如图 6-119 所示。

　　[8]　在"等高切面区域清除"对话框中单击"计算"按钮和"接受"按钮，确定参数并退出对话框，生成的刀具路径如图 6-120 所示。

图 6-119　进给和转速参数

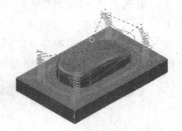

图 6-120　生成的刀具路径

6.7　本章小结

　　本章详细介绍了 PowerMILL 三维粗加工的技术，包括模型区域清除、模型轮廓、模型残留区域清除、模型残留轮廓、等高切面区域清除、等高切面轮廓和插铣的加工方式和参数。最后安排了一个典型实例——鼠标凸模数控加工，读者可以结合该实例来掌握三维粗加工工的实际应用。

第7章 PowerMILL 2012 三维精加工技术

PowerMILL 2012 的三维精加工目的是去除粗加工所剩加工余量，达到零件的设计尺寸要求。PowerMILL 提供了多种精加工策略，以用于去除覆盖在零件上剩余的均匀余量，包括平行投影精加工、三维偏置精加工、等高精加工、轮廓精加工、投影精加工、参考线精加工、清角精加工等，下面详细介绍。

> **本章重点：**
> - PowerMILL 精加工策略
> - 平行投影精加工参数和加工方法
> - 三维偏置精加工参数和加工方法
> - 等高精加工参数和加工方法
> - 轮廓精加工参数和加工方法
> - 投影精加工参数和加工方法
> - 参考线精加工参数和加工方法
> - 清角精加工参数和加工方法

7.1 三维精加工概述

三维精加工就是把粗加工后的余量完全清除并达到尺寸要求，其目的就是为了精确地将三维模型结构表现出来，其切削方式是根据三维模型结构进行单层单次切削。精加工余量必须均匀，一般径向余量为 0.15～0.30mm，轴向余量为 0.05～0.15mm，为了保证工件的加工质量，应尽可能提高主轴转速，进给量可适当减小。

单击"主"工具栏上的"刀具路径策略"按钮，弹出"策略选取器"对话框，单击"精加工"选项，弹出"精加工"选项卡，如图 7-1 所示。

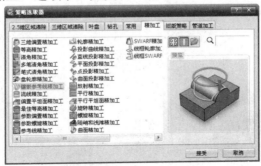

图 7-1 "精加工"选项卡

PowerMILL 2012 三维精加工策略共计 27 种，可将其归纳为以下几类：

（1）平行投影精加工

向下投影精加工包括平行精加工、平行平坦面精加工、偏置平坦面精加工、放射精加工和螺旋精加工。

（2）三维偏置精加工

三维偏置精加工主要用于加工各种零件型面。

（3）等高精加工

等高精加工主要包括等高精加工、最佳等高精加工及陡峭和浅滩精加工。

（4）轮廓精加工

轮廓精加工用于加工零件的轮廓。

（5）投影精加工

投影精加工包括点投影精加工、直线投影精加工、平面投影精加工、曲线投影精加工、曲面投影精加工。

（6）参考线精加工

参考线精加工包括参考线精加工策略、镶嵌参考线精加工、参数偏置精加工。

（7）清角精加工

清角精加工包括"清角精加工""笔式清角精加工"和"多笔清角精加工"。

7.2 平行投影精加工

平行投影精加工是指系统通过沿零件坐标系 Z 轴向下投影预定义几何图形到模型以生成刀具路径，而预定义的几何图形包括平行线、放射线、螺旋线等。平行投影精加工策略包括平行精加工、平行平坦面精加工、偏置平坦面精加工、放射精加工和螺旋精加工。

7.2.1 平行精加工

平行精加工是指在工作坐标系内的 XOY 平面上按指定的行距创建一组平行线，然后组平行线沿 Z 轴垂直向下投影到零件表面上形成平行加工刀具路径，如图 7-2 所示。平行精加工应用广泛，主要应用于圆弧过渡及陡峭面的模具结构中。

单击"主"工具栏上的"刀具路径策略"按钮，弹出"策略选取器"对话框，单击"精加工"选项卡，选中"平行精加工"选项，单击"接受"按钮，弹出"平行精加工"对话框，如图 7-3 所示。

图 7-2　平行精加工　　　　　　　图 7-3　"平行精加工"对话框

"平行精加工"对话框中相关选项参数含义如下：

1. "平行精加工"选项卡

单击左侧列表框中的"平行精加工"选项，在右侧显示平行精加工设置参数，如图 7-3 所示。

（1）角度

用于定义平行精加工刀具路径与工作坐标系 X 轴之间的夹角，如图 7-4 所示。

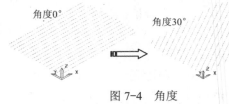

图 7-4　角度

（2）开始角位置

用于指定刀具路径开始下切时所选择的模型相对位置，包括左下、右下、左上、右上，如图 7-5 所示。

（3）垂直路径

用于产生与第一刀具路径垂直的第二条刀具路径，且可通过选项来优化刀具路径。

● 【垂直路径】：选中该复选框，产生第二条刀具路径且垂直于开始刀具路径，如图 7-6 所示。

● 【浅滩角】：用于定义零件结构面与坐标系 XOY 之间的夹角来区别零件的陡峭部位和平坦部位。当零件上的角度小于所定义的浅滩角时，当做平坦面，不产生垂直路径，如图 7-7 所示。

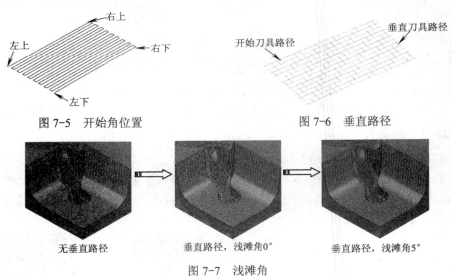

图 7-5　开始角位置　　　　　　　　图 7-6　垂直路径

无垂直路径　　　　垂直路径，浅滩角0°　　　　垂直路径，浅滩角5°

图 7-7　浅滩角

> **说明**
>
> 浅滩角的取值范围为 0°～90°，特殊情况下，当浅滩角为 0° 时，零件所有表面都会计算垂直刀路，当浅滩角为 90° 时，零件所有表面都不会有垂直刀路。

● 【优化平行路径】：当刀具路径是由第一组平行刀具路径和第二组垂直的刀具路径组成时，若选中"优化平行路径"复选框，系统会在垂直刀路区域修剪第一组平行刀路，如图 7-8 所示。

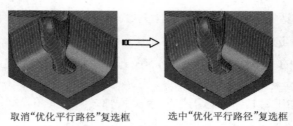

取消"优化平行路径"复选框   选中"优化平行路径"复选框

图 7-8 优化平行路径

（4）加工顺序

用于定义刀具路径的走刀方式，包括以下选项：

● 【单向】：按单向顺序切削，单方向走完一条刀路，就会提刀一次走第二条刀路，会产生较多的提刀动作，如图 7-9 所示。

● 【单向组】：单方向按最短路径连接刀路，同样会有较多提刀，如图 7-10 所示。用于刀具路径被分割成若干组或区域的情况。

● 【双向】：双向连接刀路，连接的段是直线刀路，如图 7-11 所示。

● 【双向连接】：双向连接刀路，连接的段是圆弧刀路。系统激活"圆弧半径"选项，添加连接段的圆弧半径值（该值应大于或等于行距的一半），如图 7-12 所示。

● 【向上】：使刀路总是沿着零件结构面的坡度从下向上加工，为了保证向上加工，系统会对刀路进行分割，重新安排单条刀路的切削方向，因此会产生较多提刀动作。

● 【向下】：与向上相反，使刀路总是沿着零件结构面的坡度从上向下加工。

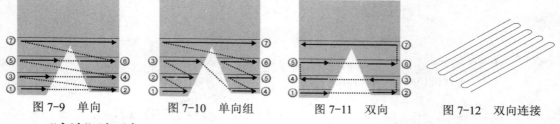

图 7-9 单向   图 7-10 单向组   图 7-11 双向   图 7-12 双向连接

2. "高速"选项卡

单击左侧列表框中的"高速"选项，在右侧显示高速加工设置参数，如图 7-13 所示。

用于定义零件角落部位刀路的连接过渡方式，主要用于高速加工中。选中"修圆拐角"复选框，在零件的角落处用圆弧连接过渡，过渡圆弧半径的大小可由"半径（刀具直径单位）"滑条来设置，如图 7-14 所示。

图 7-13 高速参数

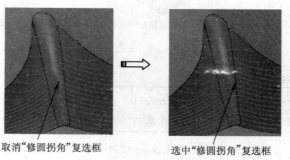

取消"修圆拐角"复选框   选中"修圆拐角"复选框

图 7-14 修圆拐角

7.2.2　平行平坦面精加工

平行平坦面精加工与平行精加工原理相同，不同的是它只对零件的平面以平行区域的形式进行平面精加工，如图 7-15 所示。

单击"主"工具栏上的"刀具路径策略"按钮，弹出"策略选取器"对话框，单击"精加工"选项卡，选中"平行平坦面精加工"选项，单击"接受"按钮，弹出"平行平坦面精加工"对话框，如图 7-16 所示。

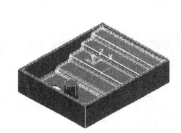

图 7-15　平行平坦面精加工　　　　　　　　图 7-16　"平行平坦面精加工"对话框

"平行平坦面精加工"选项卡中相关选项参数含义如下：

（1）平坦面公差

默认值为 0.0，即系统只将零件上与 XOY 平行的平面作为平坦面。如果模型在绘制和数据转换等过程中，有可能会产生一些误差或变形，此时可设置一个平坦面公差值，让系统能用此公差值去识别那些接近平坦面的几何面。

（2）允许刀具在平坦面以外

在加工非型腔的模型平面时，通常需要选中该复选框，使刀具从模型平坦面的外部开始下切，这样可减少刀具的磨损，从而提高模型平面的尺寸精度，如图 7-17 所示。

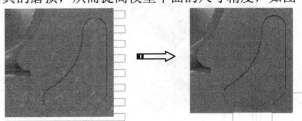

允许刀具在平坦面以外　　　　　　　不允许刀具在平坦面以外

图 7-17　允许刀具在平坦面以外

（3）忽略孔

选中"忽略孔"复选框，将忽略指定阈值下的孔，如图 7-18 所示。"限界"值为 2 时，表示小于刀具直径 2 倍的孔将被忽略。

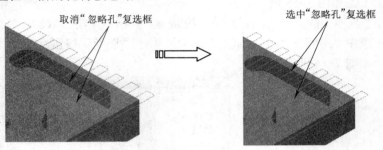

取消"忽略孔"复选框   选中"忽略孔"复选框

图 7-18   忽略孔

（4）最后下切

选中"最后下切"复选框，可设置一个下切步距值用于单独增加最后一层切削刀轨，如图 7-19 所示。

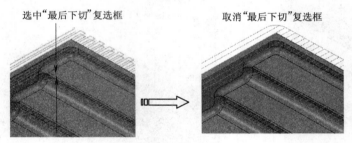

选中"最后下切"复选框   取消"最后下切"复选框

图 7-19   最后下切

7.2.3   偏置平坦面精加工

偏置平坦面精加工与平行平坦面精加工原理相同，不同的是它只对零件的平面以偏置区域的形式进行平面精加工，如图 7-20 所示。

图 7-20   偏置平坦面精加工

单击"主"工具栏上的"刀具路径策略"按钮，弹出"策略选取器"对话框，单击"精加工"选项卡，选中"偏置平坦面精加工"选项，单击"接受"按钮，弹出"偏置平坦面精加工"对话框，如图 7-21 所示。

"偏置平坦面精加工"对话框相关选项参数前面已经介绍过，这里不再重复。

图 7-21　"偏置平坦面精加工"对话框

7.2.4　放射精加工

放射精加工首先按用户设置的放射线参数生成一组放射线，然后投影到模型曲面而生成刀具路径，适用于零件上旋转类表面的精加工，如图 7-22 所示。

单击"主"工具栏上的"刀具路径策略"按钮 ，弹出"策略选取器"对话框，单击"精加工"选项卡，选中"放射精加工"选项，单击"接受"按钮，弹出"放射精加工"对话框，如图 7-23 所示。

图 7-22　放射精加工　　　　　　图 7-23　"放射精加工"对话框

"放射精加工"对话框相关参数含义如下：

（1）中心点

用于定义放射线中心点，默认中心为工件坐标系的原点。单击"按毛坯中心重设"按钮 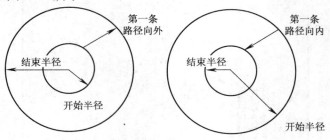，可将中心点定义在毛坯中心。

（2）半径

用于定义开始半径和结束半径，两个半径的大小可确定刀具路径的加工顺序。当开始半径小于结束半径时，刀具路径由内向外方向加工；反之，当开始半径大于结束半径时，刀具路径由外向内方向加工，如图 7-24 所示。

图 7-24　半径示意图

（3）角度

用于设置开始角度和结束角度。两个角度之间的差值即为刀具路径的加工范围。当开始角度小于结束角度时，刀具沿逆时针方向运动；当开始角度大于结束角度时，刀具沿顺时针方向运动，如图 7-25 所示。

（4）行距

用于设置相邻刀具路径之间的距离，刀具路径离中心点越远，行距就越稀疏；刀具路径离中心点越近，行距就越紧密。

（5）加工顺序

用于定义刀具路径走刀方式，包括"单向"和"双向连接"等，如图 7-26 所示。

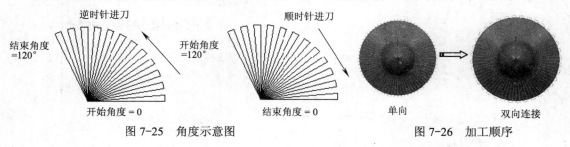

图 7-25　角度示意图　　　　　　　　图 7-26　加工顺序

7.2.5　螺旋精加工

螺旋精加工首先产生与 XOY 平面平行的螺旋线，然后投影到模型曲面而生成刀具路径，适用于零件上旋转类表面的精加工，如图 7-27 所示。

单击"主"工具栏上的"刀具路径策略"按钮，弹出"策略选取器"对话框，单击"精加工"选项卡，选中"螺旋精加工"选项，单击"接受"按钮，弹出"螺旋精加工"对话框，如图 7-28 所示。

　　图 7-27　螺旋精加工　　　　　　　　　　图 7-28　"螺旋精加工"对话框

　　"螺旋精加工"对话框中的相关参数与"放射精加工"基本相同，其中"方向"用于设置按逆时针还是按顺时针方向产生螺旋线。

7.3　三维偏置精加工

　　三维偏置精加工是根据三维曲面的形状定义行距，系统在零件的平坦区域和陡峭区域生成稳定的刀具路径，是一种应用极为广泛的精加工方式，如图 7-29 所示。

图 7-29　三维偏置精加工

> **说明**
>
> 　　由于三维偏置精加工不仅会计算零件在平坦面的刀具路径，而且也能生成陡峭表面的精加工路径，是半精加工常用的策略方式之一。

　　单击"主"工具栏上的"刀具路径策略"按钮，弹出"策略选取器"对话框，单击"精加工"选项卡，选中"三维偏置精加工"选项，单击"接受"按钮，弹出"三维偏置精加工"对话框，如图 7-30 所示。

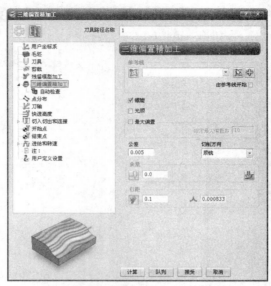

图 7-30 "三维偏置精加工" 对话框

"三维偏置精加工" 对话框中相关选项参数含义如下：

（1）参考线

当选择一条参考线后，系统按照参考线的走势计算三维偏置刀具路径。实际加工中常借用参考线来控制刀具路径的走势，以获得更好的切削效果，故称参考线为引导线。

（2）由参考线开始

选中该复选框，刀具路径从参考线位置开始计算。

（3）螺旋

选中该复选框，由零件轮廓外向轮廓内产生连续的螺旋状偏置刀具路径，刀具将尽量和加工模型保持接触，并且可以显著减少刀具的切入切出和连接，如图 7-31 所示。

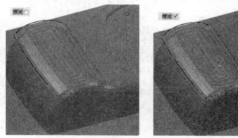

图 7-31 螺旋示意图

（4）光顺

用于光滑设置整个刀轨，如图 7-32 所示。

选中 "光顺" 复选框

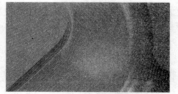
取消 "光顺" 复选框

图 7-32 光顺

（5）最大偏置

用于设置对零件轮廓进行偏置的次数，也就是由零件轮廓由外向内生成刀路数量，如图 7-33 所示。

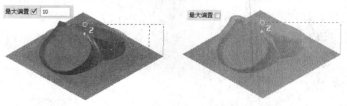

图 7-33 最大偏置

7.4 等高精加工策略

等高精加工是指 PowerMILL 系统在切深方向上按下切步距产生一系列的剖切面，称为等高切面，在剖切面与零件轮廓的交线位置计算刀具路径。因此，在零件的陡峭曲面部分，会生成均匀的刀具路径；在零件的平坦区域，行距逐渐增大，刀路稀疏，导致表面加工质量不高，故等高精加工策略只适用于加工零件的陡峭面部分，不适用于加工零件的平坦区域。等高精加工策略主要包括等高精加工、最佳等高精加工、陡峭和浅滩精加工。

7.4.1 等高精加工

等高精加工是按一定的 Z 轴下切步距沿着模型外形进行切削的一种加工方法，适用于陡峭或垂直面的峭壁模型加工，如图 7-34 所示。

单击"主"工具栏上的"刀具路径策略"按钮，弹出"策略选取器"对话框，单击"精加工"选项卡，选中"等高精加工"选项，单击"接受"按钮，弹出"等高精加工"对话框，如图 7-35 所示。

图 7-34 等高精加工

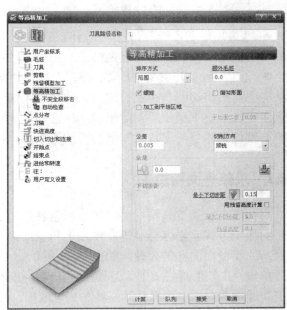

图 7-35 "等高精加工"对话框

"等高精加工"对话框中相关选项参数含义如下：

（1）排序方式

● 【范围】：选中该方式，刀具路径会先加工好一个区域后，在加工另一个区域，该方式可减少刀具的空行程，如图 7-36 所示。

● 【层】：选中该方式，刀具路径会先加工所有区域的一层后，然后再加工下一层，如图 7-36 所示。

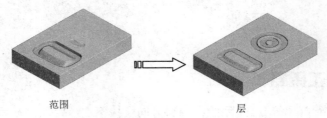

范围   层

图 7-36　排序方式

（2）螺旋

选中"螺旋"复选框，在两个连续相邻的轮廓表面生成螺旋刀具路径，此选项适用于高速加工，如图 7-37 所示。

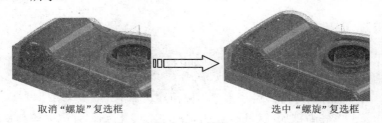

取消"螺旋"复选框   选中"螺旋"复选框

图 7-37　螺旋

（3）下切步距

● 【最小下切步距】：设定 Z 轴两相邻加工层间的下切距离。数值越大则加工越快，刀具的负荷也越大，且表面质量及精度就越差，数值越小，精度越高，但加工时间也越长。

● 【用残留高度计算】：选中该复选框，由最大下切步距和残留高度来确定下切步距，此功能要与最小切削步距配合使用，主要用在切削加工时，平坦面会加密步距，而陡峭面则放大步距。最小下切步距就是平坦面加密的最小步距；最大下切步距就是最大下切步距，而残留高度就是相邻的刀轨之间所残留的未加工区域的高度。

7.4.2　最佳等高精加工

最佳等高精加工是指在陡峭的模型区域采用等高精加工，而在平坦区域使用三维偏置精加工的加工方式，它综合了等高精加工和三维偏置精加工的特点，应用非常广泛，对加工一些复杂的模型曲面非常方便，如图 7-38 所示。

单击"主"工具栏上的"刀具路径策略"按钮 ⬚，弹出"策略选取器"对话框，单击"精加工"选项卡，选中"最佳等高精加工"选项，单击"接受"按钮，弹出"最佳等高精加工"对话框，如图 7-39 所示。

图 7-38　最佳等高精加工

图 7-39　"最佳等高精加工"对话框

"最佳等高精加工"对话框中相关选项参数含义如下：

（1）封闭式偏置

该选项是对平坦区域而言的，选中该复选框，创建从外向内的封闭三维偏置刀具路径；否则创建从内向外的三维偏置刀具路径，如图 7-40 所示。

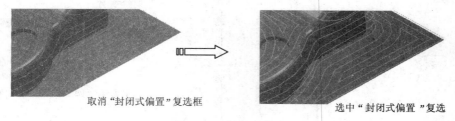

取消"封闭式偏置"复选框　　　　　　　　选中"封闭式偏置"复选

图 7-40　封闭式偏置

（2）光顺

用于设置刀具路径圆滑过渡，如图 7-41 所示。

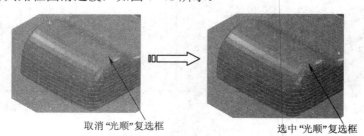

取消"光顺"复选框　　　　　　　　　选中"光顺"复选框

图 7-41　光顺

（3）选项是针对平坦区域刀路而言的，选中该复选框，可单独设置平坦区域刀路的行距，要求浅滩行距一定要大于或等于"最佳等高精加工"对话框中的行距值，如图 7-42 所示。

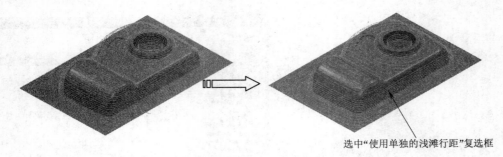

选中"使用单独的浅滩行距"复选框

图 7-42　使用单独的浅滩行距

7.4.3　陡峭和浅滩精加工

陡峭和浅滩精加工是指根据用于定义的分界角来采用等高精加工和三维偏置精加工的加工方式，如图 7-43 所示。它与最佳等高精加工的区别：第一，交叉等高精加工策略可以设置一个分界角用来区分零件上的陡峭区域和平坦区域，而最佳等高精加工是由系统自动区分陡峭面和平坦面；第二，交叉等高精加工可以指定刀具路径在陡峭区域与平坦区域相接位置的重叠区域大小，而最佳等高精加工没有此功能。

单击"主"工具栏上的"刀具路径策略"按钮，弹出"策略选取器"对话框，单击"精加工"选项卡，选中"陡峭和浅滩精加工"选项，单击"接受"按钮，弹出"陡峭和浅滩精加工"对话框，如图 7-44 所示。

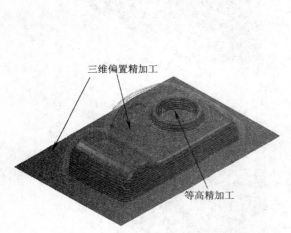

三维偏置精加工

等高精加工

图 7-43　陡峭和浅滩精加工

图 7-44　"陡峭和浅滩精加工"对话框

"陡峭和浅滩精加工"对话框中相关选项参数含义如下：

（1）类型

用于选择浅滩区域走刀方式，包括"三维偏置"和"平行"两种，如图 7-45 所示。

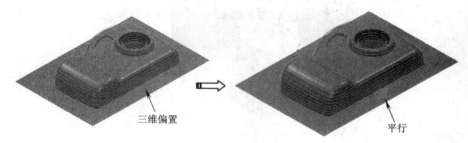

图 7-45　类型

（2）分界角

用于区分零件上的陡峭面和平坦面，该角度从水平面开始计算，零件上个表面与水平面的夹角小于分界角的判断为平坦面，否则为陡峭面。

（3）偏置重叠

用于指定刀具路径在陡峭区域与平坦区域相接位置的重叠区域面积大小，此选项可将刀具路径从三维偏置转为等高而形成的残留高度最小化，如图 7-46 所示。

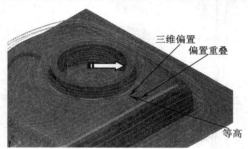

图 7-46　偏置重叠

7.5　轮廓精加工

轮廓精加工是按所选曲面轮廓作为驱动曲线产生刀具路径的精加工策略，经常用于加工模型外形和 5 轴槽位加工。轮廓精加工刀具路径可设置成单层刀具路径，也可是多层刀具路径，如图 7-47 所示。需要注意的是，轮廓精加工策略只对曲面模型有效，对三角模型（后缀名为 dmt 或 tri）是无效的。

图 7-47　轮廓精加工

单击"主"工具栏上的"刀具路径策略"按钮 🦲，弹出"策略选取器"对话框，单击"精加工"选项卡，选中"轮廓精加工"选项，单击"接受"按钮，弹出"轮廓精加工"对话框，如图 7-48 所示。

图 7-48　"轮廓精加工"对话框

1. 轮廓精加工

单击左侧列表框中的"轮廓精加工"选项，在右侧显示轮廓精加工参数，如图 7-48 所示。

（1）驱动曲线

用于确定哪一条或哪一组曲线将用于计算刀具路径，PowerMILL 系统使用选定的曲面边缘线作为驱动曲线，包括以下选项：

● 【侧】：用于确定轮廓刀具路径是在曲面内侧还是在外侧，该选项包括"内侧边缘"和"外侧边缘"两个选项，如图 7-49 所示。

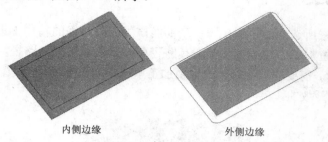

内侧边缘　　　　　　　　　　外侧边缘

图 7-49　侧示意图

● 【径向偏置】：用于定义刀具与驱动曲线之间的间距，该间距在刀具直径方向上测量。

● 【方向】：用于定义刀具路径的加工方向，包括"顺铣""逆铣"和"任意"3 个选项。

（2）下限

用于定义轮廓刀具路径的最低位置，包括以下选项：

● 【底部位置】：定义刀具路径的最低位置。其中"驱动曲线"是指以所选曲面的边缘线计算刀具路径，如图 7-50 所示；而"自动"是指使刀具降低位置以接触到零件表面来计算刀具路径，如图 7-51 所示。

图 7-50　驱动曲线

图 7-51　自动

● 【轴向偏置】：刀具路径在刀具轴线方向的偏置量。当为 0 时，刀具路径与曲面边缘在同一面上，输入正值时，刀具路径在曲面的正上方；输入负值时，刀具路径在曲面的正下方。

（3）避免过切

用于检查所生成的轮廓刀具路径是否与模型发生过切现象。选中"过切检查"复选框，避免过切选项被激活，否则不可用。

2. 避免过切

单击左侧列表框中的"避免过切"选项，在右侧显示避免过切参数，如图 7-52 所示。

图 7-52　避免过切参数

（1）上限

选中"上限"复选框时，可设置一个数值来定义刀具提起到哪个高度值后生成刀具路径。

（2）策略

用于定义刀具路径避免过切的方法，包括以下选项：

● 【跟踪】：指在刀具轴线方向上，系统在所选择曲面的最低位置尝试刀具路径，如果不能生成，系统将刀具抬起到一个最低不过切位置生成刀具路径，如图 7-53 所示。

● 【提起】：指在刀具轴线方向上，系统在所选择曲面的最低位置尝试刀具路径，如果不能生成，系统将刀具自动删除可能发生过切的刀具路径，如图 7-54 所示。

图 7-53　跟踪

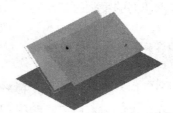
图 7-54　提起

3. 多重切削

单击左侧列表框中的"多重切削"选项，在右侧显示多重切削参数，如图 7-55 所示。

用于在刀具轴线方向上生成多层刀具路径，包括以下选项：

（1）方式

用于定义多重刀具路径的方式，包括以下 4 个选项：

● 【关】：不生成多重刀具路径，如图 7-56 所示。

图 7-55　多重切削参数

● 【偏置向下】：沿刀轴向下偏置顶部轮廓曲线，如图 7-57 所示。

图 7-56　关

图 7-57　偏置向下

● 【偏置向上】：沿刀轴向上偏置底部轮廓曲线，如图 7-58 所示。
● 【合并】：沿刀轴向下偏置顶部轮廓线，同时向上偏置底部轮廓线，将偏置出的轮廓线进行合并，如图 7-59 所示。

图 7-58　偏置向上

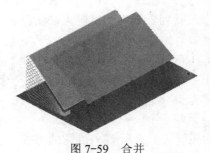

图 7-59　合并

（2）最大切削次数
用于定义多重切削的刀具路径层数。
（3）最大下切步距
用于定义多重切削的最大下切步距。

7.6　投影精加工

投影精加工的原理是零件放置于某种形式的光源照射下，光源的光线用参考线表示，这些参考线投影到零件表面上形成刀具路径。投影精加工包括点投影精加工、直线投影精加工、曲线投影精加工、平面投影精加工和曲面投影精加工，下面分别加以介绍。

7.6.1　点投影精加工

点投影精加工是指按设定的投影原点，投影指定样式轨迹到模型某一区域生成刀具路径，适用于加工回转体类型面，如图 7-60 所示。

单击"主"工具栏上的"刀具路径策略"按钮 ，弹出"策略选取器"对话框，单击"精加工"选项卡，选中"点投影精加工"选项，单击"接受"按钮，弹出"点投影精加工"对话框，如图 7-61 所示。

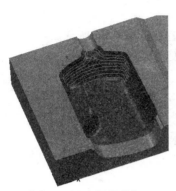

图 7-60 点投影精加工

图 7-61 "点投影精加工"对话框

1. 点投影

单击左侧列表框中的"点投影"选项，在右侧显示点投影精加工参数，如图 7-61 所示。

（1）位置

用于定义点光源的坐标，系统默认为工作坐标系的原点。

（2）投影

用于定义原点投影方向，包括以下两个选项：

● 【向内】：光线从远处向零件照射，加工零件外表面或型芯表面。

● 【向外】：光线从零件内向零件外照射，加工型腔内表面。

（3）角度增量

两条刀具路径段之间的角度，也就是行距值。

2. 参考线

单击左侧列表框中的"参考线"选项，在右侧显示参考线加工参数，如图 7-62 所示。

（1）参考线

用于定义刀具路径的极限及方向，包括以下选项：

● 【样式】：用于定义参考线的形式，包括以下 3 个选项：

➢ 【圆形】：刀具路径为多组圆形，用短连接过渡，类似等高精加工，如图 7-63 所示。

➢ 【螺旋】：刀具路径为一条连续的、封闭的螺旋线，如图 7-64 所示。

图 7-62 参考线参数

➢ 【径向】：刀具路径为多根放射线，在放射线末端用短连接过渡，如图 7-65 所示。

图 7-63 圆形

图 7-64 螺旋

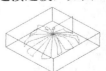

图 7-65 径向

（2）方向

用于定义原点投影方向，包括以下选项：

- 【方向】：当参考线样式为螺旋时，定义螺旋线是顺时针还是逆时针方向螺旋。
- 【加工顺序】：用于定义刀具路径连接方式，包括"单向""双向""双向连接"等选项。
- 【顺序】：用于更改刀具路径段的走刀顺序，包括以下 3 个选项：
  - ➢ 【无】：不更改刀具路径段的顺序。
  - ➢ 【由外向内】：刀具路径段由曲面外向曲面内加工，如图 7-66 所示。
  - ➢ 【由内向外】：刀具路径段由曲面内向曲面外加工，如图 7-67 所示。

图 7-66　由外向内　　　　　　　　　图 7-67　由内向外

（3）方位角

投影光源绕零件工作坐标系的 Z 轴逆时针旋转得到的角度，在 XOY 平面内测量，X 轴为基准零轴，刀具路径只会产生在方位角范围内，如图 7-68 所示。

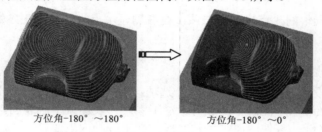

方位角-180°～180°　　　　　　　　方位角-180°～0°

图 7-68　方位角

（4）仰角

投影光源与零件坐标系的 XOY 平面之间的角度，该角在 XOZ 或 YOZ 平面内侧测量，XOY 平面为基准平面，刀具路径只会产生在仰角范围内，如图 7-69 所示。角度越大加工范围就越大。

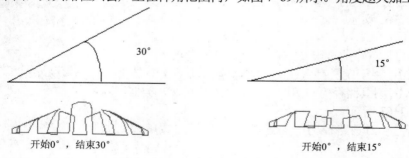

30°　　　　　　　　　　　　　　　　15°

开始0°，结束30°　　　　　　　　　开始0°，结束15°

图 7-69　仰角

7.6.2　直线投影精加工

直线投影精加工是指用直线光源照射产生圆柱形参考线，将其投影到零件表面上形成刀具路径，适用于加工瓶形模具的型腔面，如图 7-70 所示。

　　单击"主"工具栏上的"刀具路径策略"按钮，弹出"策略选取器"对话框，单击"精加工"选项卡，选中"直线投影精加工"选项，单击"接受"按钮，弹出"直线投影精加工"对话框，如图 7-71 所示。

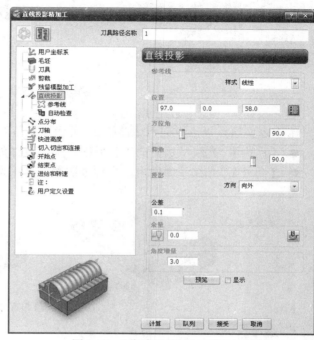

图 7-70　直线投影精加工　　　　　　　图 7-71　"直线投影精加工"对话框

1. 直线投影

单击左侧列表框中的"直线投影"选项，在右侧显示直线投影精加工参数，如图 7-71 所示。

（1）位置

用于定义直线光源的起始点。

（2）方位角

用于定义直线光源绕 Z 轴旋转的角度（直线在 XY 平面角度）。若方位角为 0°，则直线在 X 轴上；若方位角为 90°，则直线在 Y 轴上，方位角的变化范围为 0°～360°，如图 7-72 所示。

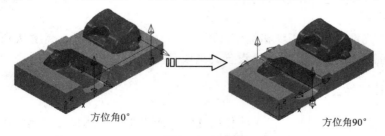

方位角0°　　　　　　　　　　方位角90°

图 7-72　方位角

（3）仰角

用于定义光源与 Z 轴的角度，它以 Z 轴为基准零位。若仰角为 0°，则投影直线在 Z 轴上；若仰角为 90º，则投影直线在 XOY 平面上，仰角的变化范围为 0°～90°，如图 7-73 所示。

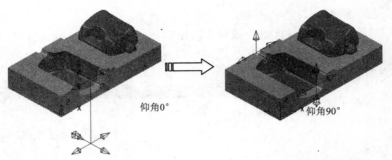

图 7-73　仰角

（4）投影

用于定义原点投影方向，如图 7-74 所示，包括以下两个选项：

- 【向内】：光线从远处向零件照射，加工零件外表面或型芯表面。
- 【向外】：光线从零件内向零件外照射，加工型腔内表面。

图 7-74　投影方向

2. 参考线

单击左侧列表框中的"参考线"选项，在右侧显示参考线加工参数，如图 7-75 所示。

（1）方位角

用于定义直线投影参考线在用户坐标系 XOY 平面内的范围。用户坐标系 XOY 平面视图内沿顺时针方向的角度为正值，逆时针方向的角度为负值。开始角和结束角之间的大小关系决定了刀具的初始切削方向，方位角从开始框数值开始，按所设置的角度行距递增，直到达到所设置的结束角。

（2）高度

图 7-75　参考线参数

用于定义直线光源的起始高度和结束高度，即直线光源的长度。高度从开始框数值开始，按设置高度行距递增，直到达到所设置的结束高度。

7.6.3　曲线投影精加工

曲线投影精加工是利用定义的参考线作为曲线光源来生成曲线投影参考线，由此参考线投影到模型上生成刀具路径，如图 7-76 所示。

单击"主"工具栏上的"刀具路径策略"按钮🧽，弹出"策略选取器"对话框，单击"精加工"选项卡，选中"投影曲线精加工"选项，单击"接受"按钮，弹出"曲线投影精加工"对话框，如图 7-77 所示。

图 7-76 曲线投影精加工   图 7-77 "曲线投影精加工"对话框

"曲线投影精加工"对话框中相关选项参数含义如下：

1. 曲线投影

单击左侧列表框中的"曲线投影"选项，在右侧显示曲线投影精加工参数，如图 7-77 所示。"曲线定义"用于定义曲线光源的形状，曲线投影要用一个参考线来定义曲线光源的形状。

2. 参考线

单击左侧列表框中的"参考线"选项，在右侧显示参考线加工参数，如图 7-78 所示。

"参数参考线剪裁"是指通过定义参考线的起始位置和结束位置来限制参考线的长度，最终限制曲线投影刀具路径的加工范围，如图 7-79 所示。

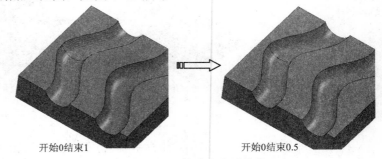

图 7-78 参考线参数   开始0结束1   开始0结束0.5

                              图 7-79 参数参考线剪裁

7.6.4 平面投影精加工

平面投影加工是由一张平面光源照射形成参考线，由此参考线投影到模型上生成刀具路径，如图 7-80 所示。

单击"主"工具栏上的"刀具路径策略"按钮 ，弹出"策略选取器"对话框，单击"精加工"选项卡，选中"平面投影精加工"选项，单击"接受"按钮，弹出"平面投影精加工"

对话框，如图 7-81 所示。

图 7-80　平面投影精加工　　　　　图 7-81　"平面投影精加工"对话框

1. 平面投影

单击左侧列表框中的"平面投影"选项，在右侧显示曲线投影精加工参数，如图 7-81 所示。

（1）位置

用于定义平面光源的角落点，该点坐标位置相对于用户坐标系来定义，默认是用户坐标系原点。

（2）方位角

用于定义平面投影参考线沿用户坐标系 Z 轴负方向逆时针旋转的角度，范围为 0°～360°，如图 7-82 所示。

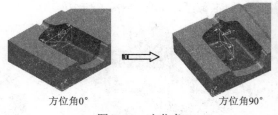

方位角0°　　　　　　　　　方位角90°

图 7-82　方位角

（3）仰角

用于定义平面投影参考线沿用户坐标系 Y 轴正方向逆时针旋转的角度，范围为 0°～90°，如图 7-83 所示。

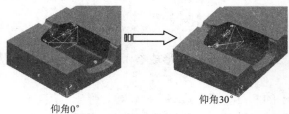

仰角0°　　　　　　　　　仰角30°

图 7-83　仰角

2. 参考线

单击左侧列表框中的"参考线"选项，在右侧显示参考
线加工参数，如图 7-84 所示。

● 【参考线方向】：平面光源在零件表面形成的参考线方
向，包含 U 和 V 两个方向，其中 U 方向表示参考线与 X 轴平
行的方向；V 方向表示与 Y 轴平行的方向。

● 【高度】：用于定义平面投影参考线的宽度范围。平面投
影参考线沿用户坐标系 Z 轴正方向延伸为正，负方向延伸为负。

● 【宽度】：用于定义平面投影参考线的宽度范围。平面投
影参考线沿用户坐标系 Y 轴正方向延伸为正，负方向延伸为负。

图 7-84　参考线参数

7.6.5　曲面投影精加工

曲面投影精加工是使用一张曲面光源照射形成参考线来计算出刀具路径的加工方式，如
图 7-85 所示。

单击"主"工具栏上的"刀具路径策略"按钮，弹出"策略选取器"对话框，单击"精
加工"选项卡，选中"曲面投影精加工"选项，单击"接受"按钮，弹出"曲面投影精加工"
对话框，如图 7-86 所示。

图 7-85　曲面投影精加工

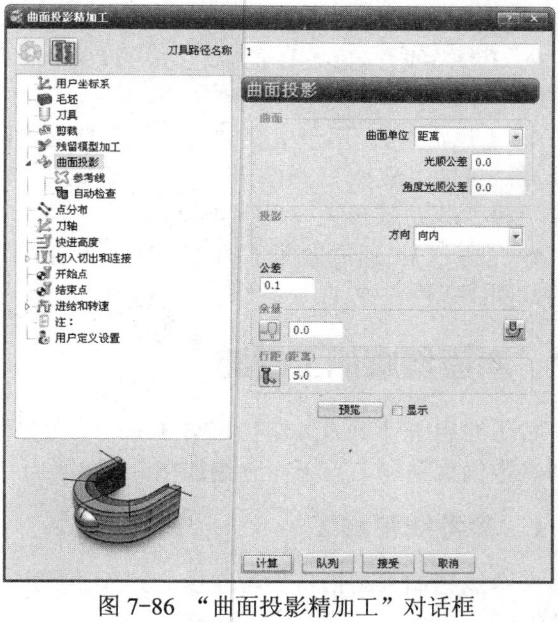

图 7-86　"曲面投影精加工"对话框

1. 曲面投影

单击左侧列表框中的"曲面投影"选项，在右侧显示曲面投影精加工参数，如图 7-86 所示。

（1）曲面单位

用于确定行距和限界值的定义方式，包括以下 3 个选项：

● 【距离】：行距和限界由曲面的参数来定义。

● 【参数】：行距和限界由用户输入的行距和限界值参数来定义。

● 【正常】：行距和限界由曲面法向参数来定义。

（2）光顺公差

样条曲线沿曲面参考线的公差，设置为 0 时，表示使用自动公差。

（3）角度光顺公差

样条曲线的曲面法向角度公差必须匹配曲面参考线的曲面法线，设置为 0 时，表示使用自动公差。

（4）投影

用于定义曲面投影参考线的投影方向，包括"向内"和"向外"两种，如图 7-87 所示。

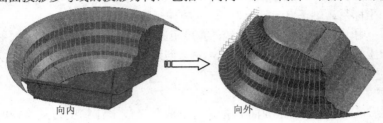

图 7-87　投影方向

2. 参考线

单击左侧列表框中的"参考线"选项，在右侧显示参考线加工参数，如图 7-88 所示。

● 【参考线方向】：用于定义生成的刀具路径沿曲面参考线的方向，可选择 V 和 U 方向。

● 【开始角】：用于定义刀具路径从曲面的哪一个角落开始计算，包括"最小 U 最小 V""最小 U 最大 V""最大 U 最小 V"和"最大 U 最大 V"等 4 种。

● 【限界】：通过曲面上的 U、V 参数来控制刀具路径生成的范围。

图 7-88　参考线参数

7.7　参考线精加工策略

参考线用于计算刀具路径，与参考线有关的刀具路径有参考线精加工、镶嵌参考线精加工和参数偏置精加工。下面分别加以介绍。

7.7.1　参考线精加工

参考线精加工是指将参考线投影到模型表面上，然后沿着投影后的参考线计算出刀具路径，生成刀具路径时，刀具中心始终会落在参考线上，如图 7-89 所示。适用于划线、雕刻文字以及其他一些非标准加工。

参考线

图 7-89　参考线精加工

注意：最好将参考线投影到模型上，然后再使用参考线精加工策略。

单击"主"工具栏上的"刀具路径策略"按钮 ，弹出"策略选取器"对话框，单击"精加工"选项卡，选中"参考线精加工"选项，单击"接受"按钮，弹出"参考线精加工"对话框，如图 7-90 所示。

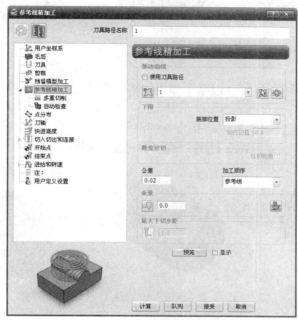

图 7-90　"参考线精加工"对话框

"参考线精加工"对话框中部分参数及选项在前面已经介绍，下面主要介绍参考线加工的特有选项：

1. 参考线精加工

单击左侧列表框中的"参考线精加工"选项，在右侧显示参考线精加工设置参数，如图 7-90 所示。

（1）驱动曲线

用于选择控制刀具路径驱动轨迹的曲线，包括以下选项：

● 【使用刀具路径】：选中该复选框，表示使用指定的刀具路径作为参考线来对模型进行加工。常用于将现有的三维刀具路径转换为多轴路径。

● 【参考线】：创建或选取要用来加工的参考线或刀具路径的名称。当选择"使用刀具路径"复选框时，"参考线"选项将转换为刀具路径选项，用于选择刀具路径元素。使用参考线时，单击"产生新的参考线"按钮 可创建参考线，否则单击其后的 按钮，可在图形区选择所需的参考线。

（2）下限

用于定义切削路径的最低位置，包括以下 3 个选项：

● 【自动】：沿着刀轴方向降下刀具至零件表面。在固定 3 轴加工中，刀轴为铅直状态，这个选项的功能与投影功能相同；如果是多轴加工，刀轴不为铅直，而是指向某一直线，如图 7-91 所示。

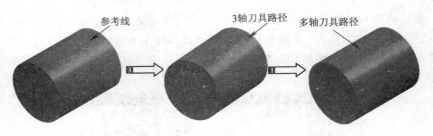

图 7-91   自动

● 【投影】：沿刀轴方向降下刀具至零件表面，在固定轴加工中，与"自动"选项效果相同，如图 7-92 所示。

● 【驱动曲线】：直接将参考线转换为刀具路径，不进行投影，如图 7-93 所示。此时"轴向偏置"选项被激活，可设置在 Z 轴方向偏置参考线的距离。

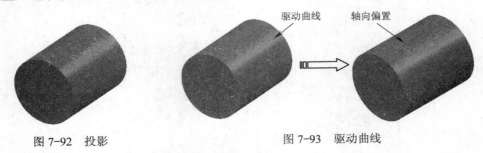

图 7-92   投影   图 7-93   驱动曲线

（3）避免过切

选中"过切检查"复选框，激活"避免过切"选项卡，设置在发生过切的位置的刀具路径处理方法。

（4）加工顺序

用于决定参考线段加工的顺序。往往一条参考线是由多个线段组成，各线段的方向在转换为刀具路径后就变成切削方向，如图 7-94 所示。"加工顺序"用于重排组成参考线各段，以减少刀具路径的连接距离，包括以下选项：

● 【参考线】：是指保持原始参考线方向不变，不作重新排序。

● 【自由方向】：是指重排参考线各段，允许方向反向。

● 【固定方向】：是指重排参考线各段，但不允许方向反向。

图 7-94   加工顺序

2. 避免过切

当"下限"下拉列表中选择"驱动曲线"方式时，单击左侧列表框中的"避免过切"选项，在右侧显示避免过切加工参数，如图 7-95 所示。

图 7-95　避免过切参数

用于设置刀具发生过切时的处理方式，只有在"下限"下拉列表中选择"驱动曲线"时有效。在"策略"选项中有两种方式：

● 【跟踪】：系统尝试计算底部位置的切削路径，在发生过切位置，会沿刀轴方向自动抬高刀具路径，保证输出且使刀具既能切削零件而又不会发生过切，如图 7-96 所示。

● 【提起】：系统尝试计算底部位置的切削路径，如果发生过切，则将过切位置的刀具路径自动剪裁掉，如图 7-96 所示。

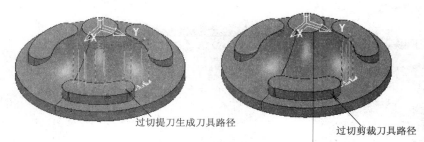

过切提刀生成刀具路径　　　　过切剪裁刀具路径

图 7-96　策略

3. 多重切削

当"下限"下拉列表中选择"驱动曲线"方式时，单击左侧列表框中的"多重切削"选项，在右侧显示多重切削加工参数，如图 7-97 所示。

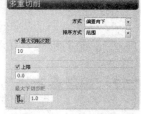

图 7-97　多重切削参数

"多重切削"选项卡相关参数选项如下：

（1）方式

多重切削方式包括以下 4 种：

● 【无】：不生成多重切削路径。

● 【偏置向下】：向下偏置顶部切削路径，以形成多重切削路径，如图 7-98 所示。

从该刀具路径向下偏置

图 7-98　偏置向下

● 【偏置向上】：向上偏置底部切削路径，以形成多重切削路径，如图 7-99 所示。

图 7-99   偏置向上

- 【合并】：同时从顶部和底部路径开始偏置，在接合部位合并处理，如图 7-100 所示。

图 7-100   合并

（2）最大切削次数

用于设置下限和上限间的最大切削次数。

（3）最大下切步距

用于定义相邻刀具路径间的下切距离。

7.7.2   镶嵌参考线精加工

在参考线精加工策略中，刀具与共建的接触点在浅滩面部位会落在参考线上，而在坡度较大的陡峭曲面上，刀具和工件的接触点可能不会落在参考线上，这就意味着加工出来的线不会与参考线重合。镶嵌参考线精加工创建一条由镶嵌参考线定义接触点的刀具路径，它严格保证刀具与工件的接触点是落在镶嵌参考线之上的，如图 7-101 所示。

图 7-101   镶嵌参考线精加工

> **说明**
>
> 在使用镶嵌参考线精加工时，必须将已存在的参考线通过参考线编辑菜单下的"镶嵌"命令进行镶嵌，否则不能应用镶嵌参考线精加工方式。

单击"主"工具栏上的"刀具路径策略"按钮，弹出"策略选取器"对话框，单击"精加工"选项卡，选中"镶嵌参考线精加工"选项，单击"接受"按钮，弹出"镶嵌参考线精加工"对话框，如图 7-102 所示。

图 7-102　"镶嵌参考线精加工"对话框

　　镶嵌参考线精加工参数与参考线精加工参数基本相同，此处不再赘述。

7.7.3　参数偏置精加工

　　参数偏置精加工是指将参考线作为限制线和引导线的加工方式，它在起始线和终止线之间按用户设置的行距沿模型曲面偏置起始线和终止线而形成刀具路径，如图 7-103 所示。

　　单击"主"工具栏上的"刀具路径策略"按钮，弹出"策略选取器"对话框，单击"精加工"选项卡，选中"参数偏置精加工"选项，单击"接受"按钮，弹出"参数偏置精加工"对话框，如图 7-104 所示。

图 7-103　参数偏置精加工

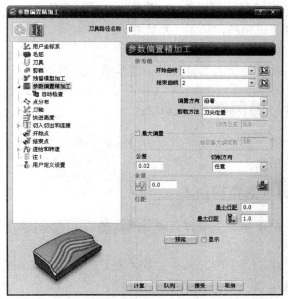

图 7-104　"参数偏置精加工"对话框

"参数偏置精加工"对话框中相关选项参数含义如下：

（1）参考线

● 【开始曲线】：选取一条参考线，用于定义刀具路径的起始位置，如图 7-105 所示。

● 【结束曲线】：选取另一条参考线，用于定义刀具路径的终止位置，如图 7-105 所示。

（2）偏置方向

图 7-105　开始曲线和结束曲线

用于定义两条参考线的连接方法，包括以下选项：

● 【沿着】：从起始参考线向终止参考线偏置出刀具路径，如图 7-106 所示。

● 【交叉】：从起始参考线上的一个点移动到终止参考线上的对应点而形成刀具路径，如图 7-107 所示。

图 7-106　沿着

图 7-107　交叉

（3）裁剪方法

用于定义参考线约束刀具路径的方法，包括以下两个选项：

● 【刀尖位置】：刀具尖点落在参考线上。

● 【接触点位置】：刀具接触点落在参考线上。

（4）最小行距和最大行距

● 【最小行距】：参数偏置精加工策略根据所用的刀具半径和公差来定义行距值。默认的行距为 0，表示行距值是系统自动计算的。

● 【最大行距】：如果系统自动计算的行距值太大，刀具路径过于稀疏，加工的表面质量就会很粗糙，可用"最大行距"来限制过大的行距值。

（5）最大偏置

用于控制刀具路径的偏置数量，如果不选中该复选框，则刀具路径不受此限制。

7.8　清角精加工策略

清角精加工是用于对模型的转角和刀具加工不到的位置作局部精加工的加工策略，包括清角精加工、笔式清角精加工、多笔清角精加工 3 种。

7.8.1　清角精加工

清角精加工是指在模型的转角处生成刀具路径，如图 7-108 所示。

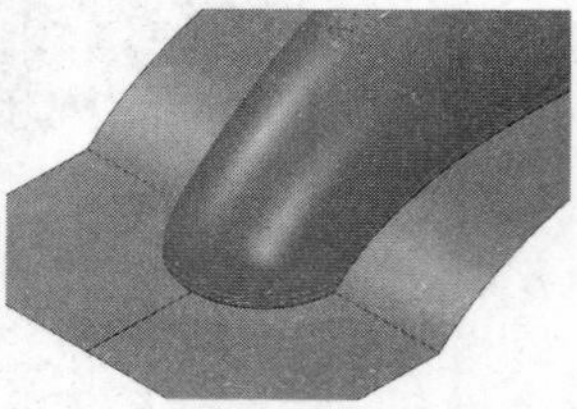

单击"主"工具栏上的"刀具路径策略"按钮，弹出"策略选取器"对话框，单击"精加工"选项卡，选中"清角精加工"选项，单击"接受"按钮，弹出"清角精加工"对话框，如图 7-109 所示。

图 7-108　清角精加工

图 7-109　"清角精加工"对话框

1. 清角精加工设置

单击左侧列表框中的"清角精加工"选项,在右侧显示清角设置参数,如图 7-109 所示。

（1）输出

用于指定输出清角刀具路径的哪一部分,包括以下 3 个选项:

- 【浅滩】:只输出零件浅滩区域的清角刀具路径。
- 【陡峭】:只输出零件陡峭区域的清角刀具路径。
- 【两者】:输出全部清角刀具路径。

（2）策略

用于选择清角加工方式,包括以下 3 种,如图 7-110 所示:

- 【沿着】:指沿着模型的转角交叉线轮廓由外向内偏置而生成刀具路径,刀具路径随着转角交叉线延伸轨迹的变化而变化,但始终与转角延伸轨迹平行。
- 【自动】:是指根据分界角在陡峭区域产生缝合清角刀具路径,同时在浅滩区域产生沿着清角刀具路径的加工方式。自动清角加工优点是系统能够自动识别零件上尖角处的大量余量,而且在不同区域产生不同的清角刀具路径,因此自动清角加工是最常用的清角加工策略。
- 【缝合】:沿着角落处的垂直方向产生清角刀具路径,系统生成类似于缝补破衣服的路径。

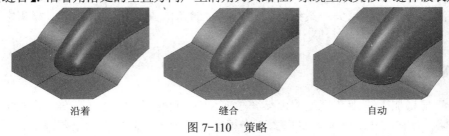

　　　沿着　　　　　　　　　　缝合　　　　　　　　　　自动

图 7-110　策略

（3）分界角

用于确定区分浅滩和陡峭区域的分界角。当分界角为 90°时,系统将尽可能产生一连续的刀具路径，此时实际上分界角不起任何作用。

说明

在自动清角加工中，若浅滩角设定过小则产生的刀具路径以缝合为主，浅滩角设置过大则刀具路径以沿着为主，一般认为 60° 左右的浅滩角最为合适。

（4）残留高度

用残留高度决定清角加工的行距。

（5）最大路径

选中该复选框，可指定计算出多少条清角刀具路径，如图 7-111 所示。

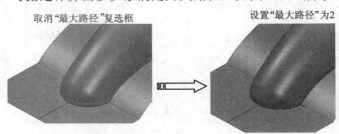

取消"最大路径"复选框　　　　　　　　　　设置"最大路径"为2

图 7-111　最大路径

（6）方向

用于定义清角的切削方向，包括"顺铣""逆铣"和"任意"3 个选项。

2. 拐角探测

单击左侧列表框中的"拐角探测"选项，在右侧显示拐角探测设置参数。

（1）参考刀具

根据参考刀具加工路径来计算本次清角加工的刀路。

（2）使用刀具路径参考

使用刀具路径作为清角加工的参考，要求刀具路径为笔式刀具路径。

（3）重叠

用于指定刀具路径延伸到未加工表面边缘外的延伸量。若设重叠为 0，则刀具路径不作延伸；重叠值设置越大，则清角加工范围就会越大。

（4）探测限界

用于设置角度极限值，它以水平面为 0° 来计算。如果两曲面夹角小于所设置的值，则在此角处产生清角加工刀具路径，对于小于探测限界角度的夹角，则不生成清角刀具路径。通常，探测限界角度值越大，系统会搜寻出越多的角落来计算清角路径。探测限界的取值范围为 5° ～176°。

7.8.2　笔式清角精加工

笔式清角精加工是指在模型的内转角位置沿转角交叉线产生一条单一的清角刀具路径的加工策略，如图 7-112 所示。该方式不会根据余量的不同而扩大加工范围，只会根据当前加工刀具无法加工到的模型内转角位置产生刀具路径。

单击"主"工具栏上的"刀具路径策略"按钮，弹出"策略选取器"对话框，单击"精加工"选项卡，选中"笔式清角精加工"选项，单击"接受"按钮，弹出"笔式清角精加工"对话框，如图 7-113 所示。

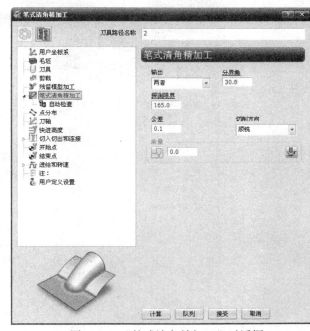

图 7-112　笔式清角精加工　　　　　　　图 7-113　"笔式清角精加工"对话框

　　"笔式清角精加工"对话框相关选项与"清角精加工"对话框含义基本相同，此处不再赘述。

7.8.3　多笔清角精加工

　　多笔清角精加工是指在模型的内转角位置沿转角交叉线实际相交处由内向外偏置而产生刀具路径。基于较大刀具（参考刀具）不能加工的区域，通过偏置笔式清角精加工刀具路径产生多笔清角精加工刀具路径，如图 7-114 所示。

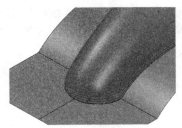

图 7-114　多笔清角精加工

说明

　　由于多笔清角精加工仅可识别出模型中的尖锐内角，因此这种加工形式也可以说是一种有限残留加工。

　　单击"主"工具栏上的"刀具路径策略"按钮，弹出"策略选取器"对话框，单击"精加工"选项卡，选中"多笔清角精加工"选项，单击"接受"按钮，弹出"多笔清角精加工"对话框，如图 7-115 所示。

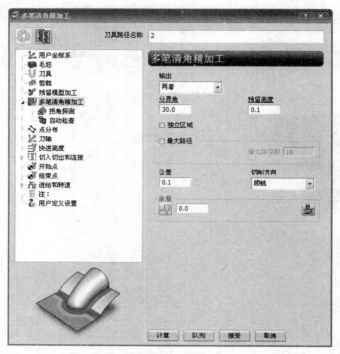

图 7-115　"多笔清角精加工"对话框

　　"多笔清角精加工"对话框相关选项与"清角精加工"对话框含义基本相同，此处不再赘述。

7.9　本章小结

　　本章系统介绍了 PowerMILL 精加工的各种策略，包括平行投影精加工、三维偏置精加工、等高精加工、轮廓精加工、投影精加工、参考线精加工和清角精加工，各种精加工策略可用于半精加工和精加工。读者学习的时候，可以比较第 6 章介绍的粗加工，发现两者的异同点和使用特点。

第8章 PowerMILL 2012 孔加工策略

孔加工是指刀具先快速移动到指定的加工位置上，再以切削进给速度加工到指定的深度，最后以退刀速度退回的一种加工类型。本章具体介绍钻孔加工策略，包括孔特征设置、钻孔和创建新的钻孔方法等。

本章重点：
- 孔特征设置
- 识别模型中的孔
- 钻孔策略
- 新的钻孔方法

8.1 孔特征设置

创建孔加工策略首先要创建孔特征，主要包括两种方法：定义孔特征设置和识别模型中的孔。

8.1.1 定义孔特征设置

孔特征设置是指通过点、圆圈、曲线或直接通过 CAD 模型数据定义的，专门用于钻孔操作的特征，如图 8-1 所示。

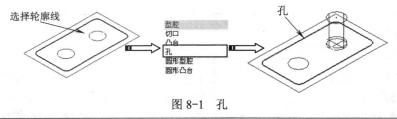

图 8-1 孔

实例 1——孔特征设置实例

操作步骤

[1] 选择下拉菜单"文件"→"全部删除"命令，在弹出的"PowerMILL 询问"对话框中单击"是"按钮，删除所有文件。然后选择下拉菜单"工具"→"重设表格"命令，将所有表格重新设置为系统默认状态。

[2] 选择下拉菜单中的"文件"→"范例"命令，弹出"打开范例"对话框，选择"kongtezheng.dgk"（"随书光盘：\第 8 章\实例 65\uncompleted\kongtezheng.dgk"）文件，单击"打开"按钮即可，如图 8-2 所示。

图 8-2 打开范例文件

[3] 在"PowerMILL 资源管理器"中选中"特征设置"选项，单击鼠标右键，在弹出的快捷菜单中选择"定义特征设置"命令，如图 8-3 所示。

图 8-3　启动定义特征设置命令　　　　　图 8-4　"特征"对话框

[4]　系统弹出"特征"对话框，设置"类型"为"孔"，"使用"为"圆圈圆形"，"定义顶部"为 20.0，"定义底部"为 0.0，如图 8-4 所示。

[5]　选择图 8-5 所示的圆，单击"应用"按钮创建孔特征，如图 8-5 所示。单击"关闭"按钮关闭对话框。

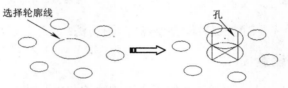

图 8-5　定义孔特征

说明

创建的孔特征中，打点的位置表示孔的顶面，打叉的位置表示孔的底部，钻孔时，总是从孔的顶部钻向孔的底部。

[6]　在"PowerMILL 资源管理器"中选中"特征设置"选项，单击鼠标右键，在弹出的快捷菜单中选择"定义特征设置"命令，系统弹出"特征"对话框，设置"类型"为"孔"，"使用"为"曲线"，"定义顶部"为 10.0，"定义底部"为 0.0，按住 Shift 键选择图 8-6 所示的所有小圆，单击"应用"按钮创建孔特征，如图 8-6 所示。单击"关闭"按钮关闭对话框。

图 8-6　定义孔特征

说明

　　如果创建出的孔顶部和底部相反，必须将孔顶部和底部反转，方法是，在"PowerMILL 资源管理器"中选中要反转的孔特征，在弹出的快捷菜单中选择"编辑"→"反向已选孔"命令。

8.1.2　识别模型中的孔

　　识别模型中的孔可以自动搜索模型上选定区域的孔并将它们创建为特征设置。

　　在"PowerMILL 资源管理器"中选中"特征设置"选项，单击鼠标右键，在弹出的快捷菜单中选择"识别模型中的孔"命令，如图 8-7 所示。系统弹出"特征"对话框，如图 8-8 所示。

图 8-7　启动定义特征设置命令

图 8-8　"特征"对话框

　　"特征"对话框中相关选项参数如下：

　　● 【仅激活用户坐标系】：选中该复选框，仅仅生成沿着激活坐标系 Z 轴方向上的孔，如图 8-9 所示。

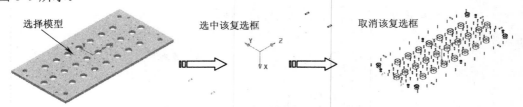

选择模型　　　　　　选中该复选框　　　　　　取消该复选框

图 8-9　仅激活用户坐标系

　　● 【混合孔】：选中该复选框，产生由多部分组成的单孔。
　　● 【通过不完整孔产生】：选中该复选框，允许识别不完全的孔。
　　● 【多轴】：选中该复选框，将模型中所有孔识别出来，生成一个特征设置；不勾选时，将 3 轴加工的孔和需要 5 轴加工的孔分别生成在不同的特征设置里。

实例 2——识别模型中的孔实例

操作步骤

　　[1]　选择下拉菜单"文件"→"全部删除"命令，在弹出的"PowerMILL 询问"对话框中单击"是"按钮，删除所有文件。然后选择下拉菜单"工具"→"重设表格"命令，将所

有表格重新设置为系统默认状态。

[2] 选择下拉菜单中的"文件"→"范例"命令，弹出"打开范例"对话框，选择"moxingkong.dgk"（"随书光盘：\第8章\实例66\uncompleted\moxingkong.dgk"）文件，单击"打开"按钮即可，如图8-10所示。

[3] 在"PowerMILL 资源管理器"中选中"特征设置"选项，单击鼠标右键，在弹出的快捷菜单中选择"识别模型中的孔"命令，如图8-11所示。

[4] 系统弹出"特征"对话框，设置"类型"为"孔"，"使用"为"模型"，如图8-12所示。

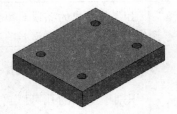

图8-10 打开范例文件

图8-11 启动定义特征设置命令

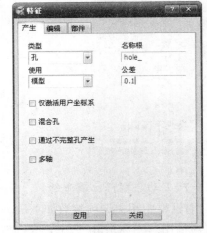

图8-12 "特征"对话框

[5] 框选所有模型表面，单击"应用"按钮识别孔特征，如图8-13所示。单击"关闭"按钮关闭对话框。

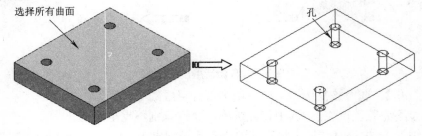

图8-13 识别孔特征

8.2 孔加工策略

单击"主"工具栏上的"刀具路径策略"按钮，弹出"策略选取器"对话框，单击"钻孔"选项卡，弹出钻孔加工策略选项，如图8-14所示。

PowerMILL 2012 的钻孔加工策略主要包括套、冷却孔、镗孔螺纹、镗孔、钻孔、推杆、新的钻孔方法、普通、螺钉、螺纹镗孔、螺孔。

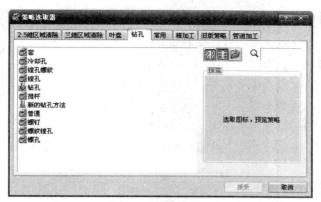

图 8-14　"策略选取器"对话框

8.2.1　钻孔

　　孔加工是指刀具先快速移动到指定的加工位置上，再以切削进给速度加工到指定的深度，最后以退刀速度退回的一种加工类型，如图 8-15 所示。

　　单击"主要"工具栏上的"刀具路径策略"按钮，弹出"策略选取器"对话框，单击"钻孔"选项卡，选中"钻孔"选项，单击"接受"按钮，弹出"钻孔"对话框，如图 8-16 所示。

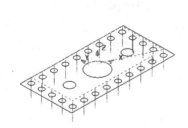

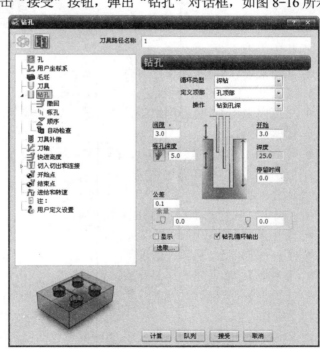

图 8-15　钻孔加工　　　　　　　　　图 8-16　"钻孔"对话框

1．"钻孔"选项卡

单击左侧列表框中的"钻孔"选项，在右侧显示钻孔参数，如图 8-16 所示。

（1）循环类型

用于定义钻头运动循环的类型，包括以下选项：

- 【单次啄孔】：一次性操作完成钻孔。
- 【深钻】：多个阶段完成钻孔，阶段之间没有停留时间。
- 【间断切削】：多个阶段完成钻孔，且阶段之间可设置停留时间。
- 【攻螺纹】：以攻螺纹的方法钻孔，此时可选择"左手"复选框表示攻左手螺纹，选择"右手"复选框攻右手螺纹。
- 【刚性攻螺纹】：设置啄孔深度，采用攻螺纹的方法完成钻孔。
- 【螺旋】：采用螺旋的下刀方式进行钻孔，如图 8-17 所示。此时可使用直径小的刀具加工出大直径的孔。
- 【铰孔】：采用铰孔方式钻孔。
- 【镗孔】：采用镗孔方式钻孔。
- 【轮廓】：采用圆形的移动方式切削孔，此时所用的刀具直径比所要加工的孔直径要小。
- 【螺纹铣削】：采用螺纹铣削孔螺纹，如图 8-18 所示。

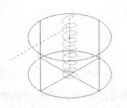
图 8-17　螺旋

图 8-18　螺纹铣削

- 【精密镗孔】：一种选择性的深孔循环，适用于有许多深钻循环的加工。
- 【深钻 2】：以另一种深钻方式完成钻孔。
- 【反向螺旋】：另一种螺旋钻孔方式，它的螺旋运动是从孔的底部向上运动的，此方式适合于精加工孔。
- 【循环 1、循环 2、循环 3、循环 4、循环 5】：代表的是不同的深钻循环，该功能适用于有许多不同深钻循环时的情况。

（2）定义顶部

用于确定钻孔开始位置，包括以下选项：

- 【孔顶部】：从孔的顶部开始钻孔。
- 【部件顶部】：从部件的顶部开始钻孔，适用于钻部件的孔。
- 【毛坯】：从毛坯的顶部开始钻孔。
- 【模型】：从模型的顶部开始钻孔。

（3）操作

用于定义钻孔的方式和建议钻孔的深度，包括已选选项：

- 【钻到孔深】：钻孔到孔的底部，此时"深度"文本框中显示孔深度，且输入框呈现灰色而不能被编辑。
- 【全直径】：利用刀具的全直径部分进行钻孔至一指定深度，该方法将使刀具的底部尖端在毛坯中的位置比指定的深度来得大。
- 【通孔】：钻穿整个孔。钻孔的深度等于孔的深度与刀具尖端的长度之和。

- 【中心钻】：从孔的中心进行钻孔。默认孔的深度值为钻头的半径。
- 【预钻】：预先钻孔至孔的底部，钻孔"深度"由定义的孔特征设置决定。
- 【镗孔】：采用镗孔方式进行钻孔，默认的"深度"为钻头的半径。
- 【平倒角】：对孔特征倒角进行钻孔，倒角的深度为"深度"文本框中的数值。
- 【用户定义】：钻孔的方式由用户自行定义，该方法用于孔的顶部有许多废料需要用钻孔方式切削掉的情况。

（4）钻孔尺寸

- 【间隙】：用于设置孔顶部的间距，系统默认与"开始"相同。
- 【啄孔深度】：用于设置单次钻孔的最大深度值，用于"深钻"和"间断切削"循环中。
- 【开始】：用于设置钻孔加工时孔上的增量距离。
- 【深度】：用于定义钻孔深度。
- 【停留时间】：用于设置钻孔时在孔底部停留时间。

2．"顺序"选项卡

单击左侧列表框中的"顺序"选项，在右侧显示钻孔顺序参数，如图 8-19 所示。

用于定义钻孔的顺序，开始点的位置通常是离刀具起始点最近的位置，包括以下选项：

- 【使用浏览器树次序】：以浏览器次序显示的方式连接孔与孔之间的刀具路径，如图 8-20 所示。
- 【沿 Y 轴单向】：沿 Y 轴单向方式连接孔与孔之间的刀具路径，如图 8-21 所示。
- 【沿 Y 轴双向】：沿 Y 轴双向方式连接孔与孔之间的刀具路径，如图 8-22 所示。
- 【沿 X 轴单向】：沿 X 轴单向方式连接孔与孔之间的刀具路径。
- 【沿 X 轴双向】：沿 X 轴双向方式连接孔与孔之间的刀具路径。
- 【沿对角单向】：沿 45°单向方式连接孔与孔之间的刀具路径。
- 【沿对角双向】：沿 45°双向方式连接孔与孔之间的刀具路径，如图 8-23 所示。
- 【沿对角单向】：沿 135°单向方式连接孔与孔之间的刀具路径。
- 【沿对角双向】：沿 135°双向方式连接孔与孔之间的刀具路径。

图 8-19　顺序

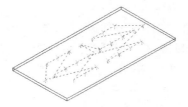

图 8-20　使用浏览器树次序

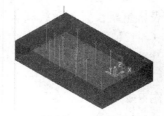

图 8-21　沿 Y 轴单向

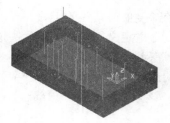
图 8-22　沿 Y 轴双向

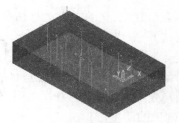
图 8-23　沿对角双向

- 【按最短路径】：按照最短路径方式连接孔与孔之间的刀具路径，如图 8-24 所示。
- 【下一最近点】：按下一最近点方式连接孔与孔之间的刀具路径，如图 8-25 所示。

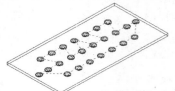
图 8-24　按最短路径

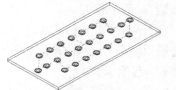
图 8-25　按下一最近点

- 【同心圆】：按同心圆方式连接孔与孔之间的刀具路径，如图 8-26 所示。
- 【放射】：按放射方式连接孔与孔之间的刀具路径，如图 8-27 所示。
- 【圆柱面】：沿着圆柱面连接孔与孔之间的刀具路径，如图 8-28 所示。

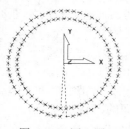
图 8-26　同心圆

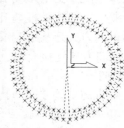
图 8-27　放射

图 8-28　圆柱面

实例 3——钻孔实例

操作步骤

[1]　选择下拉菜单"文件"→"全部删除"命令，在弹出的"PowerMILL 询问"对话框中单击"是"按钮，删除所有文件。然后选择下拉菜单"工具"→"重设表格"命令，将所有表格重新设置为系统默认状态。

[2]　选择下拉菜单中的"文件"→"范例"命令，弹出"打开范例"对话框，选择"hole.dgk"（"随书光盘：\第 8 章\实例67\uncompleted\hole.dgk"）文件，单击"打开"按钮即可，如图 8-29 所示。

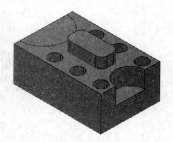
图 8-29　打开范例文件

[3]　在"PowerMILL 资源管理器"中选中"特征设置"选项，单击鼠标右键，在弹出的快捷菜单中选择"识别模型中的孔"命令，系统弹出"特征"对话框，设置"类型"为"孔"，

"使用"为"模型"，按 Shift 键选择 6 个孔表面，单击"应用"按钮识别孔特征，如图 8-30 所示。单击"关闭"按钮关闭对话框。

图 8-30　识别孔特征

[4]　单击主工具栏上的"毛坯"按钮，弹出"毛坯"对话框。在"由…定义"下拉列表中选择"方框"，单击"估算限界"框中的"计算"按钮，然后单击"接受"按钮，图形区显示所创建的毛坯。

[5]　设置快进高度。单击"主"工具栏上的"快进高度"按钮，弹出"快进高度"对话框。在"绝对高度"选择中的"安全区域"下拉列表中选择"平面"选项，单击"接受"按钮退出。

[6]　设置开始点和结束点。单击"主"工具栏上的"开始点和结束点"按钮，弹出"开始点和结束点"对话框，接受默认设置，单击"接受"按钮退出。

[7]　单击"主要"工具栏上的"刀具路径策略"按钮，弹出"策略选取器"对话框，单击"钻孔"选项卡，选中"钻孔"选项，单击"接受"按钮，弹出"钻孔"对话框，如图 8-31 所示。

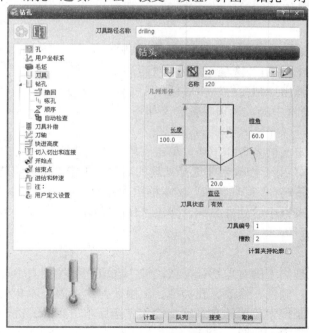

图 8-31　"钻孔"对话框

☆　创建刀具 z20。单击左侧列表框中的"刀具"选项，在右侧选项卡中选择钻头，设置"直径"为 20.0，"刀具编号"为 1。

☆　单击左侧列表框中的"钻孔"选项，在右侧选项卡中设置"循环类型"为"深钻"，"定义顶部"为"毛坯"，"操作"为"钻到孔深"，其他参数如图 8-32 所示。

☆　单击"选取"按钮，弹出"特征选项"对话框，选择直径为 20mm 的孔，如图 8-33 所示。

☆　单击左侧列表框中的"进给和转速"选项，在右侧选项卡中设置相关参数，如图 8-34 所示。

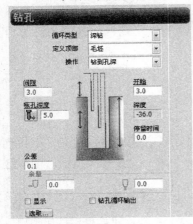
图 8-32　钻孔参数

图 8-33　"特征选项"对话框

图 8-34　进给和转速参数

[8]　在"钻孔"对话框中单击"计算"按钮和"接受"按钮，确定参数并退出对话框，生成的刀具路径如图 8-35 所示。

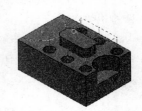
图 8-35　生成的刀具路径

8.2.2　新的钻孔方法

单击"主要"工具栏上的"刀具路径策略"按钮，弹出"策略选取器"对话框，单击"钻孔"选项卡，选中"新的钻孔方法"选项，单击"接受"按钮，弹出"钻孔方法"对话框，如图 8-36 所示。

"钻孔方法"对话框中相关选项参数含义如下：

（1）处理

用于显示当前已定义的处理和策略，单击"增加处理"按钮，则"处理"列表中可增加一个处理，"处理名称"用于修改当前选择处理的名称；单击"增加策略"按钮，则在当前已选的处理下增加一个策略；"策略名称"文本框用来修改当前选择策略的名称。

单击"处理"列表框中的处理名称，弹出"钻孔策略"对话框，用户可设置钻孔方法选项参数，如图 8-37 所示。

（2）选项

用于定义每个处理加工的对象特征，在"按…选取"下拉列表中选择特征加工对象，包括直径、深度、描述、颜色、修改、孔类型、上限公差、下限公差和层。选择某种方式后，系统将产生对应的限制搜索范围的文本框，输入完毕后单击 Enter 键，则搜索范围的相关内容将显示在左侧的列表中，如图 8-38 所示。

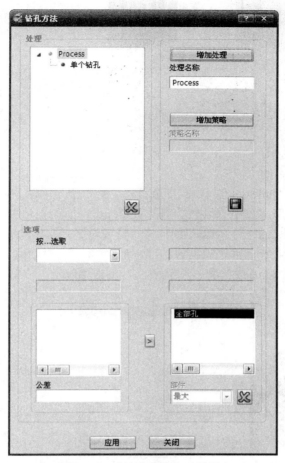

图 8-36　"钻孔方法"对话框

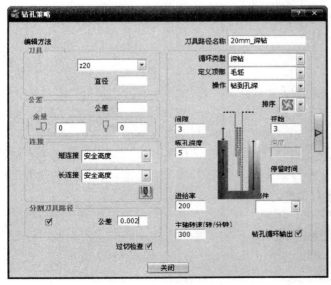

图 8-37　"钻孔策略"对话框

图 8-38　选项参数

实例4——新的钻孔方法实例

操作步骤

[1]　选择下拉菜单"文件"→"全部删除"命令，在弹出的"PowerMILL 询问"对话框中单击"是"按钮，删除所有文件。然后选择下拉菜单"工具"→"重设表格"命令，将所有表格重新设置为系统默认状态。

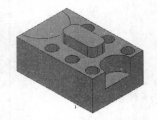

[2]　选择下拉菜单中的"文件"→"范例"命令，弹出"打开范例"对话框，选择"hole.dgk"（"随书光盘：\第 8 章\实例 68\uncompleted\hole.dgk"）文件，单击"打开"按钮即可，如图 8-39 所示。

图 8-39　打开范例文件

[3]　在"PowerMILL 资源管理器"中选中"特征设置"选项，单击鼠标右键，在弹出的快捷菜单中选择"识别模型中的孔"命令，系统弹出"特征"对话框，设置"类型"为"孔"，"使用"为"模型"，按 Shift 键选择 6 个孔表面，单击"应用"按钮识别孔特征，如图 8-40 所示。单击"关闭"按钮关闭对话框。

图 8-40　识别孔特征

[4]　单击主工具栏上的"毛坯"按钮，弹出"毛坯"对话框。在"由…定义"下拉列表中选择"方框"，单击"估算限界"框中的"计算"按钮，然后单击"接受"按钮，图形区显示所创建的毛坯。

[5]　设置快进高度。单击"主"工具栏上的"快进高度"按钮，弹出"快进高度"对话框。在"绝对高度"选择框中的"安全区域"下拉列表中选择"平面"选项，单击"接受"按钮退出。

[6]　设置开始点和结束点。单击"主"工具栏上的"开始点和结束点"按钮，弹出"开始点和结束点"对话框，接受默认设置，单击"接受"按钮退出。

[7]　在"PowerMILL 资源管理器"中选中"刀具"选项，单击鼠标右键，在弹出的快捷菜单中依次选择"产生刀具"→"钻头"命令，弹出"钻孔刀具"对话框，设置相关参数，如图 8-41 所示。单击"关闭"按钮关闭对话框。

[8]　单击"主要"工具栏上的"刀具路径策略"按钮，弹出"策略选取器"对话框，单击"钻孔"选项卡，选中"新的钻孔方法"选项，单击"接受"按钮，弹出"钻孔方法"对话框。在"处理名称"文本框中输入 20mm，单击 Enter 键确定，如图 8-42 所示。

[9]　在"按…选取"下拉列表中选择"直径"，选择"直径 20"孔，如图 8-43 所示。

[10]　单击"钻孔方法"对话框中的"处理"列表框中的"单个钻孔"，弹出"钻孔策略"

对话框，设置相关参数，如图 8-44 所示。单击"关闭"按钮关闭对话框。

图 8-41　"钻孔刀具"对话框　　　　　　　　图 8-42　"钻孔方法"对话框

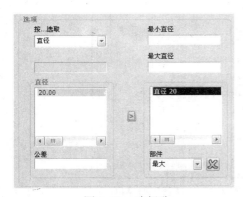

图 8-43　选择孔

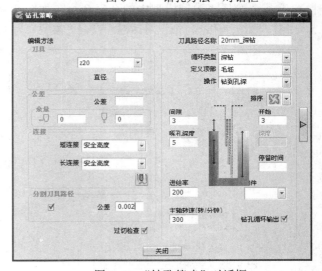

图 8-44　"钻孔策略"对话框

[11]　单击"钻孔方法"对话框中的"应用"按钮，系统弹出"信息"对话框，如图 8-45 所示。同时生成刀具路径，如图 8-46 所示。

图 8-45　"信息"对话框

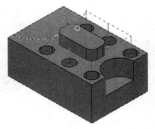

图 8-46　生成的刀具路径

8.3　训练实例——安装座孔加工

安装座零件如图 8-47 所示，上面有 4 个直径为 16mm 的孔，中间为直径 30mm 的孔，工件底部安装在工作台上。

操作步骤

[1]　选择下拉菜单"文件"→"全部删除"命令，在弹出的"PowerMILL 询问"对话框中单击"是"按钮，删除所有文件。然后选择下拉菜单"工具"→"重设表格"命令，将所有表格重新设置为系统默认状态。

[2]　选择下拉菜单中的"文件"→"范例"命令，弹出"打开范例"对话框，选择"anzhuangzuo.dgk"（"随书光盘：\第 8 章\训练实例\uncompleted\anzhuangzuo.dgk"）文件，单击"打开"按钮即可，如图 8-47 所示。

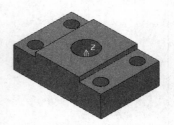

图 8-47　安装座零件

[3]　在"PowerMILL 资源管理器"中选中"特征设置"选项，单击鼠标右键，在弹出的快捷菜单中选择"识别模型中的孔"命令，如图 8-48 所示。

[4]　系统弹出"特征"对话框，设置"类型"为"孔"，"使用"为"模型"，如图 8-49 所示。

图 8-48　启动定义特征设置命令

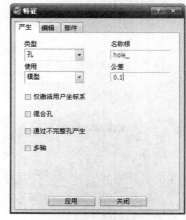

图 8-49　"特征"对话框

[5]　框选所有模型表面，单击"应用"按钮识别孔特征，如图 8-50 所示。单击"关闭"按钮关闭对话框。

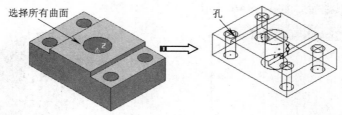

图 8-50　识别孔特征

[6]　在"PowerMILL 资源管理器"中选中上一步创建的孔特征，在弹出的快捷菜单中选

择"编辑"→"反向已选孔"命令反转孔特征，如图 8-51 所示。

[7]　单击主工具栏上的"毛坯"按钮🔲，弹出"毛坯"对话框。在"由…定义"下拉列表中选择"方框"，单击"估算限界"框中的"计算"按钮，设置相关参数后单击"接受"按钮，图形区显示所创建的毛坯，如图 8-52 所示。

[8]　设置快进高度。单击"主"工具栏上的"快进高度"按钮🔲，弹出"快进高度"对话框。在"绝对高度"选择中的"安全区域"下拉列表中选择"平面"选项，单击"接受"按钮退出。

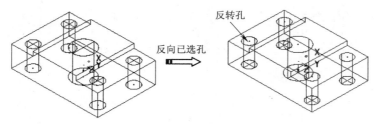

图 8-51　反转孔特征

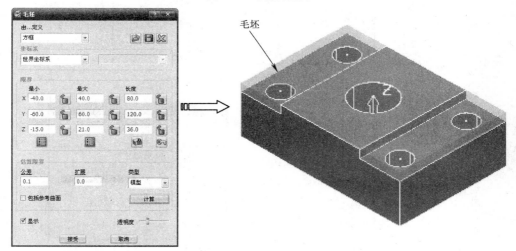

图 8-52　创建毛坯

[9]　设置开始点和结束点。单击"主"工具栏上的"开始点和结束点"按钮🔲，弹出"开始点和结束点"对话框，接受默认设置，单击"接受"按钮退出。

[10]　单击"主要"工具栏上的"刀具路径策略"按钮🔲，弹出"策略选取器"对话框，单击"钻孔"选项卡，选中"钻孔"选项，单击"接受"按钮，弹出"钻孔"对话框，如图 8-53 所示。

☆　创建刀具 z16。单击左侧列表框中的"刀具"选项，在右侧选项卡中选择钻头🔲，设置"直径"为 16.0，"刀具编号"为 1。

☆　单击左侧列表框中的"钻孔"选项，在右侧选项卡中设置"循环类型"为"深钻"，"定义顶部"为"毛坯"，"操作"为"通孔"，其他参数如图 8-54 所示。

☆　单击"选取"按钮，弹出"特征选项"对话框，选择直径为 16mm 的孔，如图 8-55 所示。

☆　单击左侧列表框中的"进给和转速"选项，在右侧选项卡中设置相关参数，如图 8-56 所示。

☆　在"钻孔"对话框中单击"计算"按钮和"接受"按钮，确定参数并退出对话框，生成的刀具路径如图 8-57 所示。

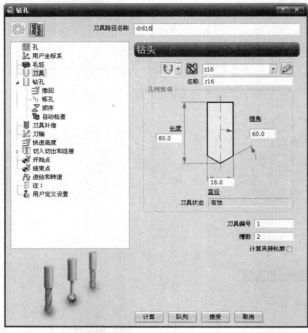

图 8-53　"钻孔"对话框

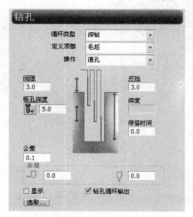

图 8-54　钻孔参数

图 8-55　"特征选项"对话框

图 8-56　进给和转速参数

图 8-57　生成的刀具路径

[11]　在"PowerMILL 资源管理器"中选中"刀具"选项，单击鼠标右键，在弹出的快捷菜单中依次选择"产生刀具"→"钻头"命令，弹出"钻孔刀具"对话框，设置相关参数，如图 8-58 所示。单击"关闭"按钮关闭该对话框。

[12]　单击"主要"工具栏上的"刀具路径策略"按钮 ，弹出"策略选取器"对话框，单击"钻孔"选项卡，选中"新的钻孔方法"选项，单击"接受"按钮，弹出"钻孔方法"对话框。在"处理名称"文本框中输入 30mm，单击 Enter 键确定，如图 8-59 所示。

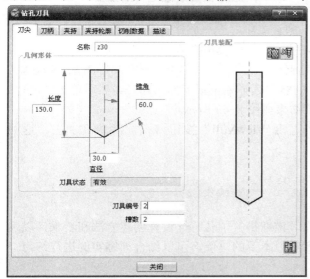

图 8-58　"钻孔刀具"对话框

图 8-59　"钻孔方法"对话框

☆　在"按…选取"下拉列表中选择"直径"，选择"直径 30"孔，如图 8-60 所示。

☆　单击"钻孔方法"对话框中的"处理"列表框中的"单个钻孔"，弹出"钻孔策略"对话框，设置相关参数，如图 8-61 所示。单击"关闭"按钮关闭该对话框。

☆　单击"钻孔方法"对话框中的"应用"按钮，系统弹出"信息"对话框，同时生成刀具路径，如图 8-62 所示。

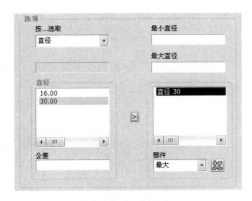

图 8-60　选择孔

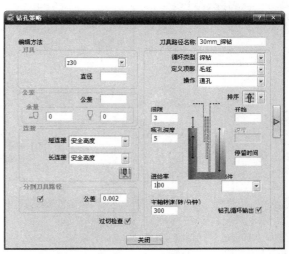

图 8-61　"钻孔策略"对话框

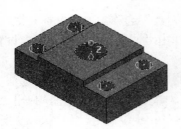

图 8-62   生成的刀具路径

图 8-63   仿真加工结果

[13]   选择下拉菜单"查看"→"工具栏"→"ViewMill"命令，显示出"ViewMill"工具栏，单击"开/关 ViewMill"按钮🔘，切换到仿真界面。然后单击"彩虹阴影图像"按钮🔵。在"仿真"工具栏的"当前刀具路径"下拉列表中选择要模拟的刀具路径，然后单击"执行"按钮▷，系统开始自动仿真加工，仿真加工结果如图 8-63 所示。

[14]   单击"ViewMill"工具栏上的"退出 ViewMill"按钮🔘，删除仿真加工，返回 PowerMILL 界面。

8.4   本章小结

本章介绍了 PowerMILL 孔加工的操作，详细讲解了孔特征设置创建方法和步骤，以及钻孔和创建新的钻孔方法的操作步骤。读者学习本章的时候，可以结合训练实例进行练习，达到举一反三的效果。

第9章 PowerMILL 2012 刀具路径编辑与检查

用户创建刀具路径如果不能满足加工要求，可通过刀具路径编辑功能进行修改，而且灵活应用刀具路径的边界功能可以提高加工质量和效率。本章介绍 PowerMILL 2012 提供的刀具路径编辑功能，包括变换、分割、剪裁、重排、复制、删除等。

本章重点：
- 刀具路径选项功能
- 刀具路径编辑
- 刀具路径显示选项
- 刀具路径检查

9.1 刀具路径选项功能

PowerMILL 2012 提供的刀具路径编辑功能包括变换、分割、剪裁、重排、复制、删除、显示和检查等。启动刀具路径编辑功能可通过以下两种方式：

（1）PowerMILL 资源管理器右键快捷菜单

在 PowerMILL 资源管理器中选中需要编辑的刀具路径，单击右键，在弹出的快捷菜单中选择"编辑"下的相关命令，如图 9-1 所示。

图 9-1　刀具路径编辑命令

（2）"刀具路径"工具栏

在 PowerMILL 资源管理器中选中"刀具路径"选项，单击鼠标右键，在弹出的快捷菜单中选择"工具栏"选项，可调出"刀具路径"工具栏，如图 9-2 所示。

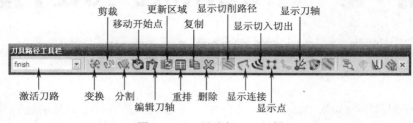

图 9-2　"刀具路径"工具栏

9.2　刀具路径编辑

刀具路径编辑包括变换刀具路径、剪裁刀具路径、分割刀具路径、重排刀具路径、复制刀具路径和删除刀具路径等，下面分别加以介绍。

9.2.1　变换刀具路径

变换刀具路径用于对刀具路径进行平移、旋转、镜像、多重变换等操作。下面分别通过实例来讲解刀具路径变换的操作步骤。

1．移动刀具路径

移动刀具路径是指将刀具路径沿某个轴进行平移或复制操作。

实例 1——移动刀具路径实例

操作步骤

[1]　选择下拉菜单"文件"→"全部删除"命令，在弹出的"PowerMILL 询问"对话框中单击"是"按钮，删除所有文件。然后选择下拉菜单"工具"→"重设表格"命令，将所有表格重新设置为系统默认状态。

图 9-3　打开范例文件

[2]　选择下拉菜单中的"文件"→"打开项目"命令，弹出"打开项目"对话框，选择"exercise82"（"随书光盘：\第 9 章\实例 82\uncompleted\exercise82"）文件，单击"打开"按钮即可，如图 9-3 所示。

[3]　单击"刀具路径"工具栏上的"变换"按钮，弹出"刀具路径变换"工具栏，选择"移动刀具路径"按钮，如图 9-4 所示。

[4]　系统弹出"移动"工具栏，选择"保留原始"按钮，在"复制件数"文本框中输入 1，如图 9-5 所示。

图 9-4　"刀具路径变换"工具栏

图 9-5　"移动"工具栏

[5]　在窗口下"信息"工具栏中选中图标，设置移动轴为 X 轴，在"输入坐标"数值

框中输入 80，如图 9-6 所示。

图 9-6　设置旋转轴

[6]　单击"刀具路径变换"工具栏上的"接受改变"按钮 ✓，完成刀具路径移动，如图 9-7 所示。从"PowerMILL 资源管理器"中发现刀具路径显示黄色图标，表示还没有对刀具路径进行过切检查。

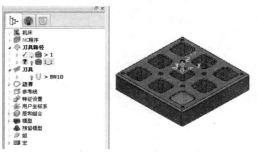

图 9-7　生成移动刀具路径

[7]　在"PowerMILL 资源管理器"中选中"1_1"刀具路径，然后单击鼠标右键，在弹出的快捷菜单中选择"激活"命令，激活刀具路径。

[8]　在"PowerMILL 资源管理器"中选中"1_1"刀具路径，然后单击鼠标右键，在弹出的快捷菜单中选择"检查"→"刀具路径"命令，弹出"刀具路径检查"对话框，选择"检查"为"过切"，单击"应用"按钮，然后单击"接受"按钮关闭该对话框，完成检查，如图 9-8 所示。

图 9-8　刀具路径检查

[9]　在"PowerMILL 资源管理器"中选中刀具路径"1"，然后单击鼠标右键，在弹出的快捷菜单中选择"激活"命令，激活刀具路径。

[10]　单击刀具路径"1_1"并按住鼠标左键，然后按住 Ctrl 键，拖动鼠标，将它拖动到刀具路径"1"上，如果所选刀具路径能被附加，则光标旁会出现一个加号。

[11]　先放开鼠标左键，然后放开 Ctrl 键，出现"PowerMILL 询问"对话框，如图 9-9 所示。提示用于确定附加操作，单击"是"按钮完成附加操作，如图 9-10 所示。

图 9-9　"PowerMILL 询问"对话框　　　　图 9-10　附加刀具路径

[12] 选择刀具路径"1_1",单击鼠标右键,在弹出的快捷菜单中选择"删除刀具路径"命令,删除刀具路径。

[13] 在"PowerMILL 资源管理器"中选中刀具路径"1",然后单击鼠标右键,在弹出的快捷菜单中选择"检查"→"刀具路径"命令,弹出"刀具路径检查"对话框,选择"检查"为"过切",单击"应用"按钮,然后单击"接受"按钮关闭对话框,完成检查,此时刀具路径如图 9-11 所示。

图 9-11 附加刀具路径结果

2. 旋转刀具路径

旋转刀具路径是指将刀具路径沿某个轴进行旋转复制操作。

实例 2——旋转刀具路径实例

操作步骤

[1] 选择下拉菜单"文件"→"全部删除"命令,在弹出的"PowerMILL 询问"对话框中单击"是"按钮,删除所有文件。然后选择下拉菜单"工具"→"重设表格"命令,将所有表格重新设置为系统默认状态。

[2] 选择下拉菜单中的"文件"→"打开项目"命令,弹出"打开项目"对话框,选择"exercise83"("随书光盘:\第 9 章\实例 83\uncompleted\exercise83")文件,单击"打开"按钮即可,如图 9-12 所示。

图 9-12 打开范例文件

[3] 单击"刀具路径"工具栏上的"变换"按钮 ❀,弹出"刀具路径变换"工具栏,选择"旋转刀具路径"按钮 ❂,如图 9-13 所示。

[4] 系统弹出"旋转"工具栏,选择"保留原始"按钮 ▯,在"复制件数"文本框中输入 1,如图 9-14 所示。

图 9-13 "刀具路径变换"工具栏

图 9-14 "旋转"工具栏

[5] 在窗口下"信息"工具栏中选中 ❖ 图标,设置旋转轴为 X 轴,如图 9-15 所示。

图 9-15 设置旋转轴

[6] 单击"旋转"工具栏上的"重新定位旋转轴"按钮 ❖,在窗口下方"信息"工具栏上单击"打开位置表格"按钮 ▣,弹出"位置"对话框,选择"用户坐标系"为"世界坐标系",输入坐标点位置为(0,0,0),如图 9-16 所示。

[7] 在"旋转"工具栏的"角度"文本框中输入旋转角度 90,如图 9-17 所示。

[8] 单击"刀具路径变换"工具栏上的"接受改变"按钮 ✔,完成刀具路径旋转,如图 9-18 所示。

图 9-16　"位置"对话框　　　图 9-17　输入旋转角度　　　图 9-18　生成刀具路径

3. 镜像刀具路径

镜像刀具路径是指将刀具路径沿某一个平面进行镜像复制操作。

实例 3——镜像刀具路径实例

操作步骤

[1]　选择下拉菜单"文件"→"全部删除"命令,在弹出的"PowerMILL 询问"对话框中单击"是"按钮,删除所有文件。然后选择下拉菜单"工具"→"重设表格"命令,将所有表格重新设置为系统默认状态。

[2]　选择下拉菜单中的"文件"→"打开项目"命令,弹出"打开项目"对话框,选择"exercise84"("随书光盘:\第 9 章\实例 84\uncompleted\exercise84")文件,单击"打开"按钮即可,如图 9-19 所示。

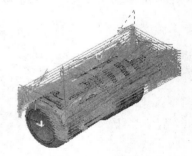

图 9-19　打开范例文件

[3]　单击"刀具路径"工具栏上的"变换"按钮 ,弹出"刀具路径变换"工具栏,选择"镜像刀具路径"按钮 ,如图 9-20 所示。

图 9-20　"刀具路径变换"工具栏　　　　　图 9-21　"镜向"工具栏

[4]　系统弹出"镜向"工具栏,如图 9-21 所示。单击"XY 镜像"按钮 ,实现沿 XY 平面镜像预览,如图 9-22 所示。

[5]　单击"刀具路径变换"工具栏上的"接受改变"按钮 ,完成镜像操作生成刀具路径,新产生的刀具路径名称为 roughtop_1,如图 9-23 所示。

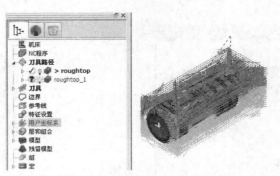

图 9-22　预览镜像路径　　　　　　　　图 9-23　镜像后刀具路径

4. 多重变换刀具路径

多重变换刀具路径是指将刀具路径沿某个轴进行多重变换操作。

实例 4——多重变换刀具路径实例

操作步骤

[1]　选择下拉菜单"文件"→"全部删除"命令，在弹出的"PowerMILL 询问"对话框中单击"是"按钮，删除所有文件。然后选择下拉菜单"工具"→"重设表格"命令，将所有表格重新设置为系统默认状态。

[2]　选择下拉菜单中的"文件"→"打开项目"命令，弹出"打开项目"对话框，选择"exercise85"（"随书光盘：\第 9 章\实例 85\uncompleted\exercise85"）文件，单击"打开"按钮即可，如图 9-24 所示。

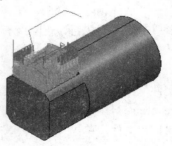

图 9-24　打开范例文件

[3]　单击"刀具路径"工具栏上的"变换"按钮，弹出"刀具路径变换"工具栏，选择"多重变换"按钮，如图 9-25 所示。

图 9-25　"刀具路径变换"工具栏

[4]　系统弹出"多重变换"对话框，单击"圆形"选项卡，设置"数值"为 4，"角度"为 90，如图 9-26 所示。

[5]　单击"刀具路径变换"工具栏上的"接受改变"按钮，完成刀具路径旋转，如图 9-27 所示。

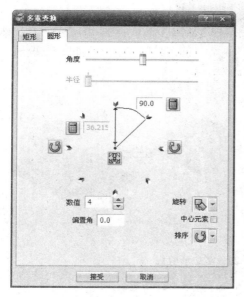

图 9-26 "多重变换"对话框

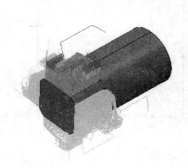

图 9-27 生成刀具路径

说明

　　如果变换中心不符合要求，可单击"多重变换"对话框中的"重新定位旋转轴"按钮 ▦，进行重新设定，设定方法和过程参见"旋转刀具路径实例"相关内容。

9.2.2　剪裁刀具路径

　　剪裁刀具路径是指利用平面、多边形或边界对刀具路径剪裁，适用于需要将一部分刀具路径剪裁掉的情况，即当想在加工时让刀具躲开某一区域（该区域原来已是刀具路径范围的一部分），不对该区域进行切削，而又不愿意重新创建刀具路径时，可以对刀具路径进行剪裁。

1. 平面

　　单击"刀具路径"工具栏上的"剪裁刀具路径"按钮 ▦，在弹出的"刀具路径剪裁"对话框中选择"平面"，实现平面剪裁，如图 9-28 所示。

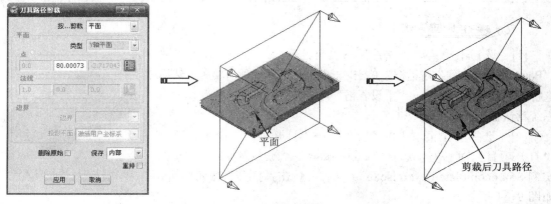

图 9-28　平面剪裁

2. 多边形

用鼠标可勾画任意条边的多边形,使用这种方法可产生复杂形状的边界,在"保存"下拉列表中来保存多边形边界"内部""外部"或"两者"的刀具路径部分,如图 9-29 所示。

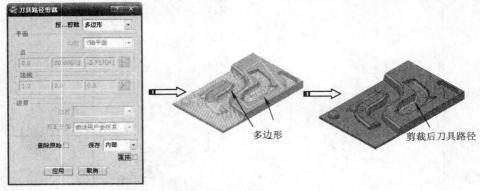

图 9-29　多边形剪裁

3. 边界

使用边界来剪裁刀具路径,如图 9-30 所示。

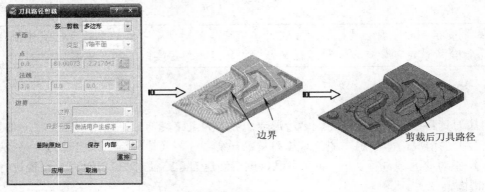

图 9-30　边界剪裁

实例 5——剪裁刀具路径实例

操作步骤

[1]　选择下拉菜单"文件"→"全部删除"命令,在弹出的"PowerMILL 询问"对话框中单击"是"按钮,删除所有文件。然后选择下拉菜单"工具"→"重设表格"命令,将所有表格重新设置为系统默认状态。

[2]　选择下拉菜单中的"文件"→"打开项目"命令,弹出"打开项目"对话框,选择"exercise86"("随书光盘:\第 9 章\实例 86\uncompleted\exercise86")文件,单击"打开"按钮即可,如图 9-31 所示。

图 9-31　打开范例文件

[3]　单击"刀具路径"工具栏上的"剪裁刀具路径"按钮,在弹出的"刀具路径剪裁"

对话框中设置"按…剪裁"为"平面","类型"为"X 轴平面",单击"应用"按钮完成剪裁,如图 9-32 所示。

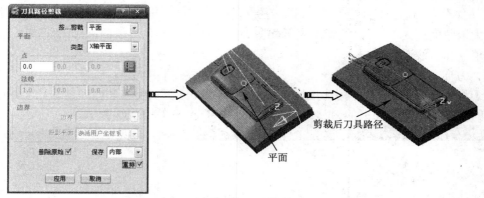

图 9-32　平面剪裁

[4]　在"PowerMILL 资源管理器"中选中刀具路径"2",然后单击鼠标右键,在弹出的快捷菜单中选择"激活"命令,激活刀具路径。

[5]　单击"刀具路径"工具栏上的"剪裁刀具路径"按钮，在弹出的"刀具路径剪裁"对话框中设置"按…剪裁"为"边界",在"边界"中选择"1",单击"应用"按钮完成剪裁,如图 9-33 所示。

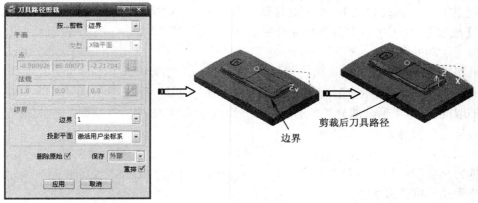

图 9-33　边界剪裁

9.2.3　分割刀具路径

分割刀具路径是指将刀具路径进行分割,以生成多个新的刀具路径。

单击"刀具路径"工具栏上的"分割刀具路径"按钮，弹出"分割刀具路径"对话框,如图 9-34 所示。

"分割刀具路径"对话框提供了分割刀具路径的五种方法,下面分别加以介绍:

(1) 角度

设定一个零件表面与水平面的夹角,将该角度以上的刀具路径(陡峭部分)和该角度以下的刀具路径(浅滩部分)分割开来,如图 9-34 所示。

● 【角度】:用于指定分割角度,角度大于此值生成一个刀具路径,小于此值生成另一个刀具路径。

● 【将小于…的段移去】：表示刀具路径中长度小于此值的切削路径段将不进行分割。

● 【保存】：确定分割之后刀具路径的保存部分，包括三个选项。"陡峭"表示保留刀具路径中大于角度值的部分；"浅滩"表示保留刀具路径中小于角度值的部分；"两者"表示保留"陡峭"和"浅滩"部分。

（2）方向

用于将刀具路径分割为向上切削移动的刀具路径和向下切削移动的刀具路径（零件平坦部位处的刀具路径归入向下的刀具路径部分）两个部分，如图 9-35 所示。

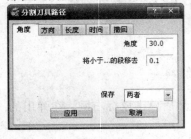 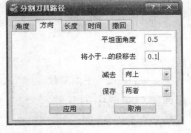 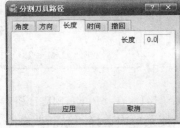

图 9-34 "分割刀具路径"对话框   图 9-35 "方向"选项卡   图 9-36 "长度"选项卡

● 【平坦面角度】：用于指定平面运动刀具路径的角度值，小于此值，则刀具视为平面运动，若大于此值，则刀具视为向上运动或向下运动。

● 【将小于…的段移去】：表示刀具路径中长度小于此值的切削路径段将不进行分割。

● 【减去】：用于确定刀具路径抽取的部分，包括三个选项。"向上"表示抽取刀具路径中刀具向上运动的部分；"向下"表示抽取刀具路径中刀具向下运动的部分；"平坦面"表示抽取刀具路径中刀具进行平面运动的部分。

● 【保存】：确定分割之后刀具路径的保存部分，包括三个选项。"减去"表示保留刀具路径中抽取的部分；"剩余部分"表示保留刀具路径未抽取的部分；"两者"表示保留"减去"和"剩余部分"部分。

（3）长度

根据刀具路径中切削路径的长度来分割刀具路径，其中"长度"文本框用于表示分割之后刀具路径总长度的最大值，如图 9-36 所示。

（4）时间

根据刀具路径中切削路径的生成时间来分割刀具路径，如图 9-37 所示。

（5）撤回

根据刀具路径中刀具的撤回点来分割刀具路径，如图 9-38 所示。

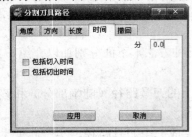 

图 9-37 "时间"选项卡   图 9-38 "撤回"选项卡

实例 6——分割刀具路径实例

操作步骤

[1]　选择下拉菜单"文件"→"全部删除"命令，在弹出的 "PowerMILL 询问"对话框中单击"是"按钮，删除所有文件。然后选择下拉菜单"工具"→"重设表格"命令，将所有表格重新设置为系统默认状态。

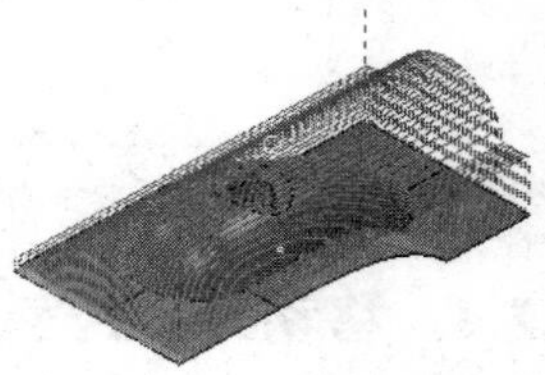

[2]　选择下拉菜单中的"文件"→"打开项目"命令，弹出"打开项目"对话框，选择"exercise87"（"随书光盘：\第 9 章\实例 87\uncompleted\exercise87"）文件，单击"打开"按钮即可，如图 9-39 所示。

图 9-39　打开范例文件

[3]　单击"刀具路径"工具栏上的"分割刀具路径"按钮，弹出"分割刀具路径"对话框，选择"角度"方式，单击"应用"按钮，此时将产生名称为"1_1"和"1_2"的两个刀具路径，如图 9-40 所示。

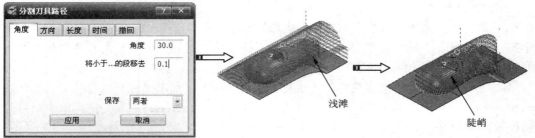

图 9-40　角度分割

[4]　在"PowerMILL 资源管理器"中选中刀具路径"2"，然后单击鼠标右键，在弹出的快捷菜单中选择"激活"命令，激活刀具路径。

[5]　单击"刀具路径"工具栏上的"分割刀具路径"按钮，弹出"分割刀具路径"对话框，选择"方向"方式，单击"应用"按钮，此时将产生名称为"2_1"和"2_2"的两个刀具路径，如图 9-41 所示。

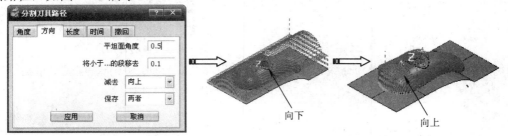

图 9-41　方向分割

[6]　在"PowerMILL 资源管理器"中选中刀具路径"3"，然后单击鼠标右键，在弹出的快捷菜单中选择"激活"命令，激活刀具路径。

[7]　单击"刀具路径"工具栏上的"分割刀具路径"按钮，弹出"分割刀具路径"对话框，选择"长度"方式，设置"长度"为 7 000.0，单击"应用"按钮，此时将产生名称为 "3_1"和"3_2"的两个刀具路径，如图 9-42 所示。

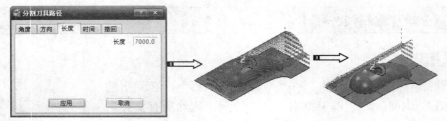

图 9-42　长度分割

9.2.4　移动刀具路径开始点

移动刀具路径开始点是指改变闭合刀具路径（如等高精加工和三维偏置精加工）的每一条加工轨迹的开始点，以保证加工安全和加工质量。

实例 7——移动刀具路径开始点实例

操作步骤

[1]　选择下拉菜单"文件"→"全部删除"命令，在弹出的"PowerMILL 询问"对话框中单击"是"按钮，删除所有文件。然后选择下拉菜单"工具"→"重设表格"命令，将所有表格重新设置为系统默认状态。

[2]　选择下拉菜单中的"文件"→"打开项目"命令，弹出"打开项目"对话框，选择"exercise88"（"随书光盘：\第 9 章\实例 88\uncompleted\exercise88"）文件，单击"打开"按钮即可，如图 9-43 所示。

[3]　单击"查看"工具栏上的"从上查看"按钮，将零件平放，有利于操作。

[4]　单击"刀具路径"工具栏上的"移动刀具路径的开始点"按钮，弹出"移动开始点"工具栏，如图 9-44 所示。

图 9-43　打开范例文件

图 9-44　"移动开始点"工具栏

[5]　在绘图区如图 9-45 所示的位置单击两个点，系统自动形成一条直线，单击"接受改变"按钮，系统自动生成一条刀具路径，如图 9-45 所示。

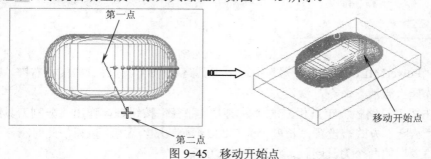

第一点

第二点

移动开始点

图 9-45　移动开始点

9.2.5 重排刀具路径

重排刀具路径是改变刀具路径的加工顺序和加工方向，重排后可能会缩短刀具路径的连接，刀具仍然会在每一段的末端提刀，通过进一步编辑刀具路径可减少提刀。

单击"刀具路径"工具栏上的"重排刀具路径"按钮 ，弹出"刀具路径列表"对话框，如图 9-46 所示。

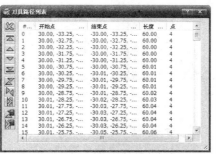

图 9-46 "刀具路径列表"对话框

> **说明**
>
> 重排刀具路径一般是针对精加工刀具路径而言的，粗加工刀具路径最好不要使用重排功能。

1. 删除已选

单击该按钮，删除已选的刀具路径，如图 9-47 所示。

图 9-47 删除已选

2. 移到始端

移动已选的切削路径至刀具路径的开始端，如图 9-48 所示。

图 9-48 移到始端

3. 上移 △

移动已选的切削路径至上一切削路径之前，如图 9-49 所示。

图 9-49　上移

4. 下移 ▽

将已选的切削路径移动到下一切削路径之后，如图 9-50 所示。

图 9-50　下移

5. 移到末端 ▽

移动已选的切削路径至刀具路径的最后端，如图 9-51 所示。

图 9-51　移到末端

6. 反转顺序 ▧

反转已选的多条切削路径的顺序，改变后已选的第一条切削路径变为已选的最后一条切削路径，已选的最后一条切削路径变为已选的第一条切削路径，如图 9-52 所示。

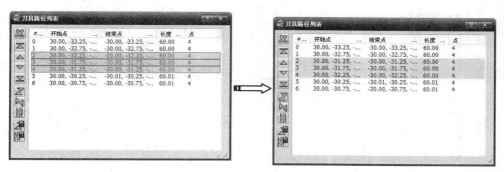

图 9-52　反转顺序

7. 反转方向

改变已选的每条切削路径的切削点顺序，改变之后每条切削路径的起点变终点，终点变起点，如图 9-53 所示。

图 9-53　反转方向

8. 改变方向

改变已选的切削路径连接方式，改变之后单向连接变为双向连接，双向连接变为单向连接。

9. 自动重排

重新排列刀具路径使刀具路径总长度最短。

实例 8——重排刀具路径实例

操作步骤

[1]　选择下拉菜单"文件"→"全部删除"命令，在弹出的"PowerMILL 询问"对话框中单击"是"按钮，删除所有文件。然后选择下拉菜单"工具"→"重设表格"命令，将所有表格重新设置为系统默认状态。

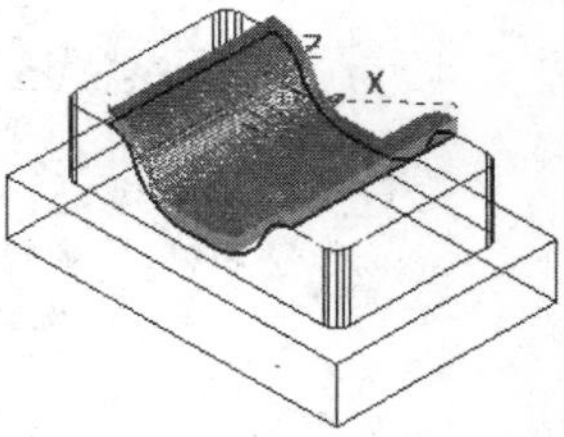

[2]　选择下拉菜单中的"文件"→"打开项目"命令，弹出"打开项目"对话框，选择"exercise89"（"随书光盘：\第 9 章\实例 89\uncompleted\exercise89"）文件，单击"打开"按钮即可，如图 9-54 所示。

图 9-54　打开范例文件

[3]　单击"刀具路径"工具栏上的"重排刀具路径"按钮，弹出"刀具路径列表"对话框，单击"反转方向"按钮，如图 9-55 所示。

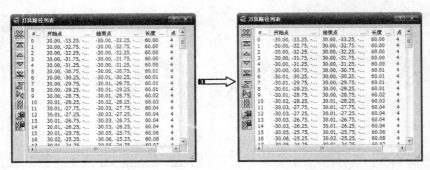

图 9-55 反转方向

[4] 单击"改变方向"按钮⚡，改变已选的切削路径连接方式，改变之后单向连接变为双向连接，如图 9-56 所示。

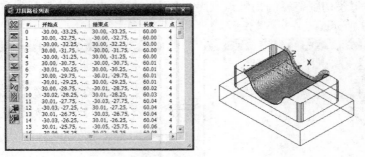

图 9-56 改变方向

9.2.6 复制刀具路径

复制刀具路径是指将当前激活的刀具路径复制，新的刀具路径的名称为原刀具路径名称加上"_1"。

在"PowerMILL 资源管理器"中选中要复制的刀具路径，然后单击鼠标右键，在弹出的快捷菜单中选择"编辑"→"复制刀具路径"命令，或单击"刀具路径"工具栏上的"复制刀具路径"按钮📋，即可完成刀具路径复制，如图 9-57 所示。

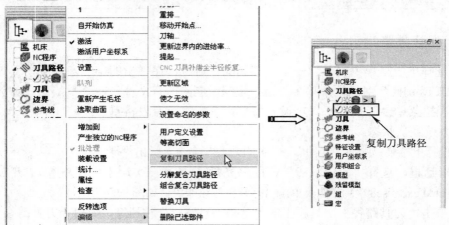

图 9-57 复制刀具路径

9.2.7 删除刀具路径

删除刀具路径就是将当前激活的刀具路径删除。

在"PowerMILL 资源管理器"中选中要删除的刀具路径，然后单击鼠标右键，在弹出的快捷菜单中选择"删除刀具路径"命令，或单击"刀具路径"工具栏上的"删除刀具路径"按钮✕，即可完成刀具路径复制，如图9-58所示。

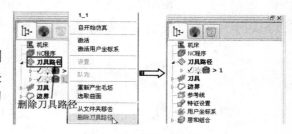

图 9-58　删除刀具路径

9.3 刀具路径显示

刀具路径的显示包括切入切出和连接、刀位点、刀轴、接触点法向以及进给率等，下面分别加以介绍。

1. 显示切削路径

单击"显示切削路径"按钮，将显示切削材料时的刀具路径，如图9-59所示。

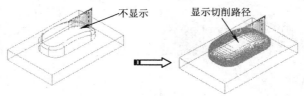

不显示　　　　　显示切削路径

图 9-59　显示切削路径

2. 显示连接

单击"显示连接"按钮，显示刀具路径连接情况，如图9-60所示。

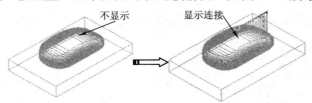

不显示　　　　　显示连接

图 9-60　显示连接

3. 显示切入切出

单击"显示切入切出"按钮，显示刀具路径切入切出情况，如图9-61所示。

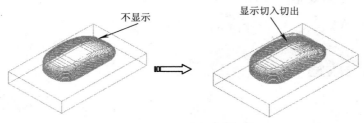

不显示　　　　　显示切入切出

图 9-61　显示切入切出

4. 显示点

单击"显示点"按钮 ⚌，显示刀位点，如图 9-62 所示。刀位点与编程公差密切相关，公差值越小，系统计算的刀位点就越多，刀具路径也就越精确。

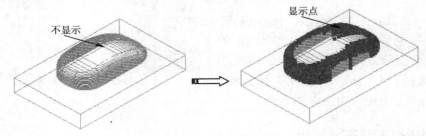

不显示

显示点

图 9-62   显示点

5. 显示刀轴

单击"显示刀轴"按钮 ⚌，显示刀轴指向，如图 9-63 所示。刀轴指向在多轴加工时很有用，可清楚观察到刀具在整个切削过程中的刀轴指向，以免发生意外。

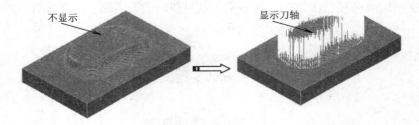

不显示

显示刀轴

图 9-63   显示刀轴

6. 显示接触点法向

单击"显示接触点法向"按钮 ⚌，显示刀具与曲面的接触点处零件曲面上的法线方向，如图 9-64 所示。

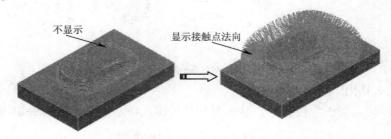

不显示

显示接触点法向

图 9-64   显示接触点法向

9.4   刀具路径检查

刀具路径检查是各 CAM 软件技术攻关的重点领域。PowerMILL 软件内部的刀具路径安全检查的功能项目主要包括碰撞检查和过切检查。

说明

　　刀具路径检查需要用到刀柄和夹持数据，因此，用作计算刀具路径的刀具必须定义刀柄和夹持数据。

　　在 PowerMILL 资源管理器中选中激活的刀具路径，单击鼠标右键，在弹出的快捷菜单中选择"检查"→"刀具路径"命令，弹出"刀具路径检查"对话框，如图 9-65 所示。

　　"刀具路径检查"对话框相关选项参数含义如下：

　　（1）检查

　　刀具路径检查有以下两种方式：

　　【碰撞】：碰撞检查主要是检查刀具的刀柄部分（无切削刃）、夹持部分与零件或压板等是否相撞。在对激活的刀具路径进行碰撞检查时，PowerMILL 将在屏幕上显示出最大的碰撞深度并将刀具路径分成两条，其中一条是没有碰撞的安全刀具路径，另一条是在不改变刀具长度的情况下发生碰撞的刀具路径。

　　【过切】：在设计过程中可能零件局部形状微调，这样根据原曲面生成的刀具路径就有可能出现刀具切入材料的情况，从而产生过切。另外，若程序中替换了不合适的刀具，零件的工件坐标系发生改变等，可对刀具路径进行过切检查以排除隐患。

图 9-65 "刀具路径检查"对话框

　　（2）对照检查

　　用于指定刀具路径对照检查目标，包括"模型"和"残留模型"等。

　　（3）范围

　　用于指定刀具路径检查范围，包括"全部""切削移动""连接移动""切入切出"和"连接"5 个选项。

（4）调整刀具

在发生碰撞时，调整刀具的刃长、柄长等参数，生成一把新的刀具，用该刀具输出安全路径。

实例 9——刀具路径检查实例

操作步骤

[1]　选择下拉菜单"文件"→"全部删除"命令，在弹出的"PowerMILL 询问"对话框中单击"是"按钮，删除所有文件。然后选择下拉菜单"工具"→"重设表格"命令，将所有表格重新设置为系统默认状态。

[2]　选择下拉菜单中的"文件"→"打开项目"命令，弹出"打开项目"对话框，选择"exercise90"（"随书光盘：\第 9 章\实例 90\uncompleted\exercise90"）文件，单击"打开"按钮即可，如图 9-66 所示。

[3]　在 PowerMILL 资源管理器中选中激活的刀具路径，单击鼠标右键，在弹出的快捷菜单中选择"检查"→"刀具路径"命令，弹出"刀具路径检查"对话框，如图 9-67 所示。

图 9-66　打开范例文件　　　图 9-67　"刀具路径检查"对话框　　图 9-68　"PowerMILL 信息"对话框

[4]　单击"应用"按钮，PowerMILL 弹出"PowerMILL 信息"对话框，提示"在深度 7 发现夹持碰撞，避免夹持碰撞需要的最小刀具伸出为 22"，如图 9-68 所示。

[5]　单击"接受"按钮，接受刀具路径检查，此时 PowerMILL 产生了两个新的刀具路径"1_1"和"1_2"，且在刀具选项下生成了 bn5_1，该刀具使用了修改后的刀柄参数，将伸

出 22，如图 9-69 所示。

图 9-69　产生刀路和刀具

图 9-70　激活刀具路径

[6]　在"PowerMILL 资源管理器"中选中"1_1"刀具路径，然后单击鼠标右键，在弹出的快捷菜单中选择"激活"命令，激活刀具路径，该刀路仍然使用原来的 bn5 刀具，如图 9-70 所示。

[7]　在"PowerMILL 资源管理器"中选中"1_2"刀具路径，然后单击鼠标右键，在弹出的快捷菜单中选择"激活"命令，激活刀具路径，该刀路使用新的 bn5_1 刀具，如图 9-71 所示。

[8]　在"PowerMILL 资源管理器"中选中刀具路径"1"，然后单击鼠标右键，在弹出的快捷菜单中选择"激活"命令，激活刀具路径，该刀路使用新的 bn5_1 刀具，如图 9-72 所示。

图 9-71　激活刀具路径

图 9-72　修改后的刀具路径

9.5　训练实例——音箱外壳刀具路径编辑实例

音响外壳如图 9-73 所示，本训练实现对刀具路径的显示、剪裁、刀具路径检查等。

操作步骤

[1]　选择下拉菜单"文件"→"全部删除"命令，在弹出的"PowerMILL 询问"对话框中单击"是"按钮，删除所有文件。然后选择下拉菜单"工具"→"重设表格"命令，将所有表格重新设置为系统默认状态。

图 9-73　音响外壳

[2]　选择下拉菜单中的"文件"→"打开项目"命令，弹出"打开项目"对话框，选择"yinxiang"（"随书光盘:\第 9 章\训练实例\uncompleted\yinxiang"）文件，单击"打开"按钮即可，如图 9-73 所示。

[3]　在"PowerMILL 资源管理器"中选中刀具路径"2"，然后单击鼠标右键，在弹出的快捷菜单中选择"激活"命令，激活刀具路径。

[4]　单击"刀具路径"工具栏上的"剪裁刀具路径"按钮，在弹出的"刀具路径剪裁"对话框中设置"按…剪裁"为"边界"，在"边界"中选择"1"，单击"应用"按钮完成剪裁，

如图 9-74 所示。

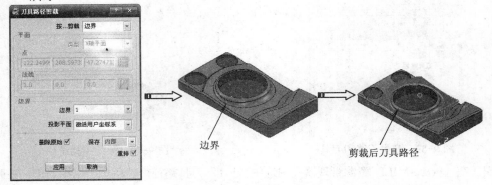

图 9-74　边界剪裁

[5]　单击"刀具路径"工具栏上的"显示连接"按钮 ，显示刀具路径连接情况，如图 9-75
所示。

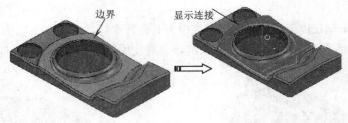

图 9-75　显示连接

[6]　在"PowerMILL 资源管理器"中选中刀具路径"2"，然后单击鼠标右键，在弹出的
快捷菜单中选择"激活"命令，激活刀具路径，该刀路仍然使用原来的 bn5 刀具。

[7]　在 PowerMILL 资源管理器中选中激活的刀具路径，单击鼠标右键，在弹出的快捷
菜单中选择"检查"→"刀具路径"命令，弹出"刀具路径检查"对话框，如图 9-76 所示。

图 9-76　"刀具路径检查"对话框

[8] 单击"应用"按钮，PowerMILL 弹出"PowerMILL 信息"对话框，提示"在深度 16.4 发现刀柄碰撞（刀柄部件 1），在深度 16.4 发现夹持碰撞（夹持部件 1），为避免刀柄碰撞，建议使用的最小刀具切削刃长度为 31.4，避免夹持碰撞需要的最小刀具伸出为 31.4"，如图 9-77 所示。

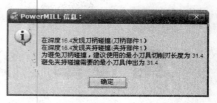

图 9-77　"PowerMILL 信息"对话框

[9] 单击"接受"按钮，接受刀具路径检查，此时 PowerMILL 产生了两个新的刀具路径"2_1"和"2_2"，且在刀具选项下生成了 1_1，该刀具使用了修改后的刀柄参数，将伸出 31.4，如图 9-78 所示。

图 9-78　产生刀路和刀具

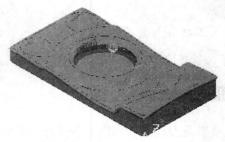

图 9-79　激活刀具路径

[10] 在"PowerMILL 资源管理器"中选中刀具路径"2_1"，然后单击鼠标右键，在弹出的快捷菜单中选择"激活"命令，激活刀具路径，该刀路仍然使用原来的 1 刀具，如图 9-79 所示。

[11] 在"PowerMILL 资源管理器"中选中刀具路径"2_2"，然后单击鼠标右键，在弹出的快捷菜单中选择"激活"命令，激活刀具路径，该刀路使用新的 1_1 刀具，如图 9-80 所示。

[12] 在"PowerMILL 资源管理器"中选中刀具路径"2"，然后单击鼠标右键，在弹出的快捷菜单中选择"激活"命令，激活刀具路径，该刀路使用新的 1_1 刀具，如图 9-81 所示。

图 9-80　激活刀具路径

图 9-81　修改后的刀具路径

9.6　本章小结

本章介绍了 PowerMILL 2012 的刀具路径编辑功能，包括"刀具路径变换""刀具路径显示"和"刀具路径检查"等。其中，音箱外壳刀具路径编辑是个很好的范例，希望读者通过本范例的学习，灵活掌握刀具路径的编辑功能，让刀具完全按照自己的意图进行运动。

第10章 加工模拟和加工仿真

在刀具路径生成之后，对于较为复杂的工件，为了验证刀具路径的正确性和合理性，需要对刀具路径进行模拟和仿真。PowerMILL 2012 提供了动态模拟和仿真功能，可最大限度降低出错几率，本章介绍刀具路径加工模拟和加工仿真相关知识。

本章重点：
- 刀具路径加工模拟
- 刀具路径加工仿真

10.1 加工模拟

加工模拟是刀具刀尖根据刀具路径轨迹进行模拟加工，通过模拟加工在工件中更加直观地显示刀具的加工情况，而且在模拟过程中能检测刀具路径是否正确。

说明

加工模拟与加工仿真的不同在于，加工模拟无需切换加工视图，无需结合定义的毛坯，只需激活模拟的刀具路径即可。

选择下拉菜单"查看"→"工具栏"→"仿真"命令，显示出"仿真"工具栏，如图 10-1 所示。

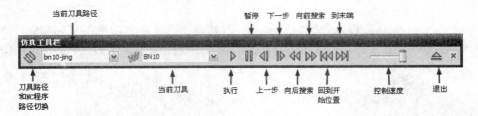

图 10-1 "仿真"工具栏

首先在"仿真"工具栏的"当前刀具路径"下拉列表中选择要模拟的刀具路径，然后单击"执行"按钮▷，即可在图形区显示刀具动态运动效果，如图 10-2 所示。

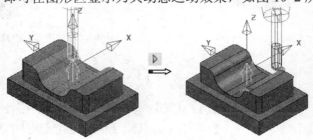

图 10-2 加工模拟

10.2　加工仿真

加工仿真是以工件大小的实体去验证所编制的刀具路径正确与否，通过仿真加工找出错误的刀具路径，然后进行刀具路径参数修改。

选择下拉菜单"查看"→"工具栏"→"ViewMill"命令，显示出"ViewMill"工具栏，如图 10-3 所示。

图 10-3　"ViewMill"工具栏

"ViewMill"工具栏中常用命令按钮含义如下：

- 【开/关 ViewMill】◎：用于 ViewMill 窗口和 PowerMILL 窗口切换。
- 【无图像】◈：仿真时不绘制仿真图形。
- 【动态图像】◈：用低分辨率的图形进行仿真，可进行仿真模型旋转，如图 10-4 所示。
- 【普通阴影图像】◎：用高分辨率的普通阴影图形进行仿真。

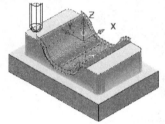　　

图 10-4　动态图像　　　　　　图 10-5　普通阴影图像

- 【光泽阴影图像】◈：用高分辨率的光泽阴影图形进行仿真，如图 10-6 所示。
- 【彩虹阴影图像】◈：用高分辨率的彩虹阴影图形进行仿真，即不同颜色阴影不同刀具路径，如图 10-7 所示。

图 10-6　光泽阴影图像　　　　　图 10-7　彩虹阴影图像

- 【切削方向阴影图像】◈：用高分辨率的切削方向阴影图像进行仿真，即以不同颜色进行顺铣/逆铣仿真加工，如图 10-8 所示。
- 【退出 ViewMill】◎：删除仿真加工，返回 PowerMILL 界面。

刀具路径加工仿真步骤如下：选择下拉菜单"查看"→"工具栏"→"ViewMill"命令，显示出"ViewMill"工具栏，单击"开/关 ViewMill"按钮◎，切换到仿真界面。然后单击"彩虹阴影图像"按钮◈，在"仿真"工具栏的"当前刀具路径"下拉列表中选择要模拟的刀具路径，然后单击"执行"按钮▷，系统开始自动仿真加工，仿真加工结果如图 10-9 所示。仿真结束后，单击"ViewMill"工具栏上的"退出 ViewMill"按钮◎，删除仿真加工，返回 PowerMILL 界面。

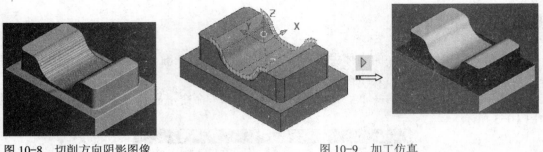

图 10-8　切削方向阴影图像　　　　　　　　　　图 10-9　加工仿真

10.3　训练实例——望远镜凸模模拟仿真加工

通过望远镜凸模来模拟刀具路径的仿真加工，如图 10-10 所示。

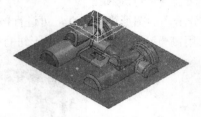

图 10-10　望远镜凸模

操作步骤

[1]　选择下拉菜单"文件"→"全部删除"命令，在弹出的"PowerMILL 询问"对话框中单击"是"按钮，删除所有文件。然后选择下拉菜单"工具"→"重设表格"命令，将所有表格重新设置为系统默认状态。

[2]　选择下拉菜单中的"文件"→"范例"命令，弹出"打开范例"对话框，选择"wangyuanjing"（"随书光盘：\第 10 章\训练实例\wangyuanjing"）文件，单击"打开"按钮即可，如图 10-10 所示。

[3]　在"仿真"工具栏的"当前刀具路径"下拉列表中选择要模拟的刀具路径"rough1"，然后单击"执行"按钮 ▷，即可在图形区显示刀具动态运动效果，如图 10-11 所示。

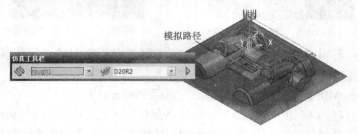

图 10-11　模拟加工路径

[4]　选择下拉菜单"查看"→"工具栏"→"ViewMill"命令，显示出"ViewMill"工具栏，单击"开/关 ViewMill"按钮，切换到仿真界面。然后单击"彩虹阴影图像"按钮，

在"仿真"工具栏的"当前刀具路径"下拉列表中选择要模拟的刀具路径 semifinish，然后单击"执行"按钮▷，系统开始自动仿真加工，仿真加工结果如图 10-12 所示。

　　[5]　在"仿真"工具栏的"当前刀具路径"下拉列表中选择要模拟的刀具路径 finish1，然后单击"执行"按钮▷，系统开始自动仿真加工，仿真加工结果如图 10-13 所示。

图 10-12　Semifinish 刀路仿真　　　　　图 10-13　finish1 刀路仿真

　　[6]　单击"ViewMill"工具栏上的"退出 ViewMill"按钮◎，删除仿真加工，返回 PowerMILL 界面。

10.4　本章小结

　　本章介绍了 PowerMILL 加工模拟和加工仿真的操作知识，操作方法相对简单，读者只需要掌握"仿真"和 ViewMill"工具栏的命令按钮的功能与用法即可。通过加工模拟和加工仿真，用户可以检查加工的效果和准确性。

第11章　NC 程序和模型转换 PS-Exchange

刀具路径确认无误后，需要将它们按照数控机床的加工顺序排列，再对它们进行后处理，最后得到的是用于加工的 NC 程序代码文件。本章介绍 NC 程序后置处理以及模型转换 PS-Exchange 的相关知识。

本章重点：

- NC 程序后置处理
- 模型转换 PS-Exchange

11.1　NC 程序简介

NC 程序即数控机床控制器所能接受识别的数控指令代码，输出 NC 程序的过程也被称为后置或后处理。PowerMILL 2012 有两种模块进行后处理：一种是 DuctPost1.5.16 后处理，为 PowerMILL 2012 默认模式，机床选项文件格式为 opt；另一种是 PMPost 4.5.01 后处理构造器，首先在 PowerMILL 2012 中输出一个刀位，后缀名为 cut 文件，再读取刀位文件，最后按照 NC 程序选项输出 NC 程序。

11.1.1　NC 程序菜单

在 PowerMILL 资源管理器中选中"NC 程序"选项，单击鼠标右键，弹出 NC 程序菜单，NC 程序菜单可对当前项目的所有 NC 程序进行处理，如图 11-1 所示。

图 11-1　NC 程序菜单

NC 程序菜单主要选项参数如下：

1. 产生 NC 程序

用于产生一个空的新的 NC 程序。选择"生成 NC 程序"命令，弹出"NC 程序：×"对话框，如图 11-2 所示。

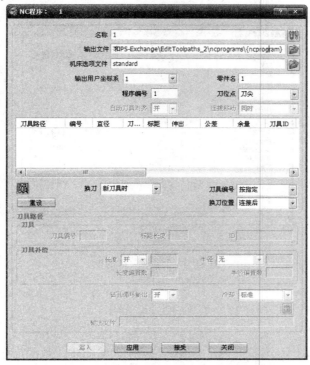

图 11-2　"NC 程序：×"对话框

"NC 程序：×"对话框上半部分用于定义 NC 程序的相关信息，下半部分用于定义 NC 程序的相关刀具路径信息，也就是当前激活的刀具路径信息。

- 【名称】：用于定义在 PowerMILL 资源管理器中显示的 NC 程序名称。
- 【选项】：单击"选项"按钮 ，弹出"选项"对话框，如图 11-3 所示。用于设置 NC 程序的参数，包括文件类型、格式、输出文件扩展名等。
- 【输出文件】：用于定义 NC 程序的路径和名称，单击其后的 按钮，可选择输出路径、程序名称等。
- 【机床选项文件】：用于确定 NC 程序的输出格式，用户需要根据所用机床的型号选择匹配的后处理文件格式，机床选项文件格式为 opt。
- 【输出用户坐标系】：选择生成数控程序的坐标系，如不选择任何用户坐标系，则数控系统将根据世界坐标系的坐标值输出。
- 【零件名】：用来确定当前被切削零件的名称。
- 【程序编号】：用于输入 NC 程序文件开始的编号。
- 【刀位点】：用来确定输出的 NC 程序的坐标值是刀尖坐标值还是刀具中心坐标值，两种坐标值在刀轴方向上相差一个刀具直径。
- 【自动刀具对齐】：用来确定是否自动对齐刀具。当数控程序的用户坐标系与刀具路径的用户坐标系不一致时，则此选项呈灰色而不可选。

● 【连接移动】：用来确定刀具从一个切削路径到下一个切削路径的移动方式。此选项只有在多轴刀具路径中才能激活。连接移动方式有 3 种："移动旋转"是指刀具移动到新的位置，然后旋转到当前方向上；"旋转移动"是指刀具先旋转到当前的方向上，然后再移动到新的位置；"同时"是刀具同时移动和旋转。

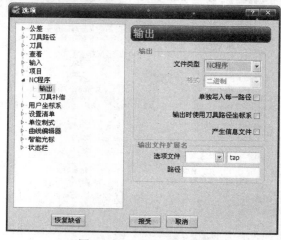

图 11-3   "选项"对话框

2. 撤销

用于将当前激活的 NC 程序变为未激活的 NC 程序。

3. 全部写入

将当前 PowerMILL 浏览器中存在的 NC 程序全部输出生成数控程序。

4. 设置清单

● 【预览全部】：显示 PowerMILL 2012 中所有的设置清单。
● 【输出全部】：在设置对话框中将所有设置清单输出到指定的文件夹。
● 【删除全部】：删除所有的已预览的设置清单，不会删除已输出的设置清单。

5. 参数选择

用于设置后续生成的 NC 程序参数，但不改变已经存在的 NC 程序参数。选择该命令，弹出"NC 参数选择"对话框，如图 11-4 所示。该对话框与"NC 程序：×"对话框选项参数基本相同。

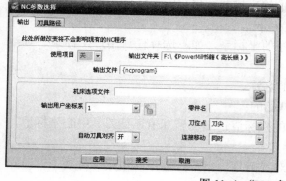 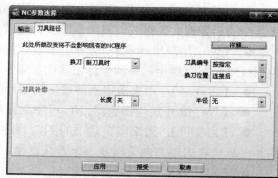

图 11-4   "NC 参数选择"对话框

6.　编辑全部

用于编辑当前已存在的所有 NC 程序，但不包括后面新建的程序。选择该命令，弹出"编辑全部 NC 程序"对话框，如图 11-5 所示。该对话框与"NC 程序：×"对话框选项参数基本相同。

图 11-5　"编辑全部 NC 程序"对话框

7.　删除全部

用于将当前存在的 NC 程序全部删除。

11.1.2　NC 程序对象菜单

NC 程序对象菜单对当前项目中生成的单个 NC 程序进行处理。选中一个 NC 程序，单击鼠标右键，弹出 NC 程序对象菜单，如图 11-6 所示。

1.　写入

用于将当前已选的 NC 程序输出生成数控程序。

2.　设置清单

与前一节中的"设置清单"类似，不同之处在于，前一节的设置清单是针对整个 NC 程序的，此处只针对当前激活的 NC 程序对象。

3.　激活

用于将当前已选的 NC 程序激活，此后生成的刀具路径将自动添加到激活的刀具路径之中。

4.　激活用户坐标系

用于激活用户坐标系生成 NC 程序。

5.　设置

选择该命令，重新弹出"NC 程序"对话框，用户可修改相关参数。

图 11-6　NC 程序对象菜单

6.　编辑已选

选择该命令，弹出"编辑已选 NC 程序"对话框，如图 11-7 所示。重新设置当前已选的 NC 程序参数，不影响此后生成的 NC 程序。

7. 统计

统计切入切出和连接以及切削移动的时间和长度。选择该命令后，弹出"NC 程序统计-总刀具路径数"对话框，如图 11-8 所示。

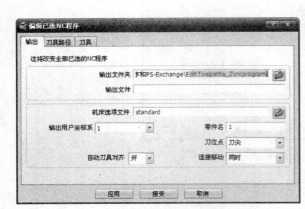

图 11-7　"编辑已选 NC 程序"对话框　　图 11-8　"NC 程序统计-总刀具路径数"对话框

8. 显示

用于确定 NC 程序是否在屏幕上显示。选择该命令，NC 程序的显示灯变亮。

9. 重新命名

用于重新命名当前已选的 NC 程序。

10. 文本块

用于在 NC 程序的任何位置输入文本信息。

11. 插入

用于将用户坐标系和换刀点插入到 NC 程序中。

12. 编辑

选择该命令，用于编辑当前已选的 NC 程序。

13. 删除 NC 程序

选择该命令，删除当前已选的 NC 程序。

> **说明**
>
> 有关 NC 程序生成请读者参见本章最后的训练实例，此处不再给出实例说明。

11.2　模型转换 PS-Exchange

Delcam 公司单独提供了 PS-Exchange 模型转换器，能将其他软件所产生的 CAD 模型直接读入，然后转换成 PowerMILL 能输入的文件格式，做到数据的无缝传输。

PS-Exchange 支持输入的格式有 ACIS、AutoCAD、Catia、Catia5、Cimatron、DGK、DMT、Elite、IDEAS、IGES、Inventor、Parasolid、Part、Pro/Engineer、Rhino、Solidedge、SolidWorks、STEP、STL、Unigraphics 和 VDA 等。

PS-Exchange 支持的输出格式有 ACIS、AutoCAD、CATIA5、DGK、DMT、IGES、Parasolid、Rhino、STEP、STL 和 VDA 等。

下面通过实例来演示模型转换器 PS-Exchange 的操作方法。

实例——PS-Exchange 模型转换实例

操作步骤

[1]   双击桌面上的 Exchange 软件图标，启动 Exchange 2012 R3，弹出操作界面，如图 11-9 所示。

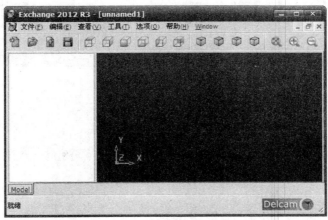

图 11-9   Exchange 2012 R3 操作界面

[2]   单击工具栏上的"输入"按钮，弹出"输入文件细节"对话框，如图 11-10 所示。

图 11-10   "输入文件细节"对话框

[3]   单击"浏览"按钮，弹出"输入文件"对话框，选择要转换的文件，如图 11-11 所示。单击"打开"按钮后，弹出"输入文件细节"对话框，选择所需转换文件，如图 11-12 所示。

[4]   单击"输入文件细节"对话框中的"输入"按钮，系统弹出"Exchange 2012"对话

框，显示转换进程并完成转换，如图 11-13 所示。

图 11-11　"输入文件"对话框

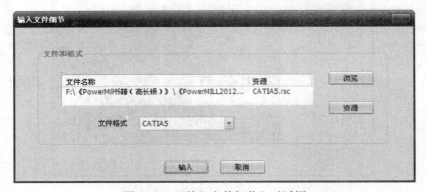

图 11-12　"输入文件细节"对话框

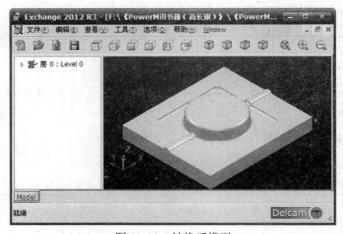

图 11-13　转换后模型

[5]　单击工具栏上的"输出"按钮 ，系统弹出"Exchange"对话框，如图 11-14 所示。单击"是"按钮，弹出"输出文件细节"对话框，设置好输出目录和文件格式，如图 11-15 所示。

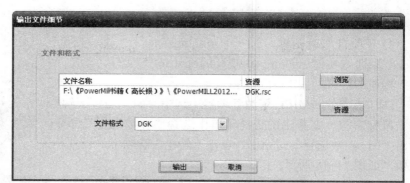

图 11-14　"Exchange"对话框　　　　　　　　图 11-15　"输出文件细节"对话框

[6]　单击"输出文件细节"对话框中的"输出"按钮，弹出"高级"对话框，显示输出进程，完成后提示输出成功，依次单击"确定"和"接受"按钮，完成文件输出，如图 11-16 所示。

图 11-16　"高级"对话框

11.3　训练实例——飞机覆盖件 NC 程序实例

本例通过飞机覆盖件来讲解 NC 程序生成过程，如图 11-17 所示。

操作步骤

[1]　选择下拉菜单"文件"→"全部删除"命令，在弹出的"PowerMILL 询问"对话框中单击"是"按钮，删除所有文件。然后选择下拉菜单"工具"→"重设表格"命令，将所有表格重新设置为系统默认状态。

[2] 选择下拉菜单中的"文件"→"打开项目"命令，弹出"打开项目"对话框，选择"yinqingzhao"（"随书光盘：\第 11 章\训练实例\uncompleted\yinqingzhao"）文件，单击"打开"按钮即可，如图 11-17 所示。

[3] 在 PowerMILL 资源管理器中选中"NC 程序"选项，单击鼠标右键，在弹出的快捷菜单中选择"参数选择"命令，弹出"NC 参数选择"对话框，单击"输出"选项卡，设置相关参数，如图 11-18 所示。

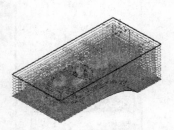

图 11-17 　飞机覆盖件

图 11-18 　"输出"选项卡

[4] 单击"刀具路径"选项卡，弹出刀具路径选项，如图 11-19 所示。依次单击"应用"和"接受"按钮，完成 NC 参数设置。

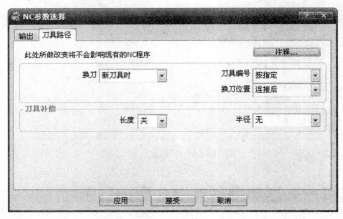

图 11-19 　"刀具路径"选项卡

[5] 在 PowerMILL 资源管理器中选中"刀具路径"选项，单击鼠标右键，在弹出的快捷菜单中选择"产生独立的 NC 程序"命令，此时所有的刀具路径将在"NC 程序"选项下产生 NC 程序，如图 11-20 所示。

[6] 在 PowerMILL 资源管理器中选中"NC 程序"选项，单击鼠标右键，在弹出的快捷菜单中选择"全部写入"命令，稍等一段时间后，系统弹出"信息"对话框，显示处理结果，

如图 11-21 所示。

[7]　在用户设置的 NC 程序存放目录下，以文本形式打开生成的 NC 程序，如图 11-22 所示。

图 11-20　生成 NC 程序

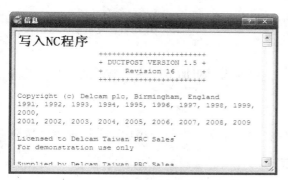

图 11-21　"信息"对话框

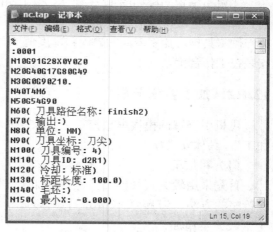

图 11-22　生成的 NC 文件

11.4　本章小结

本章介绍了 PowerMILL NC 程序后置处理以及模型转换 PS-Exchange 知识，NC 程序和 PS-Exchange 的产生过程有一个固定的顺序，只要按照该顺序就可以顺利生成 NC 程序。希望读者借助实例多练习，以达到熟能生巧的效果。

第 12 章　PowerMILL 2012 数控加工综合应用

前面介绍了 PowerMILL 2012 的常用功能和操作，本章将通过两个实例来讲解 PowerMILL 2012 在加工中的实际应用，实例安排由浅入深，方便读者学以致用。

12.1　飞机引擎罩凸模加工

12.1.1　实例描述

飞机引擎罩凸模如图 12-1 所示，整个曲面外形结构相对复杂，而且有多个区域，包括分型曲面、外部区域和内部型腔区域。材料为淬硬工具钢，加工表面的表面粗糙度值 Ra 为 0.8μm，工件底部安装在工作台上。

图 12-1　飞机引擎罩凸模

12.1.2　加工方法分析

飞机引擎罩凸模根据数控工艺要求，采用工艺路线为"粗加工"→"半精加工"→"精加工"。具体安排如下：

（1）粗加工

首先采用较大直径的刀具进行粗加工，以便去除大量多余留量。粗加工采用偏置区域清除策略的方法，刀具为 Φ20R2 的圆鼻刀。

（2）半精加工

半精加工采用最佳等高加工，对于陡峭区域采用等高方式加工，对于平坦区域采用偏置方式加工，刀具为 Φ10 的球刀。

（3）精加工

顶面采用最佳等高精加工；分型面中平坦部分采用偏置平坦面进行精加工，其他位置采用平行精加工；参数偏置精加工小型腔部位的圆角；用 SWARF 精加工小型腔侧壁。

12.1.3　加工流程与所用知识点

飞机引擎罩凸模数控加工具体的设计流程和知识点见表 12-1。

表 12-1　飞机引擎罩凸模数控加工具体的设计流程和知识点

步　骤	设计知识点	设计流程效果图
Step 1：导入模型	加工模型的导入是数控编程的第一步，它是生成数控代码的前提与基础	

（续）

步　骤	设计知识点	设计流程效果图	
Step 2：创建毛坯	在数控加工中必须定义加工毛坯，产生的刀具路径始终在毛坯内部生成		
Step3：模型区域清除粗加工	模型区域清除策略具有非常恒定的材料切除率，但代价是刀具在工件上存在大量的快速移动		
Step4：最佳等高半精加工	最佳等高精加工综合了等高精加工和三维偏置精加工的特点，应用非常广泛，对加工一些复杂的模型曲面非常方便		
Step5：最佳等高精加工顶面	最佳等高精加工综合了等高精加工和三维偏置精加工的特点，应用非常广泛，对加工一些复杂的模型曲面非常方便		
Step6：三维偏置精加工分型面	三维偏置精加工根据三维曲面的形状定义行距，系统在零件的平坦区域和陡峭区域生成稳定的刀具路径		
Step7：参数偏置精加工圆角	参数偏置精加工是指将参考线作为限制线和引导线的加工方式，它在起始线和终止线之间按用户设置的行距沿模型曲面偏置起始线和终止线而形成刀具路径		
Step8：等高精加工小型腔侧面	等高精加工是按一定的 Z 轴下切步距沿着模型外形进行切削的一种加工方法，适用于陡峭或垂直面的峭壁模型加工		

12.1.4　具体操作步骤

1. 加工准备

（1）导入模型文件

1）选择下拉菜单"工具"→"重设表格"命令，将所有表格重新设置为系统默认状态。

2）选择下拉菜单中的"文件"→"输入模型"命令，弹出"输入模型"对话框，选择"yinqingzhao.dgk"（"随书光盘：\第12 章\12.1\uncompleted\yinqingzhao.dgk"）文件，单击"打开"按钮即可，如图 12-2 所示。

图 12-2　导入模型文件

（2）创建毛坯

1）单击主工具栏上的"毛坯"按钮 ，弹出"毛坯"对话框。在"由…定义"下拉列表中选择"方框"，单击"估算限界"框中的"计算"按钮，设置相关参数，如图 12-3 所示。

2）单击"接受"按钮，图形区显示所创建的毛坯，如图 12-4 所示。

图 12-3　"毛坯"对话框

图 12-4　创建的毛坯

2. 模型区域清除粗加工

（1）创建边界

1）在"PowerMILL 资源管理器"中选中"边界"选项，单击鼠标右键，在弹出的快捷菜单中依次选择"定义边界"→"毛坯"命令，如图 12-5 所示，弹出"毛坯边界"对话框，如图 12-6 所示。

图 12-5　选择毛坯边界命令

图 12-6　"毛坯边界"对话框

2）单击"边界"对话框中的"接受"按钮即可完成边界创建。在"查看"工具栏上单击"普通阴影"按钮 和"毛坯"按钮 ，隐藏毛坯后边界，如图 12-7 所示。

注意：通过创建毛坯边界来限制刀轨只加工模型区域，而不加工模型以外的区域，去除了不必要的抬刀，提高了加工效率。

图 12-7　创建的边界

（2）设置快进高度

单击"主"工具栏上的"快进高度"按钮，弹出"快进高度"对话框。在"几何体"选项中的"安全区域"下拉列表中选择"平面"选项，设置"快进间隙"为 5.0，"下切间隙"为 5.0，单击"接受"按钮，设置快进高度，如图 12-8 所示。

（3）设置开始点和结束点

单击"主"工具栏上的"开始点和结束点"按钮，弹出"开始点和结束点"对话框，设置开始点和结束点参数，如图 12-9 所示。

图 12-8　"快进高度"对话框

图 12-9　"开始点和结束点"对话框

（4）启动模型区域清除策略

1）单击"主"工具栏上的"刀具路径策略"按钮，弹出"策略选取器"对话框，单击"三维区域清除"选项卡，在弹出的三维区域清除策略选项中选择"模型区域清除"加工策略，如图 12-10 所示。单击"接受"按钮完成。

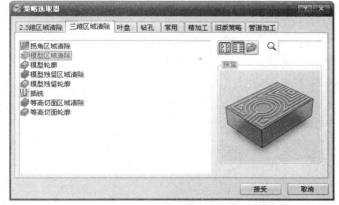

图 12-10　"策略选取器"对话框

2）在弹出的"模型区域清除"对话框中设置相关参数，如图 12-11 所示。

● 创建刀具 dn20。单击左侧列表框中的"刀具"选项，在右侧选项卡中选择刀尖圆角端铣刀，设置"直径"为 20.0，"刀尖圆角半径"为 2.0。

● 单击左侧列表框中的"剪裁"选项，在右侧选项卡中设置"边界"为"1"，"裁剪"为"保留内部"，如图 12-12 所示。

● 单击左侧列表框中的"模型区域清除"选项，在右侧选项卡中设置"行距"为 5.0，"下切步距"为 4.0，"切削方向"为"顺铣"，如图 12-13 所示。

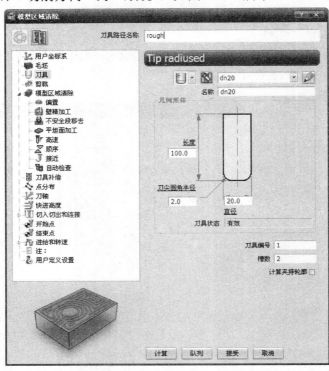

图 12-11　"模型区域清除"对话框

图 12-12　剪裁参数

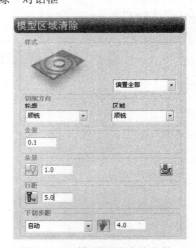

图 12-13　模型区域清除参数

（5）设置切入切出和连接

单击"模型区域清除"对话框左侧列表框中的"切入"，"切出"和"连接"选项，设置切入切出参数。

1）选择"切入"选项，选择"斜向"切入方式，如图 12-14 所示。单击"斜向选项"按钮，弹出"斜向切入选项"对话框，设置相关参数，如图 12-15 所示。单击"接受"按钮完成。

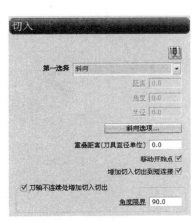

图 12-14　切入参数　　　　　　图 12-15　"斜向切入选项"对话框

2）选择"切出"选项，选择"斜向"切出方式，如图 12-16 所示。单击"斜向选项"按钮，弹出"斜向切出选项"对话框，设置相关参数，如图 12-17 所示。单击"接受"按钮完成。

3）单击"连接"选项，设置"短"为"圆形圆弧"，"长"为"掠过"，"缺省"为"安全高度"，如图 12-18 所示。

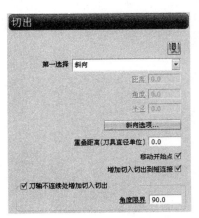

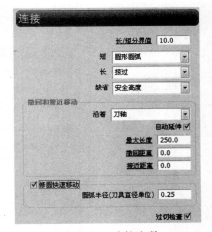

图 12-16　切出参数　　　　图 12-17　"斜向切出选项"对话框　　　　图 12-18　连接参数

（6）设置进给率

单击左侧列表框中的"进给和转速"选项，在右侧选项卡中设置相关参数，如图 12-19 所示。

（7）生成刀具路径

在"模型区域清除"对话框中单击"计算"按钮和"接受"按钮，确定参数并退出对话框，生成的刀具路径如图 12-20 所示。

图 12-19　进给和转速参数

图 12-20　生成的刀具路径

（8）刀具路径实体仿真

1）选择下拉菜单"查看"→"工具栏"→"ViewMill"命令，显示出"ViewMill"工具栏，单击"开/关 ViewMill"按钮，切换到仿真界面。然后单击"彩虹阴影图像"按钮。

2）在"仿真"工具栏的"当前刀具路径"下拉列表中选择要模拟的刀具路径 rough，然后单击"执行"按钮，系统开始自动仿真加工，仿真加工结果如图 12-21 所示。

3）单击"ViewMill"工具栏上的"退出 ViewMill"按钮，删除仿真加工，返回 PowerMILL 界面。

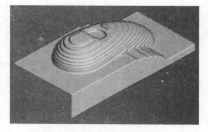

图 12-21　仿真加工结果

3. 最佳等高半精加工

（1）启动最佳等高精加工

1）单击"主"工具栏上的"刀具路径策略"按钮，弹出"策略选取器"对话框，单击"精加工"选项卡，在弹出的精加工策略选项中选择"最佳等高精加工"加工策略，如图 12-22 所示。单击"接受"按钮完成。

图 12-22　"策略选取器"对话框

2）在弹出的"最佳等高精加工"对话框中设置相关参数，如图 12-23 所示。

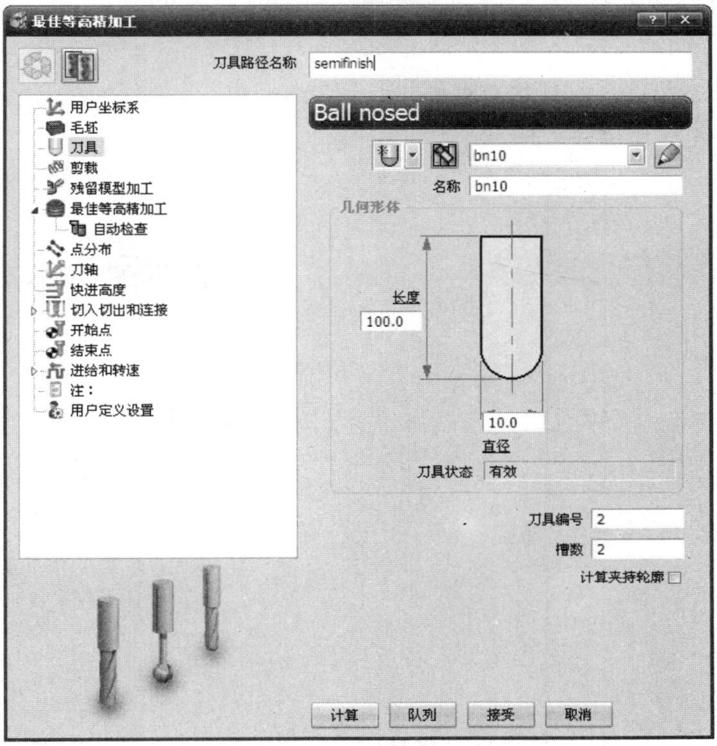

图 12-23 "最佳等高精加工"对话框

● 创建刀具 bn10。单击左侧列表框中的"刀具"选项，在右侧选项卡中选择球头刀 U，设置"直径"为 10.0，"长度"为 100.0。

● 单击左侧列表框中的"最佳等高精加工"选项，在右侧选项卡中不勾选"螺旋""封闭式偏置"和"光顺"复选框，设置"行距"为残留高度 0.1，如图 12-24 所示。

（2）设置进给率

单击左侧列表框中的"进给和转速"选项，在右侧选项卡中设置相关参数，如图 12-25 所示。

图 12-24 最佳等高精加工参数

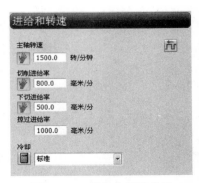

图 12-25 进给和转速参数

（3）设置切入切出和连接

单击"最佳等高精加工"对话框左侧列表框中的"切入""切出"和"连接"选项，设置切入切出参数。

1）选择"切入"选项，选择"垂直圆弧"切入方式，设置"距离"为 5.0，"角度"为 60.0，"半径"为 5.0，如图 12-26 所示。

2）选择"切出"选项，选择"垂直圆弧"切入方式，设置"距离"为 5.0，"角度"为 60.0，"半径"为 5.0，如图 12-27 所示。

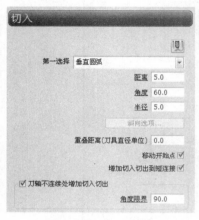
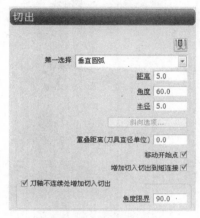

图 12-26　切入参数　　　　　　　　　　　图 12-27　切出参数

注意：该策略中"连接"参数没有设置，系统自动使用上一步模型区域清除加工中的连接参数作为本工序的连接参数。

（4）生成刀具路径

在"最佳等高精加工"对话框中单击"计算"按钮和"接受"按钮，确定参数并退出对话框，生成的刀具路径如图 12-28 所示。

（5）刀具路径实体仿真

1）选择下拉菜单"查看"→"工具栏"→"ViewMill"命令，显示出"ViewMill"工具栏，单击"开/关 ViewMill"按钮，切换到仿真界面。然后单击"彩虹阴影图像"按钮。

2）在"仿真"工具栏的"当前刀具路径"下拉列表中选择要模拟的刀具路径 semifinish，然后单击"执行"按钮，系统开始自动仿真加工，仿真加工结果如图 12-29 所示。

3）单击"ViewMill"工具栏上的"退出 ViewMill"按钮，删除仿真加工，返回 PowerMILL 界面。

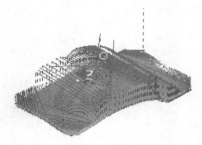
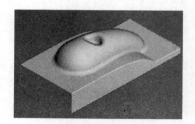

图 12-28　生成的刀具路径　　　　　　　图 12-29　仿真加工结果

4. 最佳等高精加工顶面

（1）创建边界

1）在"PowerMILL 资源管理器"中选中"边界"选项，单击鼠标右键，在弹出的快捷菜单中依次选择"定义边界"→"用户定义"命令，弹出"用户定义边界"对话框，如图 12-30 所示。

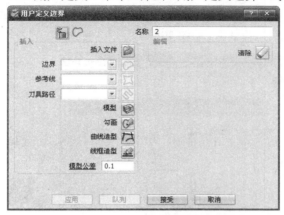

图 12-30　"用户定义边界"对话框

2）选择图 12-31 所示的曲面，然后单击"插入模型"按钮🗎，单击"接受"按钮即可完成边界创建，如图 12-31 所示。

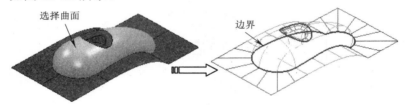

图 12-31　创建的边界

（2）启动最佳等高精加工

1）单击"主"工具栏上的"刀具路径策略"按钮🖰，弹出"策略选取器"对话框，单击"精加工"选项卡，在弹出的精加工策略选项中选择"最佳等高精加工"加工策略，如图 12-32 所示。单击"接受"按钮完成。

图 12-32　"策略选取器"对话框

2）在弹出的"最佳等高精加工"对话框中设置相关参数，如图 12-33 所示。

● 创建刀具 bn6。单击左侧列表框中的"刀具"选项，在右侧选项卡中选择球头刀，设置"直径"为 6.0，"长度"为 100.0。

● 单击左侧列表框中的"最佳等高精加工"选项，在右侧选项卡中不勾选"螺旋""封闭式偏置"和"光顺"复选框，设置"行距"为残留高度 0.05，选中"使用单独的浅滩行距"复选框，设置"浅滩行距"为 0.8，如图 12-34 所示。

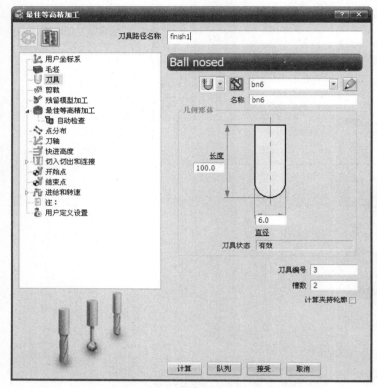

图 12-33 "最佳等高精加工"对话框

图 12-34 最佳等高精加工参数

（3）设置进给率

单击左侧列表框中的"进给和转速"选项，在右侧选项卡中设置相关参数，如图 12-35 所示。

（4）生成刀具路径

在"最佳等高精加工"对话框中单击"计算"按钮和"接受"按钮，确定参数并退出对话框，生成的刀具路径如图 12-36 所示。

（5）刀具路径实体仿真

1）选择下拉菜单"查看"→"工具栏"→"ViewMill"命令，显示出"ViewMill"工具栏，单击"开/关 ViewMill"按钮，切换到仿真界面。然后单击"彩虹阴影图像"按钮。

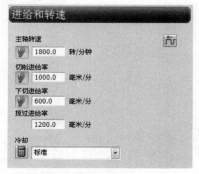

图 12-35 进给和转速参数

2）在"仿真"工具栏的"当前刀具路径"下拉列表中选择要模拟的刀具路径 finish1，

然后单击"执行"按钮 ▷，系统开始自动仿真加工，仿真加工结果如图 12-37 所示。

3）单击"ViewMill"工具栏上的"退出 ViewMill"按钮 ◎，删除仿真加工，返回 PowerMILL 界面。

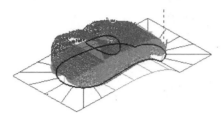

图 12-36　生成的刀具路径

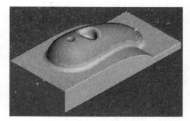

图 12-37　仿真加工结果

5. 三维偏置精加工分型面

（1）创建边界

1）在"PowerMILL 资源管理器"中选中"边界"选项，单击鼠标右键，在弹出的快捷菜单中依次选择"定义边界"→"用户定义"命令，弹出"用户定义边界"对话框，如图 12-38 所示。

图 12-38　"用户定义边界"对话框

2）选择图 12-39 所示的分型曲面，然后单击"插入模型"按钮 📦，单击"接受"按钮即可完成边界创建，如图 12-39 所示。

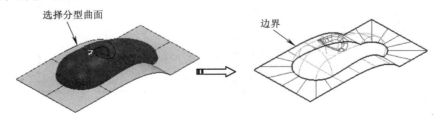

图 12-39　创建的边界

（2）启动三维偏置精加工

1）单击"主"工具栏上的"刀具路径策略"按钮 🗐，弹出"策略选取器"对话框，单击"精加工"选项卡，在弹出的精加工策略选项中选择"三维偏置精加工"加工策略，如图

12-40 所示。单击"接受"按钮完成。

图 12-40 "策略选取器"对话框

2）在弹出的"三维偏置精加工"对话框中设置"行距"为残留高度 0.05，如图 12-41 所示。

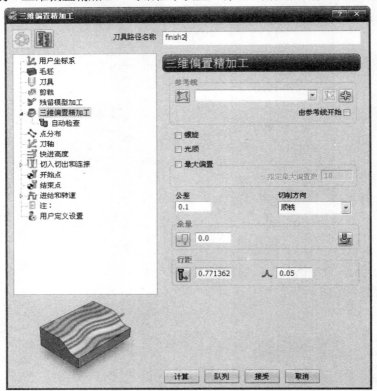

图 12-41 "三维偏置精加工"对话框

（3）设置切入切出和连接

单击对话框左侧列表框中的"连接"选项，设置"短"为"曲面上"，如图 12-42 所示。

（4）设置进给率

单击左侧列表框中的"进给和转速"选项，在右侧选项卡中设置相关参数，如图 12-43 所示。

（5）生成刀具路径

在"三维偏置精加工"对话框中单击"计算"按钮和"接受"按钮，确定参数并退出对话框，生成的刀具路径如图 12-44 所示。

（6）刀具路径实体仿真

1）选择下拉菜单"查看"→"工具栏"→"ViewMill"命令，显示出"ViewMill"工具栏，单击"开/关 ViewMill"按钮，切换到仿真界面。然后单击"彩虹阴影图像"按钮。

2）在"仿真"工具栏的"当前刀具路径"下拉列表中选择要模拟的刀具路径 finish2，然后单击"执行"按钮 ▷，系统开始自动仿真加工，仿真加工结果如图 12-45 所示。

3）单击"ViewMill"工具栏上的"退出 ViewMill"按钮，删除仿真加工，返回 PowerMILL界面。

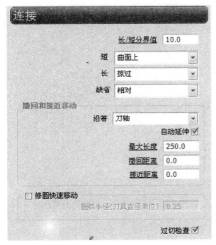

图 12-42　连接参数

图 12-43　进给和转速参数

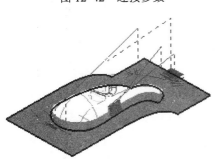

图 12-44　生成的刀具路径

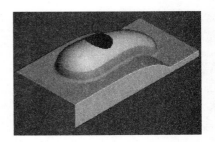

图 12-45　仿真加工结果

6. 参数偏置精加工圆角

（1）创建边界

1）在"PowerMILL 资源管理器"中选中"边界"选项，单击鼠标右键，在弹出的快捷菜单中依次选择"定义边界"→"用户定义"命令，弹出"用户定义边界"对话框，如图 12-46 所示。

2）选择图 12-47 所示的分型曲面，然后单击"插入模型"按钮，单击"接受"按钮即可完成边界创建，如图 12-47 所示。

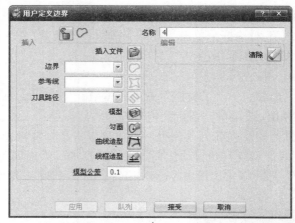

图 12-46　"用户定义边界"对话框

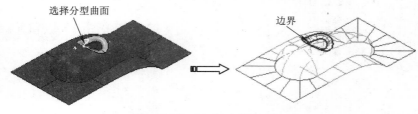

图 12-47　创建的边界

（2）编辑边界

1）在绘图区选择上一步所创建的边界 4，在该线上单击鼠标右键，在弹出的快捷菜单中选择"编辑"→"复制边界"命令，在 PowerMILL 资源管理器中将复制出一个新边界，将其重命名为 5，如图 12-48 所示。

2）在边界 4 中选中小边界，单击 Delete 键删除，使其仅剩下大边界，如图 12-49 所示。

3）在边界 5 中选中大边界，单击 Delete 键删除，使其仅剩下小边界，如图 12-50 所示。

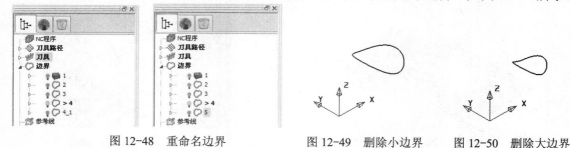

图 12-48　重命名边界　　　　　　　图 12-49　删除小边界　　　图 12-50　删除大边界

（3）创建参考线

1）在"PowerMILL 资源管理器"中右击"参考线"选项，在弹出的快捷菜单中选择"产生参考线"命令，系统即产生出一条空的参考线 1。

图 12-51　"元素名称"对话框

2）在"PowerMILL 资源管理器"选中参考线 1，单击鼠标右键，在弹出的快捷菜单中选择"插入"→"边界"命令，弹出"元素名称"对话框，如图 12-51 所示。输入 4，单击 ✔ 按钮确认。

3）在"PowerMILL 资源管理器"中右键单击"参考线"选项，在弹出的快捷菜单中选择"产生参考线"命令，系统即产生出一条空的参考线 2。

4）在"PowerMILL 资源管理器"选中参考线 2，单击鼠标右键，在弹出的快捷菜单中选择"插入"→"边界"命令，弹出"元素名称"对话框，输入 5，单击 ✓ 按钮确认，边界 5 转换为参考线 2，如图 12-52 所示。

图 12-52　"元素名称"对话框

（4）启动参数偏置精加工

1）单击"主"工具栏上的"刀具路径策略"按钮 🧽，弹出"策略选取器"对话框，单击"精加工"选项卡，在弹出的精加工策略选项中选择"参数偏置精加工"加工策略，如图 12-53 所示。单击"接受"按钮完成。

图 12-53　"策略选取器"对话框

2）在弹出的"参数偏置精加工"对话框中设置相关参数，如图 12-54 所示。

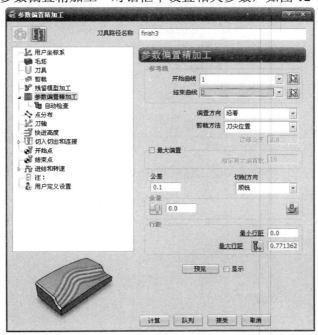

图 12-54　"参数偏置精加工"对话框

（5）生成刀具路径

在"参数偏置精加工"对话框中单击"计算"按钮和"接受"按钮，确定参数并退出对话框，生成的刀具路径如图 12-55 所示。

（6）刀具路径实体仿真

1）选择下拉菜单"查看"→"工具栏"→"ViewMill"命令，显示出"ViewMill"工具栏，单击"开/关 ViewMill"按钮，切换到仿真界面。然后单击"彩虹阴影图像"按钮。

图 12-55　生成的刀具路径

2）在"仿真"工具栏的"当前刀具路径"下拉列表中选择要模拟的刀具路径 finish3，然后单击"执行"按钮，系统开始自动仿真加工，仿真加工结果如图 12-56 所示。

3）单击"ViewMill"工具栏上的"退出 ViewMill"按钮，删除仿真加工，返回 PowerMILL 界面。

图 12-56　仿真加工结果

7. 等高精加工小型腔侧壁

（1）创建边界

1）在"PowerMILL 资源管理器"中选中"边界"选项，单击鼠标右键，在弹出的快捷菜单中依次选择"定义边界"→"用户定义"命令，弹出"用户定义边界"对话框，如图 12-57 所示。

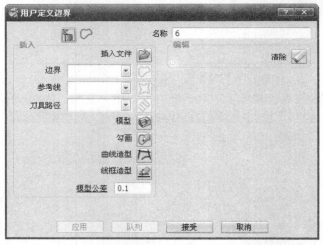

图 12-57　"用户定义边界"对话框

2）选择图 12-58 所示的分型曲面，然后单击"插入模型"按钮，单击"接受"按钮即可完成边界创建，如图 12-58 所示。

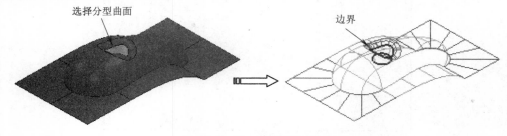

图 12-58　创建的边界

（2）启动等高精加工

1）单击"主"工具栏上的"刀具路径策略"按钮，弹出"策略选取器"对话框，单击"精加工"选项卡，在弹出的精加工策略选项中选择"等高精加工"加工策略，如图 12-59所示。单击"接受"按钮完成。

图 12-59　"策略选取器"对话框

2）在弹出的"等高精加工"对话框中设置相关参数，如图 12-60 所示。

● 创建刀具 bn2。单击左侧列表框中的"刀具"选项，在右侧选项卡中选择球头刀，设置"直径"为 2.0，"长度"为 100.0。

● 单击左侧列表框中的"等高精加工"选项，在右侧选项卡中选中"螺旋"复选框，设置"残留高度"为 0.05，如图 12-61 所示。

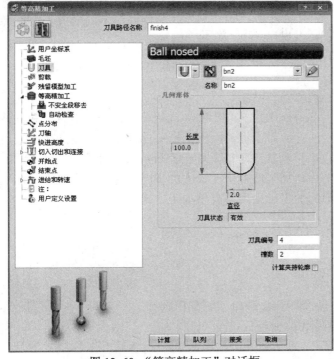

图 12-60　"等高精加工"对话框

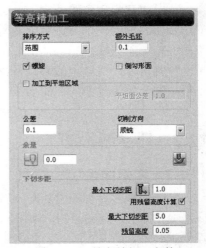

图 12-61　等高精加工参数

（3）设置进给率

单击左侧列表框中的"进给和转速"选项，在右侧选项卡中设置相关参数，如图 12-62 所示。

（4）生成刀具路径

在"等高精加工"对话框中单击"计算"按钮和"接受"按钮，确定参数并退出对话框，生成的刀具路径如图 12-63 所示。

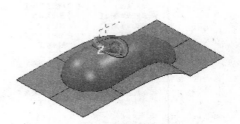

图 12-62   进给和转速参数   图 12-63   生成的刀具路径

（5）刀具路径实体仿真

1）选择下拉菜单"查看"→"工具栏"→"ViewMill"命令，显示出"ViewMill"工具栏，单击"开/关 ViewMill"按钮 ⊙，切换到仿真界面。然后单击"彩虹阴影图像"按钮 ⬦。

2）在"仿真"工具栏的"当前刀具路径"下拉列表中选择要模拟的刀具路径 finish4，然后单击"执行"按钮 ▷，系统开始自动仿真加工，仿真加工结果如图 12-64 所示。

3）单击"ViewMill"工具栏上的"退出 ViewMill"按钮 ⊙，删除仿真加工，返回 PowerMILL 界面。

图 12-64   仿真加工结果

12.1.5   实例总结

本节以飞机引擎罩凸模为例讲解了 PowerMILL 2012 的模具型芯零件铣加工方法和具体应用步骤。读者在学习过程中需要重点注意：对于零件上不同特征的曲面要在精加工时采用不同的精加工方法，PowerMILL 提供了多种精加工策略，最佳等高精加工对于平坦区域或陡峭区域都可以产生稳定的刀具路径，平行精加工适合于比较大的平面加工，曲面投影精加工一般适用于较为复杂的曲面加工，陡峭面加工可采用等高精加工方式。

12.2   瓶子凹模加工

12.2.1   实例描述

瓶子凹模零件如图 12-65 所示，整个零件由瓶口、瓶身和瓶底组成，特别是瓶底面侧向凸出，使零件底部出现负角面。材料为淬硬工具钢，加工表面的表面粗糙度值 Ra 为 0.8 μm，工件底部安装在工作台上。

图 12-65   瓶子凹模零件

12.2.2　加工方法分析

根据数控加工工艺要求，瓶子凹模零件采用的工艺路线为"粗加工"→"精加工"。

（1）粗加工

首先采用较大直径的刀具进行粗加工，以便去除大量多余留量。粗加工采用偏置区域清除策略的方法，刀具为 Φ10R2 的圆鼻刀。

（2）精加工

精加工采用分区加工，瓶口采用直线投影精加工，刀轴采用自直线；瓶身采用曲面精加工，刀轴采用固定方式，方向矢量为（0，0.4，1）；底部负角面，采用平面投影精加工策略，刀轴采用固定方式，方向矢量为（0，0.6，1）。

12.2.3　加工流程与所用知识点

瓶子凹模零件数控加工具体的设计流程和知识点见表 12-2。

表 12-2　瓶子凹模零件数控加工具体的设计流程和知识点

步　骤	设计知识点	设计流程效果图
Step 1：导入模型	加工模型的导入是数控编程的第一步，它是生成数控代码的前提与基础	
Step 2：创建毛坯	在数控加工中必须定义加工毛坯，产生的刀具路径始终在毛坯内部生成	
Step3：模型区域清除粗加工	模型区域清除策略具有非常恒定的材料切除率，但代价是刀具在工件上存在大量的快速移动	
Step4：直线投影精加工顶面	直线投影精加工是指用直线光源（如日光灯）照射产生圆柱形参考线，将其投影到零件表面上形成刀具路径	
Step5：曲面精加工瓶身	曲面精加工沿着所选曲面参考线方向生成刀具路径	
Step6：平面精加工瓶底	平面投影加工是由一张平面光源照射形成参考线，由此参考线投影到模型上生成刀具路径	

12.2.4　具体操作步骤

1. 加工准备

（1）导入模型文件

1）选择下拉菜单"工具"→"重设表格"命令，将所有
表格重新设置为系统默认状态。

2）选择下拉菜单中的"文件"→"输入模型"命令，弹
出"输入模型"对话框，选择"pingzi.dgk"（"随书光盘：\第
12 章\12.2\uncompleted\pingzi.dgk"）文件，单击"打开"按钮
即可，如图 12-66 所示。

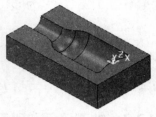

图 12-66　导入模型文件

（2）创建毛坯

1）单击主工具栏上的"毛坯"按钮 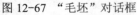，弹出"毛坯"对话框。在"由...定义"下拉列
表中选择"方框"，单击"估算限界"框中的"计算"按钮，设置相关参数，如图 12-67 所示。

2）单击"接受"按钮，图形区显示所创建的毛坯，如图 12-68 所示。

图 12-67　"毛坯"对话框

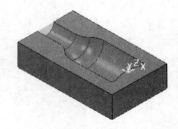

图 12-68　创建的毛坯

2. 模型区域清除粗加工

（1）创建边界

1）在"PowerMILL 资源管理器"中选中"边界"选项，单击鼠标右键，在弹出的快
捷菜单中依次选择"定义边界"→"毛坯"命令，如图 12-69 所示，弹出"毛坯边界"对
话框，如图 12-70 所示。

2）单击"毛坯边界"对话框中的"接受"按钮即可完成边界创建。在"查看"工具栏

上单击"普通阴影"按钮 ◑ 和"毛坯"按钮 ◐，隐藏毛坯后边界如图 12-71 所示。

（2）设置快进高度

单击"主"工具栏上的"快进高度"按钮 ≣，弹出"快进高度"对话框。在"几何体"选项中的"安全区域"下拉列表中选择"平面"选项，设置"快进间隙"为 5.0，下切间隙为 5.0，单击"接受"按钮，设置快进高度，如图 12-72 所示。

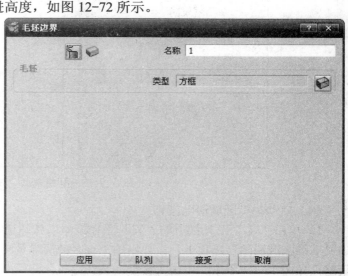

图 12-69　选择毛坯边界命令　　　　　　　　　　　图 12-70　"毛坯边界"对话框

图 12-71　创建的边界

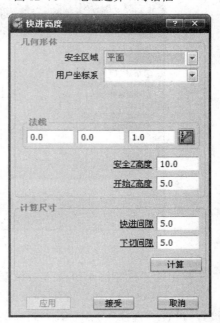

图 12-72　"快进高度"对话框

（3）设置开始点和结束点

单击"主"工具栏上的"开始点和结束点"按钮 ⬟，弹出"开始点和结束点"对话框，设置开始点和结束点参数，如图 12-73 所示。

 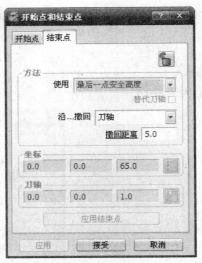

图 12-73 "开始点和结束点"对话框

（4）启动模型区域清除策略

1）单击"主"工具栏上的"刀具路径策略"按钮，弹出"策略选取器"对话框，单击"三维区域清除"选项卡，在弹出的三维区域清除策略选项中选择"模型区域清除"加工策略，如图 12-74 所示。单击"接受"按钮完成。

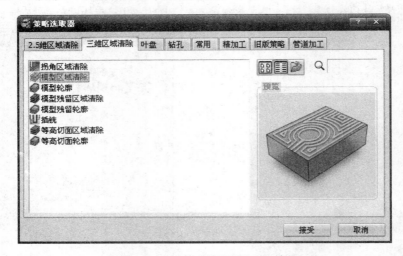

图 12-74 "策略选取器"对话框

2）在弹出的"模型区域清除"对话框中设置相关参数，如图 12-75 所示。

● 创建刀具 dn10。单击左侧列表框中的"刀具"选项，在右侧选项卡中选择刀尖圆角端铣刀，设置"直径"为 10.0，"刀尖圆角半径"为 2.0。

● 单击左侧列表框中的"剪裁"选项，在右侧选项卡中设置"边界"为"1"，"裁剪"为"保留内部"，如图 12-76 所示。

● 单击左侧列表框中的"模型区域清除"选项，在右侧选项卡中设置"行距"为 2.0，"下切步距"为 2.0，"切削方向"为"顺铣"，如图 12-77 所示。

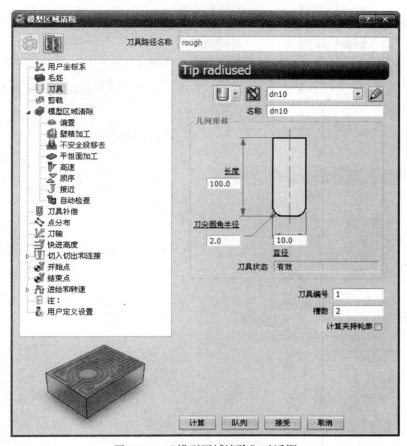

图 12-75　"模型区域清除"对话框

图 12-76　剪裁参数

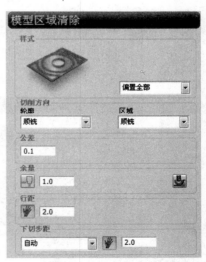

图 12-77　模型区域清除参数

（5）设置切入切出和连接

单击"模型区域清除"对话框左侧列表框中的"切入""切出"和"连接"选项，设置切入切出参数。

1）选择"切入"选项，选择"斜向"切入方式，如图 12-78 所示。单击"斜向选项"按钮，弹出"斜向切入选项"对话框，设置相关参数，如图 12-79 所示。单击"接受"按钮完成。

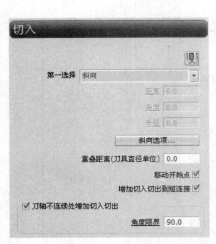

图 12-78　切入参数　　　　　　　　　图 12-79　"斜向切入选项"对话框

2）选择"切出"选项，选择"斜向"切出方式，如图 12-80 所示。单击"斜向选项"按钮，弹出"斜向切出选项"对话框，设置相关参数，如图 12-81 所示。单击"接受"按钮完成。

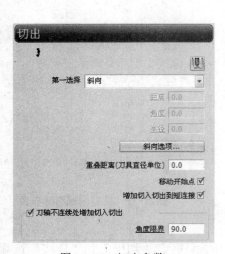

图 12-80　切出参数　　　　　　　　　图 12-81　"斜向切出选项"对话框

3）单击"连接"选项，设置"短"为"掠过"，"长"为"掠过"，"缺省"为"相对"，如图 12-82 所示。

（6）设置进给率

单击左侧列表框中的"进给和转速"选项，在右侧选项卡中设置相关参数，如图 12-83 所示。

图 12-82　连接参数

图 12-83　进给和转速参数

（7）生成刀具路径

在"模型区域清除"对话框中单击"计算"按钮和"接受"按钮，确定参数并退出对话框，生成的刀具路径如图 12-84 所示。

（8）刀具路径实体仿真

1）选择下拉菜单"查看"→"工具栏"→"ViewMill"命令，显示出"ViewMill"工具栏，单击"开/关 ViewMill"按钮 ，切换到仿真界面。然后单击"彩虹阴影图像"按钮 。

2）在"仿真"工具栏的"当前刀具路径"下拉列表中选择要模拟的刀具路径 rough，然后单击"执行"按钮 ，系统开始自动仿真加工，仿真加工结果如图 12-85 所示。

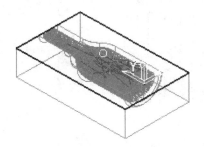

图 12-84　生成的刀具路径

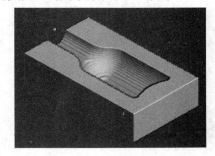

图 12-85　仿真加工结果

3）单击"ViewMill"工具栏上的"退出 ViewMill"按钮 ，删除仿真加工，返回 PowerMILL 界面。

3. 直线投影精加工瓶口曲面

（1）启动直线投影精加工

1）单击"主"工具栏上的"刀具路径策略"按钮 ，弹出"策略选取器"对话框，单击"精加工"选项卡，在弹出的精加工策略选项中选择"直线投影精加工"加工策略，如图 12-86 所示。单击"接受"按钮完成。

图 12-86 "策略选取器"对话框

2）在弹出的"直线投影精加工"对话框中设置相关参数，如图 12-87 所示。

● 创建刀具 bn6。单击左侧列表框中的"刀具"选项，在右侧选项卡中选择球铣刀 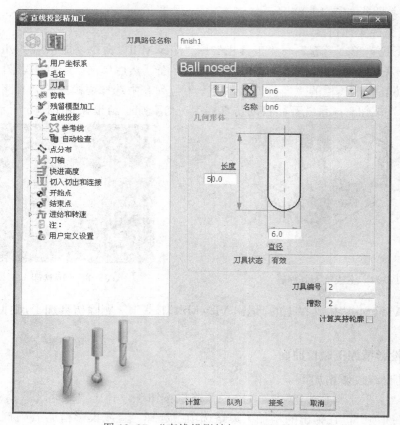，设置"直径"为 6.0。

图 12-87 "直线投影精加工"对话框

● 单击左侧列表框中的"直线投影"选项，在右侧选项卡中设置"样式"为"线性"，其他参数如图 12-88 所示。

● 单击左侧列表框中的"参考线"选项，在右侧选项卡中设置"加工顺序"为"双向连接"，其他参数如图 12-89 所示。

图 12-88　直线投影参数

图 12-89　参考线参数

（2）设置切入切出和连接

单击"直线投影精加工"对话框左侧列表框中的"切入""切出"和"连接"选项，设置切入切出参数。

1）选择"切入"选项，选择"垂直圆弧"切入方式，设置"距离"为 5.0，"角度"为 60.0，"半径"为 5.0，如图 12-90 所示。

2）选择"切出"选项，选择"垂直圆弧"切入方式，设置"距离"为 5.0，"角度"为 60.0，"半径"为 5.0，如图 12-91 所示。

3）单击"连接"选项，设置"短"为"曲面上"，"长"为"掠过"，"缺省"为"安全高度"，如图 12-92 所示。

（3）设置进给率

单击左侧列表框中的"进给和转速"选项，在右侧选项卡中设置相关参数，如图 12-93 所示。

图 12-90　切入参数

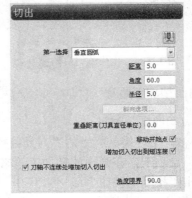

图 12-91　切出参数

图 12-92　连接参数

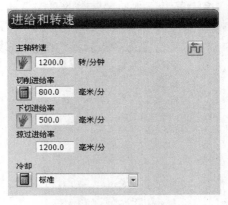

图 12-93　进给和转速参数

（4）生成刀具路径

在"直线投影精加工"对话框中单击"计算"按钮和"接受"按钮，确定参数并退出对话框，生成的刀具路径如图 12-94 所示。

（5）刀具路径实体仿真

1）选择下拉菜单"查看"→"工具栏"→"ViewMill"命令，显示出"ViewMill"工具栏，单击"开/关 ViewMill"按钮🔘，切换到仿真界面。然后单击"彩虹阴影图像"按钮🖐。

2）在"仿真"工具栏的"当前刀具路径"下拉列表中选择要模拟的刀具路径 finish1，然后单击"执行"按钮▷，系统开始自动仿真加工，仿真加工结果如图 12-95 所示。

3）单击"ViewMill"工具栏上的"退出 ViewMill"按钮🔘，删除仿真加工，返回 PowerMILL界面。

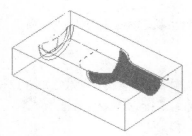

图 12-94　生成的刀具路径

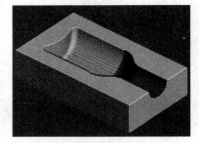

图 12-95　仿真加工结果

4. 曲面精加工瓶身

（1）启动曲面精加工

1）单击"主"工具栏上的"刀具路径策略"按钮🗔，弹出"策略选取器"对话框，单击"精加工"选项卡，在弹出的精加工策略选项中选择"曲面精加工"加工策略，如图 12-96 所示。单击"接受"按钮完成。

2）在弹出的"曲面精加工"对话框中设置相关参数，如图 12-97 所示。

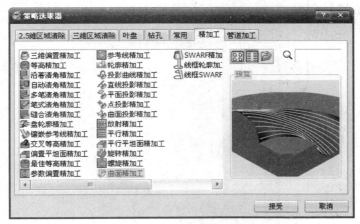

图 12-96　"策略选取器"对话框

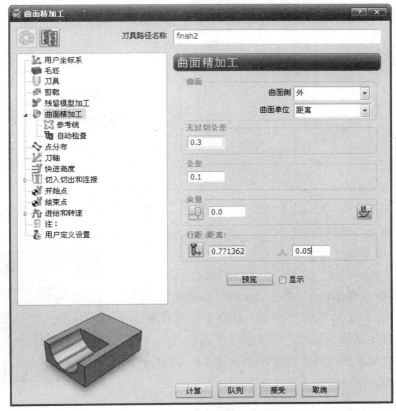

图 12-97　"曲面精加工"对话框

（2）刀轴设置

单击左侧"刀轴"选项，在右侧定义刀轴参数，如图 12-98 所示。

（3）生成刀具路径

1）在图形区选择图 12-99 所示的曲面作为加工曲面。

2）在"曲面精加工"对话框中单击"计算"按钮和"接受"按钮，确定参数并退出对话框，生成的刀具路径如图 12-100 所示。

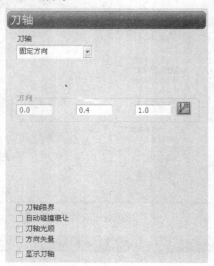

图 12-98　刀轴参数

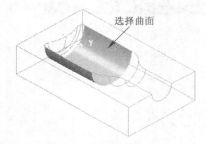

图 12-99　选择加工曲面

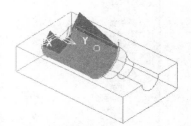

图 12-100　生成的刀具路径

（4）刀具路径实体仿真

1）选择下拉菜单"查看"→"工具栏"→"ViewMill"命令，显示出"ViewMill"工具栏，单击"开/关 ViewMill"按钮 ，切换到仿真界面。然后单击"彩虹阴影图像"按钮 。

2）在"仿真"工具栏的"当前刀具路径"下拉列表中选择要模拟的刀具路径 finish2，然后单击"执行"按钮 ，系统开始自动仿真加工，仿真加工结果如图 12-101 所示。

3）单击"ViewMill"工具栏上的"退出 ViewMill"按钮 ，删除仿真加工，返回 PowerMILL 界面。

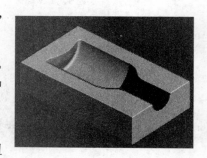

图 12-101　仿真加工结果

5.　平面精加工瓶底

（1）启动平面投影精加工

1）单击"主"工具栏上的"刀具路径策略"按钮 ，弹出"策略选取器"对话框，单击"精加工"选项卡，在弹出的精加工策略选项中选择"平面投影精加工"加工策略，如图 12-102 所示。单击"接受"按钮完成。

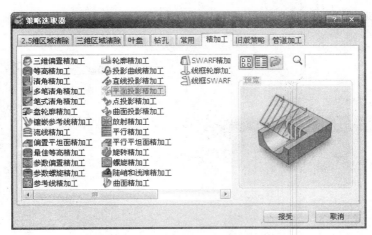

图 12-102　"策略选取器"对话框

2）在弹出的"平面投影精加工"对话框中设置相关参数，如图 12-103 所示。

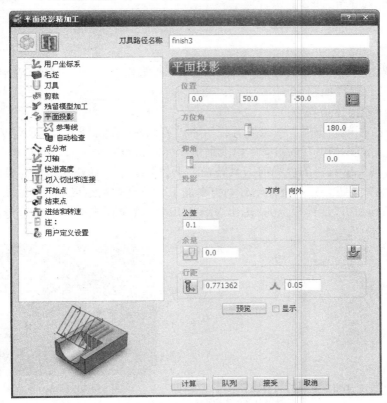

图 12-103　"平面投影精加工"对话框

● 单击左侧列表框中的"平面投影"选项，在右侧选项卡中设置"方向"为"向外"，其他参数如图 12-103 所示。

● 单击左侧列表框中的"参考线"选项，在右侧选项卡中设置"加工顺序"为"双向连接"，其他参数如图 12-104 所示。

（2）刀轴设置

单击左侧"刀轴"选项，在右侧定义刀轴参数，如图 12-105 所示。

图 12-104　参考线参数

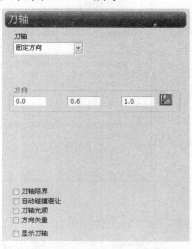

图 12-105　刀轴参数

（3）生成刀具路径

在"平面投影精加工"对话框中单击"计算"按钮和"接受"按钮，确定参数并退出对话框，生成的刀具路径如图 12-106 所示。

（4）刀具路径实体仿真

1）选择下拉菜单"查看"→"工具栏"→"ViewMill"命令，显示出"ViewMill"工具栏，单击"开/关 ViewMill"按钮，切换到仿真界面。然后单击"彩虹阴影图像"按钮。

2）在"仿真"工具栏的"当前刀具路径"下拉列表中选择要模拟的刀具路径 finish3，然后单击"执行"按钮，系统开始自动仿真加工，仿真加工结果如图 12-107 所示。

3）单击"ViewMill"工具栏上的"退出 ViewMill"按钮，删除仿真加工，返回 PowerMILL 界面。

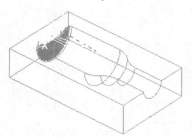

图 12-106　生成的刀具路径

图 12-107　仿真加工结果

12.2.5　实例总结

本节以瓶身凹模零件为例，讲解了利用 PowerMILL 2012 对凹模零件铣加工方法和具体应用步骤。读者在学习过程中需要注意的是，对于像瓶底侧面凸出的区域的加工，可以使用平面投影精加工策略配合使用固定方向刀轴指向功能倾斜刀轴来加工。

参 考 文 献

[1] 朱克忆. PowerMILL 数控加工编程实用教程[M]. 北京：清华大学出版社，2008.

[2] 王蓓，王墨，包启库. 新编中文版 PowerMILL 2012 标准教程[M]. 北京：海洋出版社，2012.

[3] 刘江，高长银，黎胜容. PowerMILL 10.0 数控高速加工实例详解[M]. 北京：机械工业出版社，2012.

[4] 朱克忆. PowerMILL 多轴数控加工编程实用教程[M]. 北京：机械工业出版社，2010.